道德矛盾论

DAODE MAODUN LUN

钱广荣　著

安徽师范大学出版社
ANHUI NORMAL UNIVERSITY PRESS
· 芜湖 ·

图书在版编目(CIP)数据

道德矛盾论 / 钱广荣著. — 芜湖:安徽师范大学出版社,2023.1
(钱广荣伦理学著作集;第四卷)
ISBN 978-7-5676-5792-2

Ⅰ.①道… Ⅱ.①钱… Ⅲ.①道德建设—中国—文集 Ⅳ.①B82-53

中国版本图书馆CIP数据核字(2022)第217840号

道德矛盾论　　　　　　　　　钱广荣◎著

责任编辑:陈　艳　　　　　　　责任校对:胡志立
装帧设计:张德宝　汤彬彬　　　责任印制:桑国磊
出版发行:安徽师范大学出版社
　　　　　芜湖市北京东路1号安徽师范大学赭山校区
网　　址:http://www.ahnupress.com/
发 行 部:0553-3883578　5910327　5910310(传真)
印　　刷:江苏凤凰数码印务有限公司
版　　次:2023年1月第1版
印　　次:2023年1月第1次印刷
规　　格:700 mm×1000 mm　1/16
印　　张:19.25　　插　页:2
字　　数:299千字
书　　号:ISBN 978-7-5676-5792-2
定　　价:128.00元

凡发现图书有质量问题,请与我社联系(联系电话:0553-5910315)

出 版 前 言

　　钱广荣，生于1945年，安徽巢湖人，安徽师范大学马克思主义学院教授、博士生导师，"全国百名优秀德育工作者"，国家级精品课程"马克思主义伦理学"课程负责人。在安徽师范大学曾先后任政教系辅导员、德育教研部主任、经济法政学院院长、安徽省高校人文社会科学重点研究基地安徽师范大学马克思主义研究中心主任。出版学术专著《中国道德国情论纲》《中国道德建设通论》《中国伦理学引论》《道德悖论现象研究》《思想政治教育学科建设论丛》等8部，主编通用教材12部，在《哲学研究》《道德与文明》等刊物发表学术论文200余篇。

　　钱广荣先生是国内知名的伦理学研究专家。为了系统整理、全面展现钱先生在伦理学和思想政治教育领域的主要学术成果，我社在安徽师范大学及马克思主义学院的大力支持下，将钱先生的著作、论文合成《钱广荣伦理学著作集》。钱先生的这些学术成果在学界均具有广泛而持久的影响，本次结集出版，对促进我国伦理学和思想政治教育学科建设与人才培养具有重要意义。

　　《钱广荣伦理学著作集》共十卷本：第一卷《伦理学原理》，第二卷《伦理应用论》，第三卷《道德国情论》，第四卷《道德矛盾论》，第五卷《道德智慧论》，第六卷《道德建设论》，第七卷《道德教育论》，第八卷《学科范式论》，第九卷《伦理沉思录 上》，第十卷《伦理沉思录 下》。这次结集出版，年事已高的钱先生对部分内容又作了修订。

　　由于本次收录的著作、论文大多已经公开出版或者发表，在编辑过程中，我们尽量遵从作品原貌，这也是对在学术田野上辛勤劳作近五十年的钱先生的尊重。由于编辑学养等方面的原因，文集难免有文字讹错之处，敬请方家批评指出，以便今后修订重印时改正。

安徽师范大学出版社

二〇二二年十月

总　序

一

　　第一次见到钱老师，是在我大学二年级的人生哲理课上。老师说，从这一年开始，他将在他的教学班推选一名课代表。这个想法说出来之后，几乎所有的学生都把头低了下去，教室里鸦雀无声。我偷偷地抬起头来，看到大家这样的状态，心里有些窃喜，因为我真的很想当这个课代表，只是不好意思一开始就主动说出来，于是我小声地跟坐在身边的班长说："我想当课代表。"没想到班长仿佛抓到了救命稻草一样，迅速站起来，指着我大声地说："他想当课代表！"课间休息时，我找到老师，一股脑儿把自己内心长期以来积累的思想上的小障碍"倾倒"给老师，期望他一下子能帮助我解决所有的问题，而这正是我主动要当课代表的初衷。老师和蔼地说："你的问题确实不少，可这不是一下子能解决的。这样吧，我有一个资料室，课后你跟我一起过去看看，我给你一项特权，每次可以从资料室借两本书带回去看，看完后再来换。你一边看书，我们一边交流，渐渐地你的这些问题就会解决了。"从此，我跟着老师的脚步，一步一步地走进了思想政治教育的领域，毕业后幸运地留在了老师的身边，成为思想政治教育战线上的一员。

　　转眼之间，我已经工作了三十年，从一个充满活力的青年小伙变成了一个头发灰白的小老头，本可以继续享用老师的恩泽，在思想政治教育领域徜徉，不料老师却在一次外出讲学时罹患脑梗，聆听老师充满激情的教诲的机会戛然而止，我们这些弟子义不容辞地承担起老师手头正在整理文稿的工作。

老师说："你把序言写一下吧，就你写合适。"我看着老师鼓励的眼神，掂量着自己的分量，尤其想到多年来，在思想政治教育领域学习、实践、深造，每一步都得益于老师的指点和影响，尽管我自己觉得，像文集这样的巨著，我来作序是不合适的，但从一个弟子的视角来表达对老师的尊重和挚爱，归纳自己对老师学术贡献的理解，不也有特殊的价值吗？更何况，这些年，我也确实见证了老师在学术领域走出的坚实步伐，留下的清晰印迹。于是，我坚定地点点头说："好，老师，我试一试。"

二

老师生于1945年的巢湖农村，"文革"前考入当时的合肥师范学院，毕业后在安徽师范大学工作。老师开始时从事行政管理工作，先后做过辅导员、团总支书记。1982年，学校在校党委宣传部下设立了思想政治教育教研室，老师是这个教研室最早的成员之一。后来随着教研室的调整升级，老师担任德育教研部主任。从原来的科级单位建制，3个成员，到处级建制的德育教研部，成员最多时达到13人，在老师的带领下，德育教研部成为一个和谐、快乐的战斗集体，为全校学生教授"大学生思想道德修养""人生哲理""法律基础""教师伦理学"四门公共课。老师一直是全省高校《大学生思想道德修养》教材的主编，在教师伦理学领域同样颇有建树，是当时安徽省伦理学学会第五届、第六届副会长。

受当时大环境的影响，老师从事科研工作是比较晚的，但是因为深知思想政治教育教学的不易，所以老师要求每一位来到德育教研部的新教师"首先要站稳讲台"。我清晰地记得，当我去德育教研部向老师报到的时候，老师就很和蔼地告诉我，为了讲好课，我得先到中文系去做辅导员。

我当时并不理解，自己是来当教师的，为什么要去做辅导员工作呢？老师说："如果你想讲好思想政治理论课，就必须去一线做一次辅导员，因为只有这样才能深入了解和认识教育对象。"老师亲自将我送回我毕业的中文系，中文系时任副书记胡亏生老师安排我担任93级汉语言文学专业60名学生的辅导员。正是因为有了这样的经历，我从此与学生结下了不解之缘，这不仅涵养了我的师生情怀，还培育了我的师德和师魂。

用老师自己的话说，他是逐步意识到科研对于教学的价值的。我最初看到的老师的作品是1991年发表在《道德与文明》第1期上的《"私"辨——兼谈"自私"不是人的本性》这篇文章。后来读到的早期作品印象比较深刻的是老师主编的《德育主体论》和独著的《学会自尊》，现在都通过整理收录在文集中。和所有的学者一样，老师从事科研也是慢慢起步的，后来的不断拓展和丰富都源于多年的教学实践。教学实践中遇到的问题逐步启发了老师的问题意识，从而铸就了他"崇尚'问题教学'和'问题研究'的心志和信仰"。与一般学者不同的是，老师从事科研后就没有停下过脚步，做科研不是为了职称评审而敷衍了事，而是为了把工作做得更好，不断深入和拓展研究的领域，直至不得不停下手中的笔。老师的收官之作是发表在国内一流期刊《思想理论教育导刊》2019年第2期上的《"以学生为本"还是"以育人为本"——澄明新时代高校思想政治教育的学理基础》这篇文章。前后两百多篇著述，为了学生，围绕学生，也诠释了老师潜心科研的心路历程。因为他发现，"能够令学子信服和接受的道德知识和理论其实多不在书本结论，而在科学的方法论，引导学子学会科学认识和把握道德现象世界的真实问题，才是伦理学教学和道德教育的真谛所在。"也正是这个发现，成为老师一生勤耕的动力，坚实的脚步完美注解了"全国百名优秀德育工作者"的荣誉称号。

三

一个人在学术领域站住脚并产生一定的学术影响力，大约需要多长时间，没有人专门地研究过。但就我的老师而言，我却是真切地感受到老师在学术之路跋涉的艰辛。如今将所有的科研成果集结整理出版十卷本，三百多万字，内容主要涉及伦理学和思想政治教育两个领域，主要包括伦理学、思想政治理论、思想政治理论教育教学、辅导员工作四个方面，如此丰厚的著述令人钦佩！其中艰辛探索所积累的经验值得我们认真地总结和借鉴。总起来说，有两个研究的路向是我们可以从老师的研究历程中梳理出来的。

一是以教学中遇到的现实问题为导向，深入思考，认真研究，逐个解决。

对于一个初学者来说，科研之路从哪里开始呢？"我们不知道该写什么"这样的问题几乎所有的初学者都曾遇到过。从遇到的现实问题入手，这是我的老师首先选择的路。

从老师公开发表的论文中，我们可以清晰地看到老师在教学过程中不断思考的足迹。就老师长期教授的"大学生思想道德修养"课程来说，主要内容包括适应教育、理想教育、爱国主义教育、人生观教育、价值观教育和道德观教育六个部分。从老师公开发表的论文看，可以比较清晰地看出老师在教学过程中的相应思考。老师在1997年《中国高教研究》第1期发表《大学新生适应教育研究》一文，从大学生到校后遇到的生活、学习、交往、心理四个方面的问题入手，提出针对性的对策，回应教学中面对的大学新生适应教育问题。针对大学生的理想教育，老师在1998年《安徽师大学报》（哲学社会科学版）第1期发表《社会主义初级阶段要重视共同理想教育》一文，直接回应高校对大学生开展理想教育应注意的核心问题。爱国主义教育如何开展？老师早在1994年就在《安徽师大学报》（哲学社会科学版）第4期发表《陶行知的爱国思想述论》一文，通过讨论陶行知先生的爱国思想为课堂教学中的爱国主义教育提供参考。而关于道德教育，老师的思考不仅深入而且全面，这也是老师能够在国内伦理学界占有一席之地的基础。对学生进行道德教育是"大学生思想道德修养"这门课程的主要内容之一，也是伦理学的主要话题。教材用宏大叙事的方式，简约而宏阔地将中华民族几千年的道德样态描述出来，从理论的角度对道德的原则和要求进行了粗略的论述，而这些与大学生的现实需要有较大距离。为了把课讲好，老师就结合实际经验，逐步进行理论思考。从1987年开始，先后发表了《我国古代德智思想概观》（《上饶师专学报》社会科学版1987年第3期）、《略论坚持物质利益原则与提倡道德原则的统一》（《淮北煤师院学报》社会科学版1987年第3期）、《"私"辨——兼谈"自私"不是人的本性》（《道德与文明》1991年第1期）、《中国早期的公私观念》（《甘肃社会科学》1996年第4期）、《论反对个人主义》（《江淮论坛》1996年第6期）、《怎样看"中国集体主义"？——与陈桐生先生商榷》（《现代哲学》2000年第4期）、《关于坚持集体主义的几个基本理论认识问题》（《当代世界与社会主义》2004年第5期）。这七篇论文的发表，为老师讲好道德问题奠定了厚实的基础。正如老师在他的《"做学问"要有问题意识——兼谈高校辅导员的人生成长》（《高校辅导员学刊》2010年第1期）一文中所说的那样："带着问题意识，在认识问题中提升自己的思维品质，丰富自己的知识宝库，在解决问题中培育自己的实践智慧，提升自己的实践能力，是一切民族（社会）和人成长与成功的实际轨迹，也是人类不断走向文明进步的基本经验（包括人生经验）。"正是因为这种强烈的问题意识，成就了老师在伦理学和思想政治教育两个领域的地位，也给予所有学人一条宝贵经验——工作从哪里开始，科研就从哪里起步。

二是以生活中遇到的社会问题为导向，整体谋划，潜心研究，逐步展开。

管理学之父彼得·德鲁克说："人们都是根据自己设定的目标和要求成长起来的，知识工作者更是如此。"根据德鲁克的认识指向，目前高校的教师群体大致可以划分为三类：一类是主动设定人生奋斗目标的人，他们大多年纪轻轻就能在自己从事的学科领域崭露头角建树不凡；一类是在前进中逐步设定目标的人，他们虽然起步慢，但一直在跋涉，多见于大器晚成者；还有一类是基本没有什么目标，总是跟随大家一道前进的人。从人生奋斗的轨迹看，我的老师应该属于第二类人群。从他公开发表的科研成果的时间看，这一点毋庸置疑。从科研成果所涉及的研究领域看，这一点也是十分明显的。这种逐步设定人生目标的奋斗历程，对于普通大众来说具有可借鉴性，对于后学者而言更具有学习价值。

老师在逐步解决教学实际问题的过程中，渐渐地开始着迷于社会道德问题研究。20世纪末，我国正处于改革开放初期，东西方文明交融互鉴的过程中，在没有现成经验的条件下，难免会出现一些"失范"现象。当时的道德建设在社会主义市场经济建设的大背景下到底是处于"爬坡"还是"滑坡"的状态，处在象牙塔中的高校学子该如何面对社会道德变化的现实，诸如此类的问题，都成为老师在教学过程中主动思考的内容，并且逐步形成了自己独特的科研方向和领域。这一点，我们可以通过老师先后完成的三项国家社科基金项目来识读老师科研取得成功的清晰路径。

其一，中国道德国情研究。社会主义市场经济建设新时期如何进行道德建设？老师积极参与了当时的大讨论。他认为，我国当前道德生活中存在着不少问题，其原因是中华民族传统道德与"新"道德观念的融合与冲突同时存在，纠葛难辨。存在这些问题是社会转型时期的必然现象，是由道德的历史继承性特征及中国的国情决定的。《论我国当前道德建设面临的问题》（《北京大学学报》哲学社会科学版1997年第6期）一文明确提出：解决问题的根本途径是建设有中国特色的社会主义道德体系。《国民道德建设简论》（《安庆师院社会科学学报》1998年第4期）一文进一步提出：国民道德建设当前应着重抓好儿童和青少年的学业道德的养成教育，克服夸夸其谈之弊；抓紧职业道德建设，尤其是以"做官"为业的干部道德教育；抓紧伦理制度建设，建立道德准则的检查与监督制度。接着，《五种公私观与社会主义初级阶段的道德建设》（《安徽师范大学学报》人文社会科学版1999年第1期）一文提出：当前的道德建设应当把倡导先公后私、公私兼顾作为常抓不懈的中心任务。做了这些之后，老师还觉得不够，认为这条路径最终可能会导致"公说公有理，婆说婆有理"，并不能为当时的道德建设提供有益的参考。受毛泽东思想的深刻影响，他认为只有通过调查研究，实事求是，一切从实际出发，才能找到合适的道德建设的路径。于是，他在已经获得的研究成果的基础上，提出了中国道德国情研究的思路，并深刻指出，我们只有像党的领袖当年指导革命战争和在新时期指导社会主义现代化建设那样，从研究中国道德国情的实际出发，才能把握中国道德的整体状况，提出当代中国道德建设的基本方案。几乎就是从这里开始，老师的科研成果呈现出一个新特点，不再是以前那样一篇一篇地写，一个问题一个问题地提出和解决，而是以"问题束"的形式出现，就像老师日常告诉我们的那样，"一发就是一梭子"。这"第一梭子"，"发射"在世纪之交的 2000 年，老师一口气发表了《"道德中心主义"之我见——兼与易杰雄教授商榷》（《阜阳师范学院学报》社会科学版 2000 年第 1 期）、《道德国情论纲》（《安徽师范大学学报》人文社会科学版 2000 年第 1 期）、《中国传统道德的双重价值结构》（《安徽大学学报》哲学社会科学版 2000 年第 2 期）、《关于中国法治的几个认识问题》（《淮北煤师院学报》哲学社会科学版 2000 年第 2 期）、《中国传统道德的制度化特质及其意义》（《安徽农业大学学报》社会科学版 2000 年第 2 期）、《偏差究竟在哪里？——与夏业良先生商榷》（《淮南工业学院学报》社会科学版 2000 年第 3 期）、《"德治"平议》（《道德与文明》2000 年第 6 期）七篇科研论文。紧接着在后面的五年，老师又先后公开发表近 20 篇相关的研究论文，从不同角度讨论新时期道德建设问题。

其二，道德悖论现象研究。老师笔耕不辍，在享受这种乐趣的同时，也很快找到了第二个重要的"问题束"的线索——道德悖论。以《道德选择的价值判断与逻辑判断》《关于伦理道德与智慧》两篇文章为起点，老师正式开启了道德悖论现象的研究之路。有了第一次获批国家社科基金项目的经验，这一次，老师不再是一个人单干，而是带着一个团队一起干。他将身边的同仁和自己的研究生聚集起来，相互交流切磋，相互砥砺奋进，从道德悖论现象的基本理论、中国伦理思想史上的道德悖论问题、西方伦理思想史上的道德悖论问题、应用伦理学视野内的道德悖论问题四个方向或层面展开，各个成员争相努力，研究成果陆续问世，一度出现"井喷"态势。到项目结项时，围绕道德悖论现象，团队成员公开发表论文四十多篇，现在部分被收录在文集第四卷中。

这一次，老师也不再是"摸着石头过河"，而是直面问题："悖论是一种特殊的矛盾，道德悖论是悖论的一个特殊领域。所谓道德悖论，就是这样的一种自相矛盾，它反映的是一个道德行为选择和道德价值实现的结果同时出现善与恶两种截然不同的特殊情况。"他明确地指出，自古以来，中国人对道德悖论普遍存在的事实及道德进步其实是社会和人走出道德悖论的结果这一客观规律，缺乏理性自觉，没有形成关于道德悖论的普遍意识和认知系统，伦理思维和道德建设的话语系统中缺乏道德悖论的概念，社会至今没有建立起分析和排解道德悖论的机制。因此，研究和阐明道德悖论的一些基本问题，对于认清当代中国社会道德失范的真实状况，促进社会和个人的道德建设，是很有必要的。老师自信满满地说："道德悖论问题的提出及其研究的兴起，是当代中国社会改革与发展的实践对伦理思维发出的深层呼唤……是立足于真实的'生活世界'的发现，表达了当代中国知识分子运用唯物史观审思国家和民族振兴之途所遇挑战和机遇的伦理情怀。"

从道德悖论问题的提出到现在编纂集结，已经过去十几个年头，道德悖论现象研究这一引人入胜的当代学术话题，到底研究到了什么程度呢？老师不无遗憾地说，至今还处在"提出问题"的阶段。不仅一些重要的问题只是浅尝辄止，而且还有不少处女地尚未开发。但是，老师依然充满信心，因为正如爱因斯坦所说，提出一个问题往往比解决一个问题更重要，解决一个问题也许是一个数学上的或实验上的技能而已，而提出新的问题，从新的角度去看旧的问题，却需要创造性的想象力，它标志着科学的真正进步。因此，要真正解决它，尚需有志的后学者们积极跟进，坚持不懈，不断拓展和深入。

其三，道德领域突出问题及应对研究。通过主持道德国情研究和道德悖论研究两个国家社科基金项目，老师不仅获得了丰富的科研经验，而且积累了更为厚实的学术基础。深厚的学养没有使老师感到轻松，相反，更

增加了他的使命感。道德领域以及其他不同领域突出存在的道德问题，都
成为老师关注的焦点。于是，通过深入的思考和打磨，"道德领域突出问
题及应对"研究应运而生，并于2013年获得国家社科基金重点项目的
立项。

与道德悖论问题的研究不同，"道德领域突出问题及应对"研究不仅
涉及道德领域的突出问题，而且关涉不同领域存在的道德问题，所涉及的
面远比道德悖论问题面广量多，单靠老师一个人来研究，显然是不能完成
的。从某种程度上来说，老师是用自己敏锐的洞察力探得了一个"富矿"，
并号召和带领一群有识之士来共同完成这个"富矿"的开采。因此，老师
把主要精力用在了理论剖析上，先后发表了《道德领域及其突出问题的学
理分析》（《成都理工大学学报》社会科学版2014年第2期）、《道德领域
突出问题应对与道德哲学研究的实践转向》（《安徽师范大学学报》人文
社会科学版2014年第1期）、《"基础"课应对当前道德领域突出问题的若
干思考》（《思想理论教育导刊》2014年第4期）、《应对当前道德领域突
出问题的唯物史观研究》（《桂海论丛》2015年第1期）四篇论文。在上
述论文中，老师深刻指出：道德领域之所以会出现突出问题，首先是社会
上层建筑包括观念的上层建筑还不能适应变革着的经济关系，难以在社会
管理的层面为道德领域的优化和进步提供中枢环节意义的支撑；其次，在
社会变革期间，新旧道德观念的矛盾和冲突使得社会道德心理变得极为复
杂，在道德评价和舆论环境领域出现令人困惑的"说不清道不明"的复杂
情况。正因为如此，社会道德要求和道德活动因为整个上层建筑建设的滞
后而处于缺失甚至缺位的状态。老师认为，当前我国道德领域存在的突出
问题大体上可以梳理为：道德调节领域，存在以诚信缺失为主要表征的行
为失范的突出问题；道德建设领域，存在状态疲软和功能弱化的突出问
题；道德认知领域，存在信念淡化和信心缺失的突出问题；道德理论研究
领域，存在脱离中国道德国情与道德实践的突出问题。对此必须高度重
视，采取视而不见或避重就轻的态度是错误的，采用"次要"或"支流"
的套语加以搪塞的方法也是不可取的。

事实上，老师对存在突出问题的四类道德领域的划分，也是对整个研究项目的整体设计和谋划。相关方面的研究则由老师指导，弟子和课题组其他成员共同努力，从不同侧面对不同领域应对道德突出问题深入地加以研究。相关的理论和成果都被整理收录在文集中，展示了道德领域突出问题及应对研究对于道德建设、道德教育、道德智慧等方面的潜在贡献。

四

回过头来看，从道德国情到道德悖论，再到道德领域的突出问题及应对，三项国家社科基金项目的确立和结项，不仅彰显了老师厚实的科研功底，更是全面地呈现出老师作为一名教育工作者所具有的深厚学养。如果我们把老师所有的教科研项目比作群山，那么，三项国家社科基金项目则是群山中的三座高山，道德领域突出问题及应对研究无疑是群山中的最高峰。如此恢弘的科研成果，如此丰富的科研经验，对于后学者来说，值得认真学习和借鉴。

从选题的方向看，要有准确的立足点并坚持如一。老师一直关注现实的社会道德问题，即使是偶尔涉及一些其他方面的问题，也都是从道德建设、道德教育或道德智慧的视角来审视它们。这一稳定的立足点，既给自己的研究奠定了基础，也为研究的拓展指明了方向。老师确立了道德研究的方向，就仿佛有了自己从事科研的"定海神针"，从此坚持不懈，即使是退休也没有停下来。因为方向在前，便风雨兼程，终成巨著。正如荀子曰："蚓无爪牙之利，筋骨之强，上食埃土，下饮黄泉，用心一也。"

从选题的方法看，从基础工作开始再逐步拓展，做好整体谋划。如果说道德国情研究是对当时国家道德状况的整体了解，那么，道德悖论研究则是抓住一个点，通过"解剖麻雀"的方式来认识道德的现状并提出应对策略。而"道德领域突出问题及应对"研究，则是从道德悖论的一点拓展到道德领域所有突出的问题。这种从面到点再到面的研究路径，清晰地呈现出老师在研究之初的精心策划、顶层设计。这种整体设计的方略对于科研选题具有很高的借鉴价值：不是"打洞"式地寻找目标，而是通过对某一个领域进行整体把握——道德国情研究不仅帮助老师了解了当时的社会道德样态，也为他后面的选择指明了方向；然后再找到突破口——道德悖论研究从道德领域的一个看似不起眼却与每个人都十分熟悉的生活体验入手，通过认真细致的分析、深入肌理的讨论，极好地训练了团队成员科研的功力；再进行深入的拓展式研究——"道德领域突出问题及应对"研究，从整体谋划顶层设计的高度探得道德领域研究的富矿，在培养团队成员、襄助后学方面，呈现出极好的训练方式。这种做法对于一个初学者来说值得借鉴，对于一个正在科研路上的人来说也值得参考。

或许是因为自己如今也已经年过半百，我时常回忆起大二时与老师相识的场景，觉得人生的相识可能就是某种缘分使然。如果当初没有老师的引领，我现在大概在某所农村中学从事语文教学工作，无论如何也不可能成为一名高校思想政治教育工作者。而每一次回望，我都会看到老师的身影，常常有"仰之弥高，钻之弥坚，瞻之在前，忽焉在后"之感。越是努力追赶，越是觉得自己心力不济，唯有孜孜不辍，永不停步，可能才会成就一二，诚惶诚恐地站在老师所确立的群峰之旁，栽下几株嫩绿，留下一片阴凉。

万语千言，言不尽意，衷心祝福我的老师。

是为序。

路丙辉

二〇二二年八月于芜湖

目　录

第一编

社会变革中的道德矛盾

关于伦理道德与智慧*

近几年，一些论著对伦理道德与智慧的关系问题作了诸多积极的探讨，《哲学动态》还开展了这方面的讨论和争鸣。笔者认为，这种探讨和争鸣实际上开辟了中国伦理学和道德实践研究的一个新领域，其理论与实践意义值得重视。

一、讨论伦理道德与智慧问题的学理前提

伦理与道德相通却不相同，伦理与智慧的关系和道德与智慧的关系并不是同一种意义上的关系。因此，讨论伦理道德与智慧的关系，首先需要在学理上对"伦理"与"道德"这两个不同概念做出区分。

在学理上，中国伦理学界很多人长期将伦理与道德看成是同一种含义的范畴，以为"伦理，也可以说是道德"①。这一理解范式是把伦理与道德这两个不同领域的社会精神现象混为一谈了，但由于是约定俗成，其所存在的问题过去并没有引起人们注意。今天，若是在"伦理，也可以说是道德"的意义上来讨论伦理、道德与智慧的关系问题，其概念混淆的学理问题就显露出来了。

---

* 原载《哲学动态》2003年第2期,收录此处作了结构上的调整,增加了二级标题。

① 于树贵:《伦理是一种智慧》,《哲学动态》2001年第5期。

　　"伦理"一词，是由"伦"与"理"演变结合而成的。"伦"与"理"在先秦早期的文本里就已经出现。如《诗经·小雅·正月》曰："谓天盖高，不敢不局；谓地盖厚，不敢不蹐。维号斯言，有伦有脊。哀今之人，胡为虺蜴!"意思是说："天非常非常高，但走路不敢不弯腰；地非常非常厚，但走路不敢不蹑手蹑脚。黎民发出这种呼喊，是有道理的。可怜今天的人们，活着就像被蛇咬着一样的。"

　　再如《孟子·滕文公上》曰："人之有道也，饱食、暖衣、逸居而无教，则近于禽兽。圣人有忧之，使契为司徒，教以人伦——父子有亲，君臣有义，夫妇有别，长幼有序，朋友有信。"综观之，"伦"有分（类）、（次）序、辈（分）等多种意思，基本的意思是"辈分"。"理"的本意有二，一是指蕴玉之石，二是指根据玉石的纹路治（加工）玉。

　　"伦"与"理"连用成"伦理"一词，最早记载在《礼记·乐记》中："乐者，通伦理者也。是故知声而不知音者，禽兽是也。知音而不知乐，众庶是也。唯君子为能知乐，是故审声以知音，审音以知乐，审乐以知政。而治道备矣。"由此可见"伦理"一词的初始含义：政治意义上的一种典章制度，反映的是一种政治关系，即所谓的"政治伦理"，并不具有后来"人伦伦理"的明确含义。后来，许慎在《说文解字》中解释道：伦，从人，辈也，明道也；理，从玉，治玉也。意思是说，伦理是一种用"道""治理"的人与人之间的辈分关系，从而与道德关联起来，沿用至今。

　　伦理作为一种社会关系，是伴随一定社会的经济关系及"竖立其上"的政治、法律等关系的形成而"自然而然"（必然）形成的，既是"物质的社会关系"，也是"思想的社会关系"。马克思和恩格斯将全部的社会关系划分为物质的社会关系和思想的社会关系两种基本类型。后来，列宁进一步明确指出："他们的基本思想（在摘自马克思著作的上述引文中也已表达得十分明确）是把社会关系分成物质的社会关系和思想的社会关系。思想的社会关系不过是物质的社会关系的上层建筑。"[①]

----

　　①《列宁专题文集 论辩证唯物主义和历史唯物主义》，北京：人民出版社2009年版，第171页。

在中国，"道德"一词是由"道"与"德"两个字演变而来的。"道"，最初的涵义有三种：一是道路，如《诗经·小雅》说的"周道如砥，其直如矢"；二是外在于人、不可言说的自然神秘力量，如老子说的"道可道，非常道"，"道生一，一生二，二生三"①；三是社会准则和规范，即所谓的社会之"道"，如孔子说的"志于道，据于德"②。"德"，属于个体道德范畴，最初见于《尚书·周书》，与"得"相通，即"得"社会之"道"于心之"德性"。如《礼记·乐记》说："礼乐皆得谓之有德，德者得也。"意思是一个人如果认识和理解了礼乐制度（包含道德的社会准则和规范），依礼乐制度行事，就是一个有道德的人。后来朱熹在《四书章句集注·论语集注》中注释孔子所说的"据于德"的"德"时，指出："德者，得也。得其道于心，而不失之谓也。"概言之，"德"是对"道"发生认知和体验之后的"心得"，或曰"得道"之后的个人品质状态。

伦理与道德在学理上的区别与联系可以概述为：伦理是特殊的社会关系实体及其"思想"形态，道德是特殊的社会意识和价值形态；伦理是一种特殊的社会关系，道德是一种因伦理而存在的社会规范和价值标准；伦理是需要道德维系的社会关系范畴，道德是维护和优化伦理关系的社会价值范畴；伦理不因道德而存在，道德却为伦理而存在。在一定的社会里，伦理建设是本，道德建设是用。

二、两种智慧及其相互关系

伦理、道德都与智慧相关，但二者本身并不是智慧，视"伦理是一种智慧"，是不合适的；若是从"伦理，也可以说是道德"的思维范式出发，提出"道德是智慧"的命题，也是不能成立的。

一定的伦理关系，随着一定社会的经济关系和政治制度的建立而被确定，又随着经济关系和政治制度的变革和完善，或最终被更新或面对需要

---

①《老子·一章》,《老子·四十二章》。

②《论语·述而》。

创新的时代性课题。人类的伦理文明发展史表明：新建立的伦理关系总是需要维护，固有的伦理关系总是需要创新，维护和创新又总是需要与其相适应的道德。这里的"相适应的道德"，也就是有的学者所说的"学理化道德"①。那么，究竟什么样的道德才是与一定的伦理关系"相适应的道德"呢？回答这个问题就需要依靠智慧，这种智慧就是伦理智慧。

20世纪80年代后的一段时间内，中国伦理学界乃至整个理论界一直在探讨建立与改革开放和发展社会主义市场经济相适应的道德体系的问题。在这里，"与改革开放和发展社会主义市场经济相适应"其实就是与改革开放和发展社会主义市场经济所需要的伦理关系相适应，这种探讨中所运用的就是伦理智慧。伦理智慧不是伦理关系发生某种转变的自然结果，而是主体立足和依据一定的伦理关系进行思辨性创造的产物。

当主体欲运用道德（学理化道德）维护和创新伦理关系的时候，道德还只是一种关于善与恶的知识，不可直接用之，需要对道德知识进行思索和转化。这一思索和转化过程的流动物虽与道德有关，却已不是原质的道德，而演变成了与道德有关的智慧，这就是道德智慧。

在这个过程中，道德所充当的始终是维护和创新伦理的质料，道德智慧才是维护和创新伦理的"思想"。如"敬业奉献"是公民道德的一项基本规范要求，在其价值实现的过程中就需要主体回答诸如"什么是敬业奉献"和"怎样才算敬业奉献"的问题，这种回答所凭借的就是与"敬业奉献"有关的道德智慧。对于一定的伦理关系来说，道德只有转化成这样的智慧形式，才能发挥其应有的价值，充当维护和优化伦理关系的社会价值范畴。

在人类社会文明发展的历史进程中，伦理、道德、伦理智慧、道德智慧之间的关系可以概要地表述为：道德是伦理智慧在促使伦理观念化过程中形成的结晶，伦理是道德智慧引导道德走向现实化的客观基础，在后续的意义上又是道德的终极目标。依据伦理生发伦理智慧，由伦理智慧促进道德的生成，化道德（知识理论）为道德智慧，以道德智慧维护和创新伦

① 于树贵：《伦理智慧与常识道德——兼与彭启福先生商榷》，《哲学动态》2002年第2期。

理，这既是人类社会一切伦理与道德现象的价值真谛所在，也是人类社会的伦理和道德不断走向文明进步的实际过程。这一价值转换和实现过程可表述为：伦理→伦理智慧→道德→道德智慧→伦理→……

反映在个体身上，伦理智慧和道德智慧集中地表现在思维和行动实现了价值判断与逻辑判断的统一。比如"雷锋精神"，它对新中国的道德和精神文明建设产生了重大的积极影响。但也不能否认，"学雷锋"过程中也出现了一些形式主义的倾向，而这些形式主义的影响结果往往是消极的，与"学雷锋"的道德宗旨相违背。

实际上，任何时代都需要"雷锋"，有道德的人一般也希望自己能有机会做"雷锋"，我们的时代更是如此。"雷锋精神"之所以可贵，发扬"雷锋精神"之所以必要，全在于任何时代都存在着确实需要给予谦让和帮助的人，为这样的人提供帮助，不仅有助于解决他们的实际困难，影响他们的道德品质，而且有助于促进良好社会风气的形成，但一定要与形式主义等消极方面相区分。只有在"学雷锋"成为社会的"确实需要"，价值判断与逻辑判断实现一致的情境下，主体发扬"雷锋精神"，才是值得称道的。诚然，从善良意志的价值判断看，"学雷锋"的人无疑都是"替他人着想"，期待着促进助人为乐的伦理关系的形成。但是其选择是否合理，行为是否得当，结果能否转化为善的事实，却成了另一回事。若不注意这种逻辑判断，结果就可能不仅与"学雷锋"的本意相左，而且与社会道德进步的客观需要和发展方向相悖。这种事与愿违的情况之所以会出现，原因就在于主体在进行伦理思维和道德行为选择与实施的过程中忽略了黑格尔所说的"中介"，没有实现由道德知识（德性）向道德智慧的转变，价值判断与逻辑判断在这里脱节了。

道德是指导社会生活的指南针，贵在提倡。我们不仅要教导人们具备善良的选择动机，而且要引导人们善于选择（获得）良好的结果。道德人格的完善，应被理解为既是高尚无私的，又是充满智慧的，是高尚和智慧的统一。人与人之间既要互相帮助，个体又要自主、自立、自强。社会主义道德建设需要提倡"雷锋精神"，更需要把"雷锋精神"与自主、自立、

自强意识整合起来，形成新的伦理意识和道德精神。作如是观，这本身也是一种伦理智慧和道德智慧。

三、理解和把握伦理道德智慧的社会价值

可以从如下几个方面来理解和把握伦理智慧的社会价值：

其一，有助于主体对伦理价值的确认。伦理关系之重要，在于它作为一种思想的社会关系对于社会和人的发展与进步具有不容置疑性和不可或缺性的价值。伦理以利益关系的基本形式渗透在各种社会关系之中，其价值集中体现在对整体的社会关系进行"软件"式的整合，使各种社会关系具有道德价值的内涵和底蕴，促使整体的社会关系保持某种合理的必要平衡。一个社会，如果伦理关系失衡，势必会引起整体社会关系的失衡，最终或者危及社会的稳定和持续发展。

其二，有助于主体依据现实伦理提出伦理得以存在或需要创新的道德要求，这也是伦理智慧的主要使命。人类最初的伦理，尚是一种自然状态的社会关系，其思想精神的内涵只是一些简单的宗教禁忌和风俗习惯，并不是后来意义上的道德。人类在组织社会生产和管理社会生活的过程中，渐渐地察觉到这种以宗教禁忌和风俗习惯为纽带的社会关系一方面需要不断丰富和发展，另一方面可以用有别于强制性的管理方式、依赖个体体认方式加以维护和创新。这种关于伦理的"察觉"便是伦理智慧，因"察觉"而被用来"维护和创新"。

随着社会的变迁，一定社会的道德规范和价值标准总是优良与腐朽、先进与落后并陈。它们都会对现实的伦理发生巨大的影响，需要现实中人们加以鉴别和取舍。对这种"需要"的自觉与"鉴别和取舍"的把握，也离不开伦理智慧。从这个角度看，我们不妨说，人类伦理文明发展史就是人们不断运用伦理智慧"察觉""鉴别和取舍"道德的历史。

其三，能够帮助主体为维护和创新伦理而适时地向道德以外的其他"社会调节器"提出自己的要求。担当维护和创新伦理的任务，主要的

"调节器"自然是道德，但绝非只是道德。道德之外，尚需政治、法律和文化。这种"察觉"的目光，正是伦理智慧之光。以为道德可以包打天下，轻视政治、法律和文化等对于维护和创新伦理的巨大作用，此为"道德万能论"。经验仍在证明，这种思想上的"道德万能论"必定会走向实际的"道德无用论"。

道德智慧的价值首先表现在为道德教育和道德活动提供"思想"的桥梁。道德教育和道德活动不应仅仅被理解为是关于道德规范和价值标准的灌输，因为这样的灌输并不能真正维护、改善和创新现实的伦理关系。道德规范和价值标准作为"对生活本身规则的总结"，是伦理智慧的结晶，虽然包含智慧因素，但本身并不是道德智慧，而只是道德知识。

道德智慧的价值也体现在它是道德教育和道德活动的一个方面的内容。我们知道，道德教育的目的在于使人们"德（得）道"，化社会要求为受教育者的内在素质——德性。而人的德性历来是知、情、意、行的统一体，不仅包含着对道德知识的了解，还包含着对道德知识的理解和体验、积累和固化以及自觉的行动。后三个方面的德性因素的形成，都离不开道德智慧。多年来，不少学校的思想道德教育注重采用经济学、法学、教育学、心理学等学科的一些知识和方法，这是教育者关于道德智慧的一种自觉。这种自觉，实则是关于道德智慧的一种觉醒。

道德智慧还有助于培养和提高专门从事道德建设工作的人才的综合素质。任何一个社会，道德建设都需要一批专门的人才来组织和实施。从事道德和精神文明建设的人，不应当是只会识记和传播道德规范和价值标准的"诵经者"，而应当是善于将道德要求转化为道德智慧，用道德"思想"塑造人们心灵的智者和艺术家。

道德逻辑体系的认知结构[*]

面对当代人类生存和发展面临的问题，逻辑学和伦理学应改变"自娱自乐"的老作风，为人类提供可应对挑战的精神食粮。然而，作为"思维科学"的逻辑学却不大关心人们的科学思维，作为"实践理性"的道德科学却不大愿意认真指导社会的道德实践，反而津津乐道于日渐复杂的话语系统和经院式的表达方式，把简单的问题弄得很"学问"，既让其他学人不易看得懂，更令普通民众望而却步。

其实，逻辑学和伦理学这两门古老的科学都来自社会生活，都并不神秘或不应该神秘。从亚里士多德的形式逻辑到康德的先验逻辑，再从黑格尔的唯心论辩证逻辑到列宁的唯物论辩证逻辑，逻辑的对象和核心问题都是规律，凡有规律可循之处就存在逻辑问题，合乎逻辑就是合乎规律，逻辑的意义就在于反映规律，逻辑学就是研究规律的学问。事物的逻辑就是事物的客观规律，思维的逻辑就是反映事物客观规律的思维规律（规则），而实践的逻辑就是反映"主观见之于客观"的实践规律，能够正确反映和表达这些规律就是合乎逻辑，反之就是不合逻辑。逻辑学的基本问题就是发现、说明和把握主客观现象的规律，凡是有规律需要说明的地方逻辑学就应在场。逻辑悖论或悖论逻辑，是可以用"三要素"给予建构和说明的特殊逻辑，反映的本是客观事物的特殊规律，因而其"自相矛盾"是合乎

---

[*]原载《安徽师范大学学报》（人文社会科学报）2009年第6期。

逻辑的。道德悖论现象是道德实践过程中出现的逻辑问题，其善与恶相对立的自相矛盾现象表明它是一种"主观见之于客观"的特殊规律，同样可以用"三要素"方法加以建构和说明，因而也是合乎逻辑的。伦理学的对象是道德（也有学者认为，伦理学的对象是伦理与道德及其相互关系）及其价值，道德的广泛渗透性特点使得道德无处不在、无时不有，社会和人的发展与进步不可一刻离开道德价值的引导和梳理，在社会处于变革时期尤其是这样，否则人们就会因"道德失范"而感到"困惑"，失却内在的精神动力。如果说逻辑学是指导和帮助社会和人思考如何"合规律"地生活，伦理学是指导和帮助社会和人思考如何"合目的"地生活，那么促使两者"相适应"和"并列"就是一个逻辑与正义相关联的逻辑问题。逻辑学和伦理学的研究者都应当具备这样的"学理性冲动"。

笔者研究道德悖论现象以来，一直有人在运用逻辑悖论的方法质疑"道德悖论"的科学性及道德悖论研究的话语权，对此，笔者曾在相关文章中作过较为集中的应答。①如果说那些文章言说的道理已经表现出某种逻辑力量的话，那也是"纠缠"于道德悖论现象研究的方法而没有真正立足于道德悖论现象研究的本身。笔者渐渐有了这样的觉悟：关于"道德悖论是不是逻辑悖论"或"是不是纯粹逻辑悖论"的争论其实并不重要，重要的是道德悖论现象研究在何种意义上与逻辑悖论研究"并行"和"相适应"，并在此前提之下寻找和拓展自己的"拐点"，延伸自己的生命线。有学者指出，柏拉图、笛卡尔、康德、胡塞尔这样的大哲学家之所以有巨大的精神创造性，缘于他们能抓住常识问题中的破绽，他们有异乎寻常的辨别细微差异的能力，并称这些大师对人类思维最大的启发性贡献就是寻找创造新理论的"拐点"。②此言甚是！我等与这些大师当然不可相提并论，但生逢变革与创新的年代，寻找"拐点"是一种千载难逢的历史机遇，也是学人需要具备的职业良心和责任。

---

① 参见钱广荣：《把握道德悖论概念需要注意的学理性问题——兼谈道德悖论研究的视界和价值与意义》，《道德与文明》2008年第6期；《道德悖论研究的话语权问题》，《齐鲁学刊》2009年第5期。

② 尚杰：《"外部的思想"与"横向的逻辑"》，《世界哲学》2009年第3期。

基于这种觉悟和认识，笔者不打算再纠缠于"道德悖论是不是逻辑悖论"或"是不是纯粹逻辑悖论"的争论，开始立足道德自身的逻辑问题[①]，在与逻辑学和伦理学"并行"和"相适应"的前提之下探究道德现象"常识问题中的破绽"，寻找和发展支撑道德悖论现象研究的"拐点"。

一、道德真理逻辑：求真

道德真理逻辑是道德逻辑体系的基础，其对象是道德与经济、政治、法制之间的逻辑关系，通过揭示和叙述这类客观逻辑关系的真实面貌说明"道德是什么"。就是说，道德真理的逻辑方向或反映的规律是求真，其知识形式属于真理观范畴。因此，证明道德真理科学与否或科学水平如何，只能放到经济建设、政治建设、法制建设的实践中去检验，能够经得起经济、政治、法制建设的实践检验方可视为道德真理，反之则不是。用以检验的标准，形而上的抽象概念是"相适应"，即与一定社会的经济、政治、法制建设的客观需要和要求相适应，不相适应就是不合逻辑，就不是道德真理；而形而下的实用形式则是"有助于"，即有助于维护和促进一定社会的经济、政治和法制建设。可见，道德真理逻辑的本质在于反映一定社会发展与进步的客观规律，合规律性是其逻辑力量的根源和真谛所在。正因如此，在任何一个历史时代，道德真理逻辑都是那个时代的社会历史观的有机组成部分，也是那个时代的道德价值观和人生价值观的理论来源，属于观念的上层建筑。在阶级社会，道德真理逻辑的"真理性"所反映和体现的多是一定时代的统治者的道德意志。

历史上道德真理逻辑的知识都是将伦理思想以文本形式记载的，内涵和形式大体上有两种。一种是一般社会历史观和方法论意义上的成果，叙述的是当时代的人们（在阶级社会则是统治者及其士阶层）对道德与经济、政治和法制等社会存在之间的逻辑关系的认识。另一种是在第一种理论成果的指导之下，具体揭示和叙述特定社会的道德与经济、政治和法制

①道德逻辑是一种体系，总体上可分为"内在结构"和"外在结构"两个部分。

之间的逻辑关系，直接从道德上体现"统治阶级的意志"。后一种受到前一种的深刻影响，实际上是前一种合乎逻辑推演的结果。因此，从思维逻辑来看，要科学地建构道德真理逻辑，关键是要坚持和运用科学的社会历史观和方法论。

马克思主义唯物史观诞生以前，道德真理逻辑由于其自身存在的相对性（片面性）和有限性，不可能是彻底的，不可能真正揭示和说明道德与经济及"竖立其上"的上层建筑之间的逻辑关系，统治者及其士阶层为了提升道德真理知识的逻辑力量，惯于在形而上学本体论的意义上做文章，把现实社会的道德现象根源推到彼岸世界或人自身，用先验的预设形式宣示道德理论"不证自明"的绝对真理性，使之具备毋庸置疑的逻辑力量。这种虚拟的道德真理逻辑，在中国封建社会主要表现为"天命"观、"天道"观、"天理"观以及与生俱来的"性善"论。在黑格尔那里，则是可以外化并以自然界和人类社会的异在方式表现的"绝对观念"（他以"逻辑学"的范式，对这种"绝对观念"作了完整而精彩的唯心主义推演和论证）。这类形而上学的道德本体论，以其虚拟的方式掩饰了阶级社会里道德与经济及"竖立其上"的政治等上层建筑之间的客观关系，因此是不合逻辑的，但从主观逻辑来看，却反映了阶级社会里道德与经济及"竖立其上"的政治等上层建筑之间特定的"相适应"的客观关系，"有助于"阶级社会的稳定与发展，因此又是合乎逻辑的。在阶级社会，私有制必然合乎逻辑地产生普遍的私有观念，而普遍的私有观念是不利于统治阶级集团维护其利益和社会发展的整体要求的，这就在社会历史条件的意义上为虚拟和建构形而上学的道德本体论提供了"客观依据"。

实际上，道德作为"实践理性"，其根源和本质是无需用本体论加以证明的，更无需用先验的本体论加以证明，因为道德理论思维的对象和基础是现实社会的道德经验现象。它只是表明，在道德真理逻辑中建构和推崇先验的本体论只是阶级社会里的特有现象，并不具有永恒和普遍的意义。这样说，不是要否认人类在建构道德真理逻辑中需要运用形而上学的思辨方法。

道德真理逻辑的知识和学科形态是多以文本的形式建构和表达的伦理学。历史地看，伦理学的内容体系丰富多彩、五花八门，但其逻辑对象却无一不是社会的、历史的，所要回答的本质和规律问题都是"道德是什么"。在历史唯物主义视野里，伦理学有史以来关于"道德是什么"的绝对真理的对象其实只有一个。伦理学的理论叙述方式乃至范畴形式可能会是个人的，但其对象和实质内涵必须是社会的、历史的，具有社会公认度和公信力。一个人可能会创建反映他"一家之言"的伦理学，但他的"一家之言"不应背离"道德是什么"的求真逻辑和绝对真理，而只能是围绕"道德是什么"丰富和发展求真逻辑和绝对真理的内涵，表达个人的叙述风格和个性特征，所谓"一家之言"的本质内涵必定是"大家之言"。不作如是观，"一家之言"就不可能合乎道德真理的建构逻辑，获得社会的公认度和公信力，无益于伦理学的学科建设。不要以为，花了许多年的工夫写就了关于道德的鸿篇巨著，冠之以"伦理学原理"，它就是了。真正的伦理学原理不应当离开历史唯物主义的方法论路径侈谈"道德是什么"。

当社会处于变革时期出现道德价值多元化和"道德失范"时，人们需要道德真理给予合乎逻辑的解读，以排解"道德困惑"，因而需要发展道德真理逻辑，这样的解读和发展不可离开唯物史观的视野。当代中国的改革开放，在赢得举世公认的成就包括人在思想道德方面的巨大进步的同时，也出现诸多"道德问题"。很显然，这些问题的出现源于社会的经济关系发生了变革，以及随之引发的民主与法制建设，它们呼唤着伦理学的"原理"给予合乎逻辑的解读。在这种情势下，我们是到变革的实践中去寻找理论创新的逻辑力量，还是希冀"多元主义的解放"或"德性伦理的回归"，难道还需要太多"见仁见智"的争论吗？

二、道德价值逻辑：向善

道德价值是关于道德价值的观念、标准及践履道德价值的行为准则和规范的总称，观念、标准、准则和规范是其基本范畴。道德价值的对象是人关于理想生活的意象和目标的价值祈求，即道德与理想生活之间的主观关系或"思想关系"。道德的广泛渗透性特点多体现在道德价值方面，一切社会关系包括家庭等"私人关系"和"私生活"领域，凡涉及观念、标准、准则和规范问题，一般都包含这样的"思想关系"，具有道德价值，涉及善恶评价的道义问题。

道德价值作为特定的观念、标准、准则和规范，历来都是由社会提出并加以倡导的，即所谓"价值导向"，个人可以内化观念、恪守标准、遵从准则和规范，却不能提出和倡导观念、标准、准则和规范。社会提倡的道德价值无疑都是引导人们向善的，所以道德价值的本质和逻辑是向善，这是其逻辑建构的基本特性和要求。它通过叙述和诉诸主体实存状态与其希冀的理想之间的某种（或某些）价值联系，说明和告诉人们"道德应当是怎样的"，引导人们向善。

如果说，一切价值关系都具有假设（或预设）的特性，那么在道德价值关系中，这种假设特性就更为明显，"假设—理想—实现"是道德价值逻辑最基本的推演形式。中国古代关于道德价值假设最为经典的记载，要数《礼记·礼运》的如下文字："大道之行也，天下为公，选贤与能，讲信修睦。故人不独亲其亲，不独子其子。使老有所终，壮有所用，幼有所长，矜寡孤独废疾者皆有所养。男有分，女有归。货恶其弃于地也，不必藏于己。力恶其不出于身也，不必为己。是故谋闭而不兴，盗窃乱贼而不作。故外户而不闭，是谓大同。"这种"大一统"的"封建乌托邦"式的理想社会，就是基于道德价值的假设而描绘的。假设是道德价值的本质特性，没有假设也就无所谓道德价值。这一本质特性容易使人产生一种错觉：关于"道德应当是怎样的"假设似乎可以由心而发，随心所欲，不存在什么规律和逻辑问题。其实不然。不论是社会还是个体，假设任何理想生活的意象和目标都是为了实现某种（某些）实在的价值。虽然在某种特殊的情境下人们假设某种"想当然"的向善目标或许是必要的，如同中国古人假设和追逐"大道之行，天下为公"的目标那样，但是，这不应当是人类假设向善目标的普遍原则和真谛所在。如果"讲道德"的价值追求仅仅停留在"讲讲"的精神愉悦上面，不顾"讲"的结果是否真实地实现了道德价值，道德价值岂不成了一种装潢社会和人生的形式了吗？这样的向善导向其实是在误导社会和人生。如此看来，向善的合目的假设也是有其合规律性的特殊要求的，这就是"可望而可即"，或虽"可望而不可即"却有不可或缺的意义。

道德价值逻辑的向善知识具有超验的特点，体现这一特点的语言命令形式就是人们常说的"应当"；道德价值逻辑的知识体系就是依照"应当"的命令建构的，抽去"应当"也就不合其逻辑了。不少年来，学界一直有人主张倡导"普世伦理"和"底线道德"的价值标准和行为准则，对此人们见仁见智。在我看来，重要的是其主张倡导的"普世伦理"和"底线道德"如果属于"应当"范畴，那还是应该引起关注的，反之就大可不必了，因为那样的"伦理"和"道德"已不属于道德价值逻辑范畴。

道德价值逻辑的"应当"表达和传播方式与道德真理逻辑有所不同。求真逻辑的知识一般是以文本方式表达和传播的，而向善逻辑的知识除了文本以外更多的则是以社会经验和风俗习惯的方式表达和传播的，形成一种广泛渗透、源远流长的民族传统。儒学伦理文化的道德价值观多是以文本方式记述和传承的，道德真理问题与道德价值问题混为一体，这造成了一种误导：以为读了儒家经典文本就掌握了道德真理和道德"真谛"，既可以做"智者"（"学问人"），又可以做"圣人"（"道德人"）。实际上，道德价值一旦成为文本知识，"读道德书"和"做道德人"就成了两码事。一位从未读过道德书的文盲村妇，不会因为贫穷而偷盗，因为向善逻辑的经验和习惯所建构的社会氛围已经使她成为"道德人"。而一个熟读经书的文化人虽可成为"智者"却也可能会同时成为伪君子，干出伤天害理的缺德事情来，原因就在于他只把道德经典当作"道德书"来读了。须知，当读"道德书"的人只是把书中的向善逻辑知识当作求真的逻辑知识来追问的时候，他可能会成为"智者"（"学问人"），但不一定能够成为"圣人"（"道德人"）；他可以去应对涉及道德知识的考试和说教，却难能担当社会和人生的责任。当一个社会形成这样的"读书风气"的时候，这个社会的"道德学问"可能会很发达，但这个社会的"道德风气"却恰恰可能会因此而低迷。中外伦理思想史上有一种现象：一些本属于道德价值逻辑的道德经验①被当作道德理论逻辑载入了道德文本，被当作道德真理教导着一代代人。事实证明这容易产生"道德教育误导"，使受教育者误以为只要我能够做到"推己及人""将心比心"，别人也就会"己所不欲，勿施于人""己欲立而立人，己欲达而达人""君子成人之美，不成人之恶"了。这种误导所积累的效应必定是悖论性质的，即在培养真心实意"讲道德"的仁人君子的同时，也培养了假仁假义"讲道德"的伪善小人，而后者通常是以前者"讲道德"的成果为寄生条件的。

需要注意的是，向善只是道德价值的逻辑方向或趋向，并不就是道德价值的逻辑走向，更不是道德价值本身。"方向"和"趋向"反映一种"势"，表现的是道德价值的观念、标准、准则和规范可能成为实际的道德价值的"势"；"走向"展现一种"走路"的"方向"，表达的是道德价值付诸实现的路径。因此，向善不等于就走向善，走向善（路径）也不等于就获得善的结果。就是说，道德价值逻辑的向善只是一种道德价值的可能形式，并非就是一种道德价值的实际路径，更不就是道德价值事实本身。因此，以为有了道德价值的向善的逻辑体系就可以赢得社会和人的道德进步的看法，是不正确的。如何理解和把握道德价值的向善逻辑以将道德价值的可能转变为道德价值的事实？这是另一个道德逻辑话题，此处暂不展开。这里我们要分析的是，向善的道德价值逻辑的建构和评价的问题。

长期以来，中国伦理学关于道德价值评价的标准大体是：将道德评价的标准等同于道德价值的观念、标准、准则和规范，与此相符就是合乎道德，反之就是不道德。这种"用尺子量尺子"的评价范式，缺失客观内容，掩盖了一种方法论的错误。在历史唯物主义视野里，道德价值是一个历史范畴，其向善的逻辑方向自然也是一种历史范畴，虽然人类社会有史以来一直传承着一些具有永恒意义的向善因子。

---

① 如《论语》记载的"己所不欲,勿施于人""己欲立而立人,己欲达而达人""君子成人之美,不成人之恶";歌曲《爱的奉献》所唱:"只要人人都献出一点爱,世界将变成美好的人间……"

在一定社会里，道德价值总是一元主导和多元并存的统一体，这是道德价值的求善逻辑一个重要特征，片面强调道德价值的一元化或多元化都是不合逻辑的。而关于道德根源和本质的真理则只能是一个。人类面对自己的生存和发展环境，感到最熟悉而又最复杂的问题就是价值问题，面对道德价值问题的感觉更是这样。这主要是因为，对同一种价值的认同和选择，不仅不同时代的人们会"见仁见智"，而且同一时代的人们也会，甚至面对一个具体的伦理情境的道德价值选择，不同的人也完全可能会如此。

三、道德选择逻辑：求善

道德选择即道德行为选择。道德行为是指在一定的道德认识支配下表现出来的有利于社会或他人的行为，因此，道德行为选择也就是关于道德价值的选择，逻辑指向是求善。以往的一些伦理学论著把有害于社会或他人的行为也列入道德行为，这是不合逻辑的。

作为道德逻辑体系内在结构的一个层次，求善的道德行为选择只受善良动机即"他人意识""集体（社会）意识"的道德认识和情感的支配，这是它的逻辑终点，也是道德逻辑体系的外在结构即道德实践逻辑的起点。然而，很多人对这个逻辑环节却不大关注，忽视它至少涉及两个重要的逻辑问题。

首先是求善选择与向善标准是否合乎逻辑的问题。道德行为选择的向善的道德价值标准，只有在一致或大体一致的情况下才可以建立起求善与向善之间的逻辑关系，为求善的道德行为选择及价值实现奠定逻辑前提，选择才有道德意义。如果选择的动机是出于求善，而选择的价值标准却不是向善的，或虽是向善的却不适合所选行为的向善要求，那么这样的选择就是不合逻辑的，就会因失去求善的逻辑前提而使求善的行为合乎逻辑地同时走向"求恶"，最终演绎出道德悖论现象。浩然的小说《艳阳天》里有一位乐于助人的焦淑红，为帮助揭不开锅的懒汉把自家的粮食赠送给他，结果那懒汉因解决了肚子的问题反而变得更懒了。焦淑红求善的选择没有错，她的错在于选错了不合适的向善标准——仅是助人以物而没有助人以神。

其次是求善选择的自由与必然（责任）是否合乎逻辑的问题。自由与必然是马克思主义实践哲学的一对基本范畴，也是伦理学涉论的一个基本问题。在道德选择中，自由与必然的问题亦即自由与责任的问题，对两者的关系如何认识涉及主客体方面诸多具体的逻辑问题。比如：求善的选择自由是否存在责任问题？也就是说，只要出于善良动机是否就可以对行为选择所产生的不良后果不负责任？中国传统伦理学的道德评价理论对此的回答一贯是持肯定态度的，即使已构成法律上的"过失犯罪"也确认是"情有可原"的，这就是所谓"动机论"。不能说这种传统的评价意见没有道理，因为"好心办坏事"的情况难以避免，如果因此而给予道德批评，那就会挫伤人们"讲道德"的积极性。但同时也应当看到，这种传统的评价意见毕竟是不符合求善逻辑的，因为它实际上否认了自由与责任之间互为依存条件的逻辑关系。

再比如，求善的选择自由属于思想自由还是行为自由，抑或两者兼而有之？如果只属于思想的自由，那其实就否认了求善选择应当受到客观条件的限制。人的思想总是绝对自由的，一个人持何种高尚的动机选择他的行为别人是管不着的，但从求善的结果反观之则不可这样看。分析和说明这当中的逻辑问题，涉及主体求善的条件和环境。主体选择求善需要具备力可从心的条件，否则就会在初始的意义上种下产生"道德悖论现象基因"，在此后由求善到具体行善的过程中会同时"作恶"，最终演绎出善恶同在的道德悖论现象，致使求善的目的不能真正达到或基本不能达到。从环境因素看，主体的求善选择总是要受到环境因素的保障和制约的。保障是有利的环境因素，制约是不利的环境因素，有利或不利的因素在主体求善的过程中有的是可变的，这就在逻辑起点的意义上影响着求善是否为善的行为选择。由此看来，求善的动机虽然是一种"思想自由"，但是却受到多种因素限制，因此不能不考虑求善的动机是否合乎逻辑的问题。

诚然，求善必定完全为善的情况并不多见，相反，善恶同显同在的自相矛盾的情况司空见惯，这本身就是合乎逻辑的，也是研究道德悖论现象之必要性和意义所在。因此，刻意要求人们求善选择必须最终完全为善并不是科学的态度，但是，若是因此而不追问求善选择是否合乎逻辑那就更不应该了。

由上可知，道德逻辑体系内在结构的三个层次，既不是纯粹的道德主观逻辑，也不是纯粹的道德客观逻辑，而是道德主客观逻辑在人的思维活动中建构的产物。它表明，道德逻辑体系的内在结构是关于道德真理、道德价值和道德选择相统一的逻辑体系，分析和建构这样的逻辑关系至关重要。

道德的求真、向善和求善的逻辑关系，大体上可以描述为：求真的真理逻辑是道德逻辑的认识前提，向善的价值逻辑是道德逻辑的推演方向，求善的选择逻辑是道德逻辑的判断环节，道德逻辑体系的内在结构经由这个判断环节而延伸到道德逻辑的外在结构，进入道德实践逻辑的演绎领域。由此可以看出，道德逻辑体系的内在结构是其向外推延和扩张的逻辑前提，其是否合乎逻辑在前提的意义上影响到道德实践中的逻辑建构问题，也就是说，在根本上影响着社会和人的道德进步。

道德选择与价值实现的价值判断与事实判断*

价值判断即意义判断，其功用在于区分和把握善与恶、美与丑，体现人的精神需求和德性水准。事实判断又称逻辑判断或真理判断，其功用在于辨明真与假、是与非，体现人的智慧水平和认知能力。

选择都是在判断的基础上发生的，道德选择也是这样。正确的道德选择，其基础应是价值判断与事实判断的统一，使人的精神需求、德性水准与其智慧水平、认知能力达到一致。然而在社会生活中，人们进行道德选择的实际情况却往往不是这样的。

一、从茅于轼讲道德故事说起

茅于轼在《中国人的道德前景》（暨南大学出版社1997年版）中给我们讲了一些为许多人所熟悉的故事：

其一，18—19世纪，李汝珍写过一本书叫《镜花缘》，书中讲到一个叫唐敖的人，由于仕途受挫，便决意四海漂流，到了一个"君子国"。他在"君子国"看到了许多不同于现实社会的有趣事情。如一个买主拿着货物向着卖主大声叫道："你老兄货物如此之好，价钱却这么低，叫我心中如何能安！务必请你将价钱加上去，若是你不肯，那就是不愿赏光交易

---

* 原文题目为"道德选择的价值判断与逻辑判断"，原载《安徽教育学院学报》2001年第4期。

了。"卖主却辩解道："出这个价，我已是觉得厚颜无耻，没想到老兄反而说价钱太低，非要我加价，岂不叫我无地自容？我是漫天要价，你应当就地还钱才对。"两人因此相持不下。买主无奈，照数付钱，拿了一半货物就走，卖主执意不让走，最后还是一位老者出来调解才解决了问题：让买主拿了八成的货物。

其二，有两个人为付银子的事争执不下。付银子的一方坚持说自己的银子分量不足、成色不好，收银子的一方坚持说买方的银子分量、成色都超过标准，并指责买方违背了买卖公平的交易原则。付银子的一方无奈，丢下银子就走；收银子的一方不肯，紧追不舍却怎么也追不上，于是便将他认为多收的银子称出来，送给了过路的乞丐。

茅于轼分析道："君子国"的故事在道德上内含着两种推理与结论：(1) 在"君子国"，吃亏的必然都是"君子"即讲谦让、道德的人，得利的必然都是"小人"即不讲道德、爱占便宜的人，这显然与社会调控目标和道德价值导向是相违背的；(2)"君子"越多，"小人"就会越多，人们的道德境界必然发生两极分化。最终，"君子国"势必将不复存在而演变成为"小人国"，这种情况不仅是"君子"们不愿看到的，也有悖于社会文明进步的客观要求。

其三，20世纪90年代以来，一些人对学雷锋的活动也提出了质疑：雷锋是一位乐于助人的先进分子，他把自己的时间、精力和金钱都无私地献给了社会主义事业，献给了他人。有人说他亲眼看到一个人在街头学雷锋——给别人修补铝锅，"雷锋"的身后站了十几个等待补锅的人，甚至还有一个人随便在垃圾堆里捡了一只破铝锅，也加入等待补锅的行列中去。茅于轼忿忿不平地说，这些人其实都是试图无偿占有"雷锋"劳动成果的"剥削分子"。

细想一想，提倡学雷锋在道德上也内含着两种推理的结论：(1) 一人学雷锋，必然会"培养"一个、几个甚至一批不学雷锋的人，这些人都是爱占别人便宜的不劳而获者，这与社会主义道德与精神文明建设是相悖的；(2) 如此学雷锋的人越多，无偿获得补锅机会的人便越多，于是，

"造锅"的企业就得跟着一个一个地倒闭，其结果必然会给生产和经营铝锅的企业带来冲击，引发道德建设与经济发展之间的矛盾。

这两种推理结论表明，道德选择的过程存在着价值判断与逻辑判断的矛盾，这就是"道德悖论"现象。

主体进行道德选择的轴心是其自身和社会的特定需要。为了进一步说明其过程存在着价值判断与逻辑判断的矛盾性，即所谓道德悖论现象，我们不妨再以"乞丐与我"为例做具体分析。

"我"做出帮助"乞丐"的道德选择的过程实际上包含着两个方面的先导性的判断：（1）"乞丐"需要"我"帮助；（2）"我"应该帮助"乞丐"。

这两个先导性的判断是否合乎实际情况，是需要做出具体分析的。第一个方面的判断客观上存在几种不同的实际情况：（1）"乞丐"是真的，而且真的需要人给予帮助；（2）"乞丐"是假的，他是为了做"万元户"或出于别的什么动机，并不真的需要人给予帮助；（3）"乞丐"所需要的帮助，也可以通过其自身的努力来实现；（4）"乞丐"通过自己的努力来解决自己的问题会对其造成某种"损失"，但对"我"、别的人乃至于社会却是有利的。概括起来，第一个方面的判断在客观上存在两种实际情况：一是客体的需要有真假之别，二是满足客体需要的方式不同会造成不同的结果。这种分析和推论属于逻辑判断范畴。

第二方面的判断客观上也包含如下几种不同的实际情况：（1）"我"应该帮助"乞丐"是因为"乞丐"有此需要；（2）"我"这样做只是出于乐于助人的德性习惯；（3）因为"乞丐"有需要，所以"我"才帮助他。显然，不论是哪一种情况，这方面的判断都是从主观意志和情感需要出发的，属于价值判断范畴。

从以上分析可以看出，主体的道德选择过程包含着逻辑判断与价值判断。两种判断不一致便产生矛盾，道德悖论正是由此而产生的。其结果就可能是"我"帮助了一个并不真的需要帮助的人，这种选择除了表示"我"具有乐于助人的德性之外，并不具有其他任何道德价值，所带来的

多是不良的后果。

二、道德选择的两种判断及其逻辑关系

由此观之，在现实生活中，主体在认识和把握道德选择中的价值判断与事实判断关系的时候，应当注意以下三点。

第一，道德的价值判断与逻辑判断必须是一致的，两者不可脱节。"君子国"的"君子"们只懂得价值判断，不懂得逻辑判断。这表现在两个方面：一是他们无视对方同样具有关心他人、善待他人的道德需要。二是他们不知道如果双方都不考虑对方的道德立场，结果必然是小人得利，这违背了社会整体的道德需要，不利于社会道德的进步。

第二，道德的价值判断必须以逻辑判断为前提和基础。也就是说，必须以分清科学意义上的是与非为前提和基础。道德上的善与恶，由于受人的不同的动机和目的的支配，其实际的社会功效客观上又存在差别，所以本身存在着"真善"与"假善"的区别。

如"拜年"，看起来是善的，但"黄鼠狼给鸡拜年"与我们逢年过节给亲人、同事和朋友拜年就有本质的不同；外婆是慈祥的、可亲可敬的，但"狼外婆"与我们通常所说的外婆就有着本质的不同。在这里，善在客观上存在的真假之别，属于逻辑判断范畴。当然，从动机和目的看，"君子国"的"君子"们和先进分子都是合乎道德要求的，这没问题。但从其实际的社会功效看，则又是另一回事。有的人或许会说：道德是注重动机和目的的。但我要问：只讲动机和目的而不讲社会功效的道德，提倡又有何用？在动机与效果的关系问题上，我们应是统一论者，而且更应当注重效果。而对效果的事前和过程判断则属于逻辑判断。用这个观点来看待提倡雷锋精神问题，就应当把提倡乐于助人与鼓励自主、自立、自强精神结合起来，而且应当以后者为基础和目标。雷锋精神的宣传与发扬，要在自主、自立、自强意识的基础上进行，这样才真正具有道德意义。

第三，从以上两点分析，我们不难看出，道德的价值判断如果与逻辑判断脱节、忽视事实判断的基础作用，就必然会最终导致对道德价值自身的否定，使主体由道德价值判断出发的道德选择在更广泛的意义上失去道德价值。因此，在道德生活中，主体必须将价值判断与逻辑判断统一起来，并且以逻辑判断为前提和基础。作如是观，也就是使德性与智慧统一起来，真正满足人们的道德生活和社会的道德进步的需求。

三、提高事实判断能力的基本途径

提高事实判断或逻辑判断能力的基本途径是学习和掌握科学的知识与理论，并运用科学的世界观、人生观和价值观来观察和分析问题，在道德生活领域则要观察和分析向你表达的真诚与善良是否是"真诚""真善"。

但是，在实际的道德判断和选择中，情况并不像理论分析这么简单。在有些情况下，人们对身处的道德境遇并不能迅即全面做出是与非的事实判断，选择完全合乎实际情况的道德行为。一位武警战士在执勤时发现有人落水呼救，待救起来才发现是一个越狱的逃犯。战士的行为是不是道德的？回答应当肯定。因为他救人的道德选择是出于见义勇为，所救的虽然是罪犯，但也真真切切是一个活生生的人。在实际的道德选择中，在主体的身上有时还会出现"好心办坏事"或"事与愿违"的情况。

如果作出选择之时注意到价值判断与事实判断的统一，就应当允许和原谅，因为实际的道德生活情况有时比较复杂；如果作出选择之时没有注意到这种统一，则不可原谅，因为如前所说，好心人并不一定就能办成好事。

中国传统道德是一种义务论、主观论道德，在道德选择上注重的是价值判断而轻视以至于忽视逻辑判断。在儒家"仁学"伦理文化的长期浸润和熏陶之下，"己所不欲，勿施于人""己欲立而立人，己欲达而达人""推己及人"等，早已成为传统中国人立身处世的人生理念和基本原则。它的基本特征是强调人生在世要尽自己的道德义务，凡事须从自己应有的良心出发。由于受这种历史文化的深远影响，中华民族在世界大家庭里成为最善良的民族，成为实实在在的"礼仪之邦"。今天，我们无疑要吸收这种珍贵的精神遗产，但同时也应当看到它的历史局限性。在改革开放和大力推进社会主义市场经济建设的历史背景下，我们在强调"以善德待人"的同时，也要注意"以智慧待人"，既做真诚善良的人，也做有智慧的人。

由此看来，人们在道德选择中，应当注意把价值判断与事实判断统一起来，社会应当提倡这种统一的价值观，并以此来评价人们的道德思维方式和道德行为方式。

道德价值选择与实现：假设、悖论与智慧*

道德作为一种价值是由道德意识、道德活动和道德关系构成的认识和实践系统。道德意识主要由社会道德规则体系和个体的道德认识与情感构成，道德活动一般表现为群体（集体）和个体的道德行为，道德关系属于"思想的社会关系"范畴，通常以和谐的人际关系、良好的社会风尚和理想的精神生活的形式存在，它是"实有"的道德价值事实，体现道德对社会与人的终极关怀。在道德价值实现的过程中，相对于道德关系来说，一切道德意识和道德活动都属于道德的"应有"范畴。

可能的价值形式，都具有假设的性质，并不可避免地会产生道德悖论。能否有效地克服道德悖论，将"应有"的可能价值尽可能地转变成"实有"的事实价值，取决于主体的道德智慧。

道德假设、道德悖论与道德智慧是道德价值实现过程中的三个基本要素，它们的相互关系性状制约着道德价值实现的实际过程和程度。

一、道德价值选择与实现的两种伦理学说

人类至今一切形式的道德文本体系都是以人的"利己心"为对象的，

　*原文题目为"道德价值实现：假设、悖论与智慧"，原载《安徽师范大学学报》（人文社会科学版）2005年第5期，中国人民大学书报资料中心《伦理学》2006年第2期全文复印转载。

轴心都是为有限遏制"利己心"而构筑的价值论，构筑的方法一般都是围绕实现道德价值而作的理性假设，由于对"利己心"的基本态度和假设理性的不同而形成了经验主义和德性主义两种基本对立的伦理思想派别。历史上有一些大师的伦理学说看起来似乎动摇在经验主义和德性主义之间或游离在两者之外，但基本倾向并没有超脱经验价值论或德性价值论的理论窠臼。康德的重大转折是从怀疑或反思休谟的怀疑开始的，此后创建了他的著名的"三大批判"体系，但其道德学说本质上还是德性主义的，并没有真正超越他所称之为的"理性的梦幻者"与"感性的梦幻者"的界限。

西方经验论萌发于古希腊人的世界观由"自然"向"人本"转变而导致的人文思想兴起的过程中，其基本特征是从人的"利己心"出发，强调个体作为现实存在及生活经验的意义，鼓吹个人的绝对自由和"优秀性"，漠视社会理性即后来苏格拉底强调的"形相"。这种粗糙的个人主义到了"希腊化时期"，随着城邦的瓦解和"人是城邦的动物"[1]的关系的解体，迅速地发展成为"个人伦理学"[2]。在整个中世纪，古希腊开创的个人主义传统虽然受到宗教神学的挤压和遏制，但其阐发和推崇"恶性张力"的思想并未因此而出现实质性的萎缩。在资产阶级向封建专制统治发动冲击的过程中，传统的个人主义经验论在霍布斯提出的"人对人是狼"的极端利己主义命题之后曾一度被发挥到极致，但很快就经过历史性的洗礼相继为以边沁、密尔为代表的功利主义和以爱尔维修、费尔巴哈为代表的合理利己主义所替代，它们强调"合成"大多数的利益、将个人目的和社会手段"结合"起来的重要性。

这种演变过程完成了经验论的历史性飞跃，使个人主义由纯粹的个体欲望上升到社会理性与经验，成为一种带有普遍性——可以被普遍理解、普遍接受因而可以被普遍推行的社会生活经验。而导演这种演变过程的正是它的假设理性：人在本质上都是"利己"或"趋利避害"的，但如果人人只为自己而不顾及他人和社会，那么最终势必也会殃及自己。这种假设

---

①[古希腊]亚里士多德：《政治学》，吴寿彭译，北京：商务印书馆1965年版，第7页。

②[德]文德尔班：《哲学史教程》（上卷），罗达仁译，北京：商务印书馆1997年版，第221页。

理性使得个人主义经验论的理论归宿必然是要将人们引向尊重社会规则。现代西方经验论伦理学和价值论学者，除了个别人如萨特，基本上都承继了这种假设的方法，所不同的是人们常用"社会惯例"来替代社会道德规则，使社会规则远离意识形态而更趋生活化和经验化。西方历史上，虽然一直存在德性价值论与经验价值论的对峙，但占主导地位、实际影响社会道德生活和人们道德价值实现过程的始终是经验价值论，这养成了西方人一方面崇尚个性自由、尊重个人权益，另一方面又尊重社会规则的传统，这为西方伦理思想的发展保持一种内在的活力，同时也为西方社会的法制建设提供了可信的社会经验基础。

中国伦理思想史上也曾有过西方社会那样的对立，但始终没有形成真正的经验主义传统。在社会处于急剧变革的春秋战国时期，经验论者曾用"拔一毛以利天下，而不为也"[①]，"仓廪实则知礼节，衣食足则知荣辱"[②]，"人生而有欲"[③]之类未经理性梳理的经验论论调，挥舞了几下自己的战旗，掀起过一点点波澜，但最终都被儒学德性主义击溃。明清之际，也曾出现强调"私欲"无可争辩的经验论火花，然而也很快熄灭了，不过是昙花一现。

其所以如此，从根本上说，是因为中国的经验论是滋生在小生产基础之上的，与西方经验论的生成基础不同。小生产的经验论本质上是一种自生自成、自保自立、自私自利的保守意识，以"各人自扫门前雪，休管他人瓦上霜"为基本特征，缺乏开放的风采，不会构成对专制社会的根本性威胁，因此也就失去了获得社会梳理以上升为经验理性的机会。同时，与中国封建统治者推行的治国之策也直接相关。中国封建社会自西汉初年实行"罢黜百家，独尊儒术"起，一切经验论的思想和见解都被统治者封杀或归入另册，占绝对主导地位的一直是以孔孟为代表的儒学德性主义价值论。儒学德性主义阵营内部也曾发生过一些关于本体论乃至认识论意义上

①《孟子·尽心上》。

②《管子·牧民》。

③《荀子·礼论》。

的争论，但都未曾伤及对方的筋骨，根本的原因在于多不能从人的现实存在和生活经验出发，多不能区分"利己心"的"正当"与"不正当"的界限，一味贬斥"利己心"，在这个基本点上各家各派固守的是统一战线①。西方的德性主义在叙述方式及范畴体系建构上尽管存在差别，但假设的基本方法是相同的：不是立足于实在的经验，从经验事实出发作关于个人经验的社会假设，而是立足于假设的精神——"人性善"或人之外的神秘之"物"，从虚幻的存在出发作关于假设的假设。然而，个体作为"本真"的存在，首先不是"善良"主体，不是认识主体，而是价值主体，这一经验事实使得德性主义的假设必须面对一大难题——有限遏制人性的"恶性张力"，因此它的理论归宿必然还是要诉诸社会道德规则，在这个至关重要的问题上与经验主义殊途同归。值得注意的不同之处在于以下几个方面。

第一，经验主义尊重人的"利己心"，尊重人在"利己心"的驱动下作为现实存在物和实际生活经验的事实，在此前提下运用假设的方法把人们的"个人生活经验"提升到"社会生活经验"，提出尊重社会道德规则的必要性，将社会道德规则建立在人们相关利益关系的某种"均衡点"（"契约"）上，强调要实现"主观为自己"就必须"客观为他人"，规则因此而具有公认性、权威性和普遍的实践意义。在经验主义假设的思维和实践情境中，社会规则真正体现了自己的本质特性，人在其营造的伦理氛围中所养成的德性实则是"规则性""社会性"，真正实现了个性与社会性的统一，尊重个人价值与尊重社会价值的统一。德性主义由于不尊重人的"利己心"，不是从人作为现实存在物和实际生活经验出发，而是从假设的"人性善"出发，所以必然会用假设的方法为道德价值实现安排"只要我为人人，就可以人人为我"这样的路径。但是，经验总是在证明人们一般是不会走这样的路径的，所以社会规则同样不可缺少，对此德性主义毫不含糊，同样以假设的方法加以确认。这样，德性主义的理论体系就内

---

① 这种伦理文化的历史面貌，也可以从流传至今的伦理文本的叙述方式看得很清楚。中国文字文化史上，"个人问题"一般都用一个"私"字来表示，今人理解的"私"字其实有"私人""私利""私欲""私心""私情"等不同涵义，并非都是道德范畴，而古之学者包括非儒学阵营内的大思想家却都视其为道德范畴，统统归于"恶"。

含两个假设环节——关于人性本善的假设和社会规则必要性的假设，但由于其理论前提和基本出发点是人性本善，所以其主张的社会道德规则的必要性就具有某种虚拟的性质。在德性主义营造的伦理氛围中，人们所养成的德性一般缺乏"规则性"和"社会性"的特质，德性往往难以真正实现个体性与社会性的统一。历史上，德性主义为什么最终要么与宗教信仰结伴或具有宗教倾向、直至成为教义的补充和说明书，要么与专制政治和法律为伍、沦为专制主义的婢女，原因正在这里。儒学德性主义在中国封建制走向稳定时期被抬到"独尊"的地位以后，为什么会一直保持着神学化、神秘化、政治化、刑法化的倾向，以至于被今天一些人们称为"儒教"，所提出的道德主张为什么会演变成政治伦理纲常，并最终随着封建专制制度走向没落而显露出"吃人礼教"的特性，原因也正在这里。

第二，就社会道德规则而论，经验主义直接把规则置于人与人之间、个人与社会群体之间的利益关系之上，运用规则把作为道德基础的各种利益关系的道德价值旨归简单明了地揭示出来，统摄了起来，让人们无需经过"内省"就会"按规矩办事"。

德性主义尤其是中国的儒学德性主义，自先秦开始就把社会道德规则与个人利益对立起来，将道德与利益的关系诠释为"义"与"利"的关系，实际上是把规则置于相关的利益关系之中，在规则与利益之间宣扬规则的价值，而作为道德基础和诠释对象的各种利益关系却被深深地隐藏了起来。"义利之辨"在中国争论了几千年，直到20世纪末才有了大体一致的看法，认为义利关系应当是义利兼顾、兼长。细想起来，这种大体一致的看法同样没有科学地说明义与利之间关系的学理性问题。社会道德规则的价值在于体现和维护不同利益之间的关系的道德要求，义利关系的本真态应是社会道德规则与不同利益之间的关系，而不是社会道德规则与特定利益的关系。试设道德为 A，一种利益为 B1，另一种利益为 B2，那么，义与利的关系就应是 A 与 B1 同 B2 之间的关系，如下图所示：

A（道德规则）

↑↓

B1（利益）←——→B2（利益）

义与利的关系不应是：A←——→B1 或 A←——→B2。儒学德性主义所构筑的"义利关系"恰恰就是"A←——→B1"或"A←——→B2"的关系①。在这种关系中道德规则存在的逻辑根据就只能是特定利益（B1或B2）的对立物，这在今天自然会引起人们对道德的冷漠甚至嘲弄。一个人需要道德，尊重道德，那是因为当他与别人（包括社会集体）发生利害关系的时候，需要道德来评判，道德价值实现的全部意义正在于此，也仅在于此。

道德价值实现的真谛不在于无限遏制甚至扑灭人的"利己心"，而在于引导人们在实现利己欲望的时候尊重社会道德规则；尊重社会道德规则的真谛不在于畏惧规则的权威，而在于养成人的"社会规则意识"。中国儒学德性主义长期教化之下的道德价值实现一步也不能离开封建政治和刑法，这使得中国人畏惧政治规则和刑法规则的思想观念根深蒂固，而遵从道德规则的思想观念相对薄弱和模糊。当道德规则在现代社会平台上被与政治和法律相对剥离、松弛了与权威的直接联系，真正显示其相对独立的本真态之后，传统的德性主义所造就的历史遗产自然就会显露出其本来虚弱的面貌。

在道德价值的传播和实现过程中，如何看待人的"利己心"，阐释"义"与"利"的关系，将社会道德规则转化为人的德性，在人的德性养成中真正实现"良心"与规则、个性与社会性的统一，是一个永恒的课题，在解决这个问题上，经验主义方法的合理性具有普遍的意义。

在道德价值实现过程中，主体是依据经验主义还是依据德性主义来选择自己的行为方式和方向，结果不一样。依据经验主义，就会想到扼制自

①将道德与不同利益主体之间的利益关系误解为道德与特定主体的利益所得或占有之间的关系，由此而建构义与利之间的对立或兼顾、相容关系，有了千年的所谓"义利之辨"，实在是中国伦理学界一个一直未得正解的学案。正确理解义利关系，义与利既不是对立的关系，也不是兼顾或相容的关系。因为，在"利"（不同利益主体的利益关系）的面前，"义"（道德）在任何情况下都担当道义协调者和裁判者的使命。

己的"利己心"的"恶性张力"，按照社会道德规则办事，用假设的社会"均衡点"（契约）来调整自己的利益关系境遇，逐渐形成"规则性"的德性，实现个体的道德社会化。而依据德性主义，就只会"为仁由己"，将社会道德规则搁置在一边，也不顾及自己行为结果的实际价值；如果行为出现不良后果，就只会遵循"行有不得，反求诸己"的认识路线，检讨自己德性的缺失。这使得德性主义在引领人们进行道德选择、实现道德价值的过程中势必会陷入一种"奇异循环"的道德悖论之中。

我们不妨设置两人分一大一小两只苹果的案例来对此加以分析和说明。在经验理性看来，谁先拿、谁后拿，谁拿大的、谁拿小的，这类问题并不重要，重要的是谁该先拿、谁该拿大的，因此注重的是事先必须要有关于"分苹果"的规则——没有道德规则怎么"分苹果"呢？而在德性论看来，谁先拿、谁后拿，先拿者应拿小的、大的留给对方，这类问题最重要，如果谁先拿并且拿了小的，就是道德的，否则就是不道德的，这是它的规则。在这里，德性论用假设的方式制造了这样一系列矛盾："先拿"、"拿小"者，意味着把"不道德"的问题留给了"后拿"、"拿大"者。假如"后拿"、"拿大"者也是一个讲道德的人，那么就会出现三种结果：一是两人终因相互谦让而最终"拿"不成；二是"先拿"、"拿小"者把"不道德"的恶名强加给了"后拿"、"拿大"者——"先拿"、"拿小"者的道德价值实现是以牺牲"后拿"、"拿大"者的道德人格为前提和代价的；三是让第三者得利，这叫"两人相让，旁人得利"，使"两人分苹果"失去实际意义。假如"后拿"、"拿大"者是一个不讲道德的人，那么"先拿"、"拿小"者的行为价值就意味着姑息和纵容甚至培育了"后拿"、"拿大"者的不道德意识——讲道德的良果同时造出不讲道德的恶果。这就是道德悖论及其"循环"状态。

所谓道德悖论，可以作这样的理解：同一道德价值实现的行为选择出现双重结果，即既是道德的又是不道德的，或者说既出现道德价值又出现反道德价值，而道德价值只属于行为抉择者，不道德或反道德价值则留给

了他人和社会[1]。

二、"三种人"及其与德性主义的相关性

在道德选择和价值实现的问题上，德性主义伦理学说关注的主要是行为者的动机，轻视行为者面临的伦理境遇，这样就容易忽视事实判断，由此而出现"事与愿违"以至"适得其反"的悖论结果。于是，就不可避免地会塑造三种不同类型的人。

第一种人是真心实意讲道德的人。这样的人在处置实际的利益关系中往往吃亏，即所谓"老实人吃亏"。按理说，讲道德的人是不应该吃亏的，任何社会都应当防止这样的人吃亏，以维护和发扬社会的基本道义。如果他们吃亏，社会就一定给予补偿，让讲道德的人从中得到回报。如果社会缺乏这样的伦理公平机制。真心实意讲道德的人就只能有两种选择：要么"乐于吃亏"，一直"吃亏"下去，做"殉道者"；要么发生蜕变，变成第二种人。

第二种人是不讲道德的。如同君子国的小人一样，他们是一些专门利己的人，经验使他们懂得不讲道德可以占得他人和社会集体的便宜，分享他人讲道德的成果。所以在利益关系需要调整时他们会胸有成竹、耐心地等待别人讲道德，无需为着自家的利益去"争先恐后"，落个"不讲道德"的坏名声。

第三种人是伪善者。他们深知发表"先"与"后"的态度的重要性，自己"先"表示"拿小的"甚至"不拿"，待到别人坚持同样的态度的时候才羞羞答答"拿大的"，结果是"德性"与"得利"双赢。假如在别人没有采取同样态度的情况下自己真的"拿"了"小的"，他们也不会后悔，因为他们相信在德性主义营造的环境中自己持这种态度将来终归会有回报的，不仅能够"拿大的"，甚至可能"拿更大的"，这叫"吃小亏占大便

---

① 这仅是当年对"什么是道德悖论"的解读样式。

宜"，这样的人一般都具有伪善的品性①。

这表明，道德悖论在给社会和个人带来道德进步的同时，又使这种进步"附带"深刻的道德危机和风险。事实证明，一个社会如果普遍存在道德悖论的现象，道德教育和道德建设就会"事倍功半"，甚至劳而无功。

一味追问道德本体的存在并构建子虚乌有的假设本体，使得儒学德性主义从逻辑基础到整个思想体系都具有假设的性质，导致在其价值导向上的道德价值实现必然存在普遍的道德悖论问题。历史上中外德性主义的思想体系有一个共同特点，这就是热衷于在人之外追问道德本体、脱离人的实际需要从独立于人和社会之外的"绝对精神"或"绝对人性善"那里寻找道德的本原，所谓"天理"在朱熹那里，在许多情况下干脆被直接解释为封建社会的政治伦理纲常。而儒学大师阵营内又从来没有出现过笛卡儿、休谟、康德式的人物，后人对前人的定论都未曾有过真正的怀疑和质疑，这就难免会形成注重注释先师的论断而倦于逻辑证明、依附和引证权威而不能勇于创新的传统。其实，道德价值的可能形式及其实现的过程和事实，是无需用本体论的方法加以证明的。伦理学的建构需要借助哲学的方法，但其本身毕竟不是哲学，没有必要追问"道德本体"的问题，建构一个哲学那样的完整体系②。现代社会的人们更是普遍感到，以利益关系为基础和说明对象的道德问题就发生在自己身边，与自己息息相关，要不要做"道德人"无需从"天道"或"神性"那里寻得源头根据，也无需反思自己生下来是否具有一颗"善心"。

拘泥于道德本体问题，不仅会导致道德理论神秘化和经院化，导致本为尘世之在和庶民之需的道德要求远离"社会惯例"，而且也易于养成人们高谈阔论道德、借用道德装潢门面和教导他人，却不注重把道德看成是一种切身的实际需要。

---

① 由此可见，不讲道德的人和伪君子，不一定都是没有受到良好的道德教育或受到"道德人"包括"道德榜样"的影响。在许多情况下，他们的生态条件恰恰就是因为独占或分享"道德恩惠"的结果。

② 如果说道德文明的生成和发展演变客观上存在一种"本体"的话，那么在历史唯物主义视野里，从逻辑上来看，它只能是一定社会的生成和交换的经济关系，而在逻辑与历史相统一的意义上，它只能是基于一定社会的生成和交换的经济关系及"竖立其上"的整个上层建筑的社会实践活动。

在认识论上，儒学德性主义的假设和悖论根源于把一部分人的优良德性普遍化。由于人生的境遇和经历不同，接受教育的途径、方式和程度不同，每个时代都会涌现一批德性高尚、超凡脱俗的"先知先觉"和先进分子，德性主义基本上正是这样一些人的思维和昭示的产物。他们根据自己对道德价值的超越性理解，孜孜不倦于形上层面的挖掘、整理、提炼、阐发，提出自己的伦理学说和道德主张，这使得德性主义所张扬的道德理性往往带有"一家之言"的特征，并不能真实反映特定时代的民众的德性水准和社会生活的实际需要与经验。这就决定了它在传播和世俗化的价值实现的过程中，必然会处于"曲高和寡"的尴尬境地，在诉求和借助专制力量的同时，希冀和笃信"榜样的力量是无穷的"，片面强调榜样和典范的价值意义，要求民众按照"见贤思齐，见不贤而内自省"的接受方式修身，做"道德人"，于是渐渐地形成依靠一批社会先进分子引领绝大多数人的道德发展和进步模式。在这种演进模式中，道德不是历史的，不是普世的，其结果可能虽然会"引领"出一些学会讲道德的"道德人"，但更可能会"引领"出一批批学会专门享用先进人物讲道德的果实的"自私鬼"，道德价值实现的路径始终是一个"奇异循环"的"迷宫"。

三、道德价值选择与价值实现中的智慧问题

多年来，面对西方经验主义的文本思想和价值理解方式的不断传入，我们一直在强调继承和发扬中华民族的传统美德①，加强以为人民服务为核心、以集体主义为基本原则的社会主义思想道德建设，而人们的接受心理和接受情况却一直是很复杂的：对西方的经验主义有些欣赏却又抱抵触情绪，对民族传统的价值实现方式颇为怀旧却又持怀疑态度，对为人民服务和集体主义的先进性大加赞赏却对其实际的生命力不以为然。

这种情况表明，当代中国人的价值理解和选择方式尚处在一种"多元

---

① 准确地说，这种继承和发扬所造之势基本上还是文化人诠释的儒学德性主义的文本思想，并非历史上中华民族实际经历过的道德生活过程和在其间形成的优良道德传统。

化"的"紊乱"的状态中，等待着社会的梳理和整合；中国的道德发展和进步同样处在一种历史转型期，需要修正传统德性主义的假设体系，努力克服其制造"奇异的循环"的道德悖论弊端，而要如此就需要促使现今的道德体系具备合乎时代精神的智慧内涵。

《辞海》将"智慧"理解为一种"认识、辨析、判断处理和发明创造的能力"。学界的看法则见仁见智，有的将其归于合乎客观实际的正确认识，认为"智慧即对于真理的认识"[①]，有的认为智慧属于某种"洞察"或"洞见"，它不是一般的认识和能力，而是一种"真知灼见"和"超凡能力"。在笔者看来，道德智慧是"民众的""普世的"，在社会它是一种促使道德价值实现的机制及由此营造的舆论氛围，在主体它是一种正确认识、理解和把握利益关系境遇因而有助于道德价值实现的能力。

一般来说，凡在历史上发生过长久影响的道德理性及其假设体系都是当时代的文化人"洞察"伦理秩序和道德生活现实的"睿智"，都是适应于当时代道德进步的道德智慧，或都反映当时的人们思索道德问题的智慧因子。但是，随着社会经济政治结构的变迁，伦理秩序和道德生活现实由"应有"演变为"实有"并进而出现呼唤新的"应有"的态势之后，原有的道德智慧因素就会开始减退以至失落，有的"洞见"甚至会蜕变为纯粹的"教条"，走向自己的反面。中国儒学德性主义从形成到强盛再到衰落的历史轨迹，也证明了这个历史辩证法。

因此，一个时代在考量和提出反映它的时代精神的道德智慧时，所采用的第一方法论原则应当是：促使道德价值实现的机制和过程与经济、政治和法治的价值实现的机制和过程相适应、相协调。在发展市场经济的条件下，这样的机制和过程首先就应当是公平。在经济、政治和法治领域，公平的要义和实质都是关于权利与义务的特定的合理性平衡关系，在道德活动及其价值实现领域对公平也应当作如是观。公平和正义作为一个特定的道德范畴，在西方可以追溯到古希腊的柏拉图时代提出的"四主德"

---

① 张岱年主编：《中华的智慧——中国古代哲学思想精粹》，上海：上海人民出版社1989年版，第1页。

（或"四元德"），它是西方社会处理利益关系矛盾和实现道德价值的一种传统智慧。在中国，公平作为伦理道德问题提出是20世纪80年代中期发生的事情，它的基本标志就是关于道德权利这一新概念的公开提出①。从那以后，关注伦理公平问题的文论时而可见诸报刊，但一直没有形成如同研究经济、政治和司法领域里公平问题那样的气候。目前，我国各种伦理学教科书和道德读本极少有阐述伦理公平的内容，公平还没有在伦理学的学科领域内"立户"，社会的道德建设和人们的道德生活远没有形成讲究公平的伦理氛围，没有形成伦理公平的运作机制，这是不正常的。其实，公平作为一种伦理问题被学界一些人断断续续、反反复复地提出来，是当代中国社会发展要求改造传统德性主义、建立与社会主义市场经济相适应的道德体系的产物，体现了当代中国人在伦理思维和道德建设问题上与时俱进的实践品格和智慧。传统德性主义的核心和灵魂是关于义务论的价值论，它以"大一统"的宗法政治伦理意识和"推己及人"的人伦伦理观念，适应了封建专制统治，维护了中华民族几千年的稳定，培育了中华民族的礼仪传统，同时又导致漠视人们权利的意识根深蒂固，致使人们习惯于在权利与义务失衡的情况下讲道德及其价值实现问题，以至于认为道德价值的实现就是个人的牺牲与奉献，使得我们这个民族的伦理思维和道德价值实现方式缺少公平意识和机制。如果说这种境况还能与计划经济年代的道德发展模式发生认同的话，那么，到了发展市场经济时期它就缺少与时代对话的资格了。以拾金不昧为例，过去一个人在履行了这样的道德义务之后是不会提出回报（权利）的要求的，社会也不会有这样的舆论支持或相应的机制，彼此都会觉得这是理所当然的。但是，今天如果还是这样看待拾金不昧，那么是否还会有助于继承和发扬这项传统美德呢？肯定是一个问题，原因就在于义务与权利出现的失衡同当今整个社会发展的公平机制不相适应了。

---

① 1985年底,中国伦理学会在广州召开第四次全国研讨会,议题涉及改革开放和伦理道德观念的变化问题。当时,有篇提交会议的论文提出"道德权利"这个全新的道德概念,并从道德义务与道德权利之间应当保持某种平衡关系立论,提出伦理关系和道德生活领域要重视公平问题。

中国共产党第十六次全国代表大会的政治报告在论述到"切实加强思想道德建设"时明确指出："要建立与社会主义市场经济相适应、与社会主义法律规范相协调、与中华民族传统美德相承接的社会主义思想道德体系。"试问：如果我们的道德价值实现缺乏伦理公平意识和由此造成的伦理氛围，我们的道德体系从何谈起与市场经济"相适应"、与法律规范"相协调"呢？如果没有公平意识和机制，我们只能照搬照用传统的义务论道德，由此"相承接"的民族传统美德岂不又与"相适应"和"相协调"不相适应、不相协调，从而造成社会主义思想道德体系的内在矛盾了吗？就当代中国整个社会的道德调控而论，公平应被看成是最高也是最普遍的道德智慧，社会主义道德体系只有引进公平机制才能真正与社会主义市场经济相适应、与社会主义法律规范相协调，从而取得与时代对话、促进和引导中国社会不断走向文明进步的资格。

第二方法论原则就是"德性"与"慧性"相统一。从主体的行为选择方式看，道德价值的实现并非完全取决于人的"纯粹德性"，而是取决于人的"德性"与"慧性"的统一。这种统一集中表现在主体追求道德价值实现的过程中对其面临的客观环境和条件能够做出正确的判断，适时地将价值判断与事实判断统一起来。对行为选择的"意义是什么"的价值判断，与对行为对象本身"是什么"的事实判断不同，在特定的选择境遇中前者是主观的，后者是客观的，主观只有合乎客观，只有使"意义是什么"与"是什么"一致起来，"意义是什么"才是有意义的。以乐于助人、同情弱者为例：在德性主义义务论的指导下，一个乐于助人、同情弱者的人总是习惯于从自己的"善心""为仁由己"的价值判断出发去帮助他人，而不问对方是否真的需要同情和帮助，是否应该得到同情和帮助。这样，结果就难免会出现"帮助（同情）不该被帮助（同情）的人"，使自己的行为结果出现道德悖论。人与人之间是需要帮助的，弱者是需要同情的，任何一个社会都应当提倡和实行同情弱者和乐于助人的道德价值标准，但只有确实帮助了需要帮助的人，乐于助人才具有真实的道德价值意义。要如此，就应当在"帮助（同情）"与"被帮助（同情）"之间建立起统一性关系，把"为仁由己"的道德价值判断与"为仁辨他"的逻辑判断结合起来。这种结合就是把"德性"与"慧性"统一起来，就是一种道德智慧。当然，这并不等于说，在任何情况下都必须能够做到把两种判断统一起来，因为在有些特殊情况下人们在选择自己的道德价值实现方式的时候，很难适时做出正确的逻辑判断。尽管如此，作为社会主流的价值导向还是应当提倡把价值判断与逻辑判断统一起来，不能主次不分，本末倒置，能够这样看问题本身也是一种道德智慧。

在传统的意义上，经验主义的道德智慧集中体现在引导人们遵循社会道德规则，德性主义的道德智慧集中体现在教导人们"为仁由己"，现代性意义上德性主义的道德智慧则集中体现在如上所说的统一观上。社会主义的道德体系及其建设一方面要努力在全社会提倡将道德权利与道德义务统一起来的伦理公平观念，并逐步建立这样的运作机制，另一方面要通过教育和培养促使人们普遍提高道德价值判断和选择的能力，努力把价值判断与逻辑判断统一起来，尽量避免或减少行为的悖论后果。总之，由于受到传统儒学德性主义的长期影响，我们在继承和发扬中华民族传统美德时不可不克服它的消极影响，在强调加强社会主义道德建设时不可不注意引进道德智慧，并将它渐渐地转变成人们的新德性。

这应是当代中国伦理学研究、道德教育和道德建设的重要内容，促使中国伦理学繁荣、中国社会和人文明进步的必经之路。

道德教育之"道德"的内容结构*

　　道德教育的宗旨和目的在于培养"道德人"，这是世界各国各民族自古以来的共识，然而对道德教育之"道德"的内容结构，各国的看法却不尽相同。长期以来，中国人理解和把握道德教育之"道德"的内容结构，多局限于文本叙述的道德知识，视传播书本上的道德知识为培养"道德人"的主要任务。

　　中国进入改革开放和社会主义现代化建设事业的历史发展新阶段以来，传统的道德教育理念和内容结构正面临多方面的挑战，经受严峻的考验。如此来理解和把握道德教育之"道德"的内容结构，培养出来的"道德人"实则多是"道德书生"，多是"'知'道人"而不一定是"'得'道人"①；即使是"'得'道人"，也多愿做"道德人"的"'得'道人"，而不一定会做"道德人"的"'得'道人"。这种"道德人"的人格是有缺陷的，并不属于或不应当属于理想人格。社会道德生活的实际表明，这样的"道德人"在道德选择和价值实现中往往会使自己陷入"不知所措""进退两难"的悖境之中，出现"自相矛盾"的道德悖论结果。其中，有些人会因此而陷入道德悖论现象的困惑，以至于会渐渐地背离愿做"道德

　　* 原文题目为"道德教育之道德的内容结构探讨"，原载《道德与文明》2010年第5期，收录此处作了修改和调整。

　　① ［德］伊曼努尔·康德：《论教育学》，赵鹏、何兆武译．上海：上海人民出版社2005年版，第1页。

人"的初衷，把所"得"之"道""还给了他们的老师"。

这表明，道德教育之"道德"的内容结构并不等于道德的结构，除了伦理学视野里的道德结构要素以外，尚有关涉教育学、心理学和法学等学科与道德相关的结构因素。

一、从康德的"实践理性"说起

康德道德哲学超越前人的一个突出标志就是在充分肯定经验的道德意义之后，又强调以"实践理性"超越经验的必要性。康德的"实践理性"是相对于"纯粹理性"或"理论理性"而言的，要旨是宣示"实践理性"的"可实践"，即可为人的道德实践——道德行为选择和价值实现提供合乎社会理性的指示，并能以"绝对命令"——"定言命令"的普遍原则（相对于"如果……就……"的"假言命令"）引导和促使人愿意做"道德人"。与此同时，康德并不关注人是否会做"道德人"这一根本性的道德实践问题。

但是，人类创造道德知识（理论）的根本目的在于通过道德实践获得实际的道德价值，维护和促进社会与人的文明与进步。人的这种实践本性决定道德教育不仅要培养受教育者具备遵循"绝对命令"、愿做"道德人"的德性，而且还要培养受教育者具备善循"假言命令"、会做"道德人"的"慧性"。康德的"实践理性"只是道德知识（理论）层次的"理性"，是关于道德实践的理论逻辑前提而并未涉及道德实践过程所需的"半截子的"实践理性，也就是说并未揭示道德实践的全部理性。康德说，人是惟一必须受教育的被造物，人完全是教育的结果。他所说的教育主要还是关于道德知识的教育。这样的"实践理性"作为道德知识被列入道德教育之道德的内容，是必要的，但不是充分的，其被列入的同时也标志着一种前置性的缺陷。

任何实践都是在特定的自然和社会的现实环境中进行的，都需要主体具备相应的"实践能力"并最终对道德实践也应作如是观。培根说，"知识就是力量”，这里的“知识”所指当是文本知识，“力量”所指当是“认识能力”，并不就是“实践能力”。“知识”，可能是“实践理性”的，也可能是“纯粹理性”的，不论属于哪一种“理性”，作为能力都只属于“认识能力”范畴，在没有经过与实践主体对自身及环境有利因素进行整合之前是不可能转变为“实践能力”、显现真实的道德价值和意义的。道德实践主体获得道德上的“实践能力”，自然不可离开文本叙述的道德知识，但这种获得只是关于“认识能力”的理解和贮备，并不是“实践能力”的积蓄和展现，它可以解决受教育者“愿做‘道德人’”的认识和情感问题，而不能解决受教育者“会做‘道德人’”的问题。这主要是因为，道德文本叙述的“道德”与道德实践过程所遇到的道德现实的“道德”有着重要的不同，前者是“纯粹善”的理性和普遍原则，后者则是善恶同在的客观事实。要使受教育者既愿做“道德人”又会做“道德人”，就要使之了解特定社会的道德现实，具备相应的道德能力①。

由此看来，道德教育之道德的内容结构除了道德文本知识叙述的“实践理性”之外，还应当包含特定社会的道德现实和主体的道德能力。

二、道德教育之“道德”的逻辑结构

在历史唯物主义视野里，人类有史以来的道德知识在“归根到底”的意义上都是一定社会的“生产和交换的经济关系”的产物。恩格斯说：“人们自觉地或不自觉地，归根到底总是从他们阶级地位所依据的实际关系中——从他们进行生产和交换的经济关系中，获得自己的伦理观念。”②“伦理观念”经过理论思维过程（特别是伦理学的理论思维过程）的“社会加工”，就可以被提升为一定社会的道德意识形态和价值形态，进而表

---

① 美国的劳伦斯·科尔伯格（Lawrence Kohlberg）的道德发展理论认为，受教育者的道德发展可分为前习俗、习俗和后习俗三种水平，每种水平有两个阶段，共六个阶段。道德教育在每种水平和阶段上都应以启发和培养受教育者的道德判断能力为轴心。这里所说的道德能力，主要是从相对于道德实践理性而言的道德实践能力，不是仅指道德判断能力。

② 《马克思恩格斯选集》第3卷，北京：人民出版社1995年版，第434页。

现为一定社会的道德价值标准和行为准则，作为观念的上层建筑体现统治者的道德理想和意志，成为一定历史时代的道德上的"实践理性"和培养"道德人"的道德文本知识，成为道德教育之道德的基本内容。

社会道德现实的情况一般都比较复杂。如从形态特征来看，有各种各样的道德意识（历史的与现实的、本土的与舶来的）、道德活动（社会的、群体的、个体的）和道德关系（和谐与不和谐的，"和而不同"的与"同而不和"的）；从阶级和时代属性来看，有先进与一般的道德、落后与腐朽的道德；等等。所有这些现实的道德现象都不是纯粹的善，也不是纯粹的恶，而都是以善与恶交织在一起的性状存在的，在很多情况下都会给受教育者一种"与书本不一样"、是非善恶难辨的认知困惑。这种困惑其实并不是道德文本知识和老师教导的过错，而是学生在接受道德教育期间缺少了"特定社会的道德现实"的内容，把在道德教育中掌握的"纯粹的善"的知识当作了评判和认知特定社会的道德现实的标准，把"本应"当作了"本真"。值得注意的是，在固有的伦理关系和固守的"实践理性"受到冲击的社会变革时期，道德教育之道德如果缺乏社会道德现实的内容，受教育者是很难认同道德教育之道德的，道德教育就会因此而出现缺效、低效以至失效的问题。

道德能力指的是主体进行道德选择和价值实现的能力，是由思维（判断）能力和实践（行为）能力两个部分构成的道德"实践能力"，前者主要是指道德智慧，后者主要是指道德经验。道德能力作为道德教育之道德的内容，核心是"怎样讲道德"，也就是了解和把握"会做'道德人'"的问题，它是把"向善"的道德知识和"求善"的善良动机转变为实际的道德价值的关键环节，也是主体成为真正"道德人"的关键所在。如果说，道德文本所叙述的"实践理性"是在价值论（为什么要讲道德）和知识论（讲什么样的道德）的意义上讲道德，那么道德能力就是在方法论（怎样讲道德）的意义上讲道德，道德实践——道德行为选择和价值实现过程就是价值论、知识论和方法论的有机统一的过程。这个有机统一过程的重要性是不言而喻的。试想一下，如果司马光见义勇为不是采用"砸缸"的方法，而是"扑通"跳进缸里，这个道德故事还具有佳传千古的经典意义吗？

概言之，道德教育之道德的内容结构，应是以道德现实为基础、道德知识的理性为主线、道德能力的培育为轴心的逻辑体系。

三、道德教育之"道德"缺失的弊端及成因

如前所述，道德教育之道德如果缺失特定社会的道德现实和主体的道德能力的内容，其弊端在于教育和培养的人必然多为"道德书生"，他们愿做"道德人"而不一定会做"道德人"。这种"道德人"会读书考试"讲"道德，却缺乏面对社会道德现实、正确看待和适应社会道德生活的意识（意志）品质，在不能理解"道德现实为何与书本不一样"的困惑之中可能会产生两个方面的社会性危害：或者误以为道德现实破坏了道德的"实践理性"而抱怨道德现实，甚至抱怨整个现实社会，以消极的态度对待社会和人生；或者误以为道德知识所蕴含的"实践理性"是伪科学而怀疑道德知识的逻辑力量，进而怀疑道德教育本身的价值和意义。这种弊端和危害在当代中国社会一些成年人身上的实际表现就是：依据书本道德知识叙述的价值观念与标准评判和批评现实，却不愿运用唯物史观的方法论原理去正确地观察、分析和解读道德现实；或者信奉道德无用论，散布种种不利于加强和改进道德教育的错误观点。这种"道德人"的人格缺陷所存在的弊端还可能会危害到主体自身的道德成长和进步：由于缺乏道德智慧和经验，他们的道德选择和价值实现时常会出现"事与愿违"甚至"适得其反"的道德挫折，由此而动摇他们积极参与道德实践的热情和信念，直至会由愿意做"道德人"转而变为不愿做"道德人"。众所周知，未成年人在接受学校道德教育期间一般都能成为愿做"道德人"的"道德人"，他们一般都会对做"道德人"充满热情和向往，而当他们走出校门融进社会生活之后，随着职业能力的增强和社会阅历的增加，有些人就渐渐地不那么愿意做"道德人"，有的人甚至变成"道德冷漠"者。这种道德上的

"负能量"的情况，究其原因除了缺乏面对社会道德现实、正确看待和适应社会道德生活的意识（意志）品质之外，便是自己在屡经道德挫折中消极地接受了教训，渐渐地"学坏""变坏"了。

从学理逻辑来分析，道德教育之道德知识的"实践理性"并不是"实践方案"，更不是实践本身，在其付诸实践的过程中会因各种主客观因素的干扰，结果既可能合乎逻辑地走向"善"，也可能合乎逻辑地走向"恶"，由此而合乎逻辑地同时出现道德悖论现象。就是说，道德教育之道德如果缺失特定社会的道德现实和主体的道德能力的内容，受教育者的人格就会存在先天性的缺陷，他们一旦走进道德实践，其潜在的反逻辑张力就会合乎逻辑演绎出"恶"的结果来。这表明，道德实践并不是完全按照"实践理性"的逻辑设计和安排展现其实际过程的，主体即使像敬畏"在我之上的星空和居我心中的道德法则"①那样视"实践理性"为"绝对命令"，也不一定就能够如愿以偿。

长期以来，我们的道德教育恪守的立足点是以社会为本，对于社会道德现实存在的不良现象，我们指望通过受教育者充当道德先进分子来加以改造和纠正，而忽视了道德教育的根本目的在于促进人的全面发展，使受教育者成为真正的"道德人"，帮助他们在现实社会中赢得人生发展和价值实现的道德实践能力。当他们由于缺乏道德智慧和经验而在"愿做'道德人'"中"吃亏"了，社会又试图以"讲道德的人总是要或多或少地伴随个人牺牲的""讲道德的人最终是不会吃亏的"之类的道德宣传来调整他们的心态。不难想见，这种脱离有效提升"道德人"的道德实践能力的社会舆论，调整功能是很有限的。实际上，社会道德的文明进步与人在道德上的全面发展本是一种相辅相成、相得益彰的互动过程，而其立足点应是培养既愿做又会做"道德人"，使之具备应有的道德实践能力。如果说，"道德万能论"在人类伦理思想史上是一个缺乏科学性的伪命题，那么"道德知识万能论"就在根本上背离道德科学了。

---

① [德]康德：《实践理性批判》，韩水法译，北京：商务印书馆1999年版，第177页。

四、完善道德教育之"道德"的基本理路

首先，要树立新的道德内容结构观，将特定社会的道德现实、主体作为"道德人"应具有的道德能力用文本叙述的方式列入道德教育的内容体系。关于特定社会的道德现实的内容，要描述当代中国社会的道德现实，不回避存在的"道德失范"以及由此引发的"道德困惑"，"失范"并非都是"失德"，"困惑"孕育创新，因而这是道德悖论现象的一种真实情况。关于道德能力的内容，包含道德智慧和道德经验，核心是要分析和阐明道德实践——道德行为选择和价值实现过程中的各种不变和可变、有利和不利的主客观因素，以启发受教育者充分利用这一过程中的各种有利因素，尽量避免这一过程中的各种不利因素，以充分实现道德价值。

其次，要增加道德思维训练的内容，使道德教育的道德内容具有思辨的特色。这样的训练需要接触社会道德现实，但不一定要走出校门，只要内容是反映社会道德现实的，有助于受教育者的锻炼成长，在校内同样可以进行。训练的内容可以参照科尔伯格的"两难道德故事法"，以"思考题"或"案例分析"的形式设计若干伦理情境和道德难题，让受教育者在"身临其境"中面对道德困惑，在老师的启发和引领下"动脑筋、想办法"，做出正确的价值判断和行为选择。这种教育内容的设计，也可以放到社会道德的现实环境中进行，让受教育者在"实地"经受实实在在的锻炼。

最后，要调整对道德教育传统原则与方法的认识。一是要调整对道德教育传统原则与方法之功用的认识。道德教育与知识教育的根本不同在于，其原则方法在充当联结内容和目标"纽带"的同时，也作为教育的内容和目标参与教育的过程，表现出"用什么样的原则方法教育人，也就是在教育和培养什么样的人"的功能与价值。从这种意义上说，应当把道德教育的原则与方法纳入道德教育之道德的内容体系。二是要调整对正面教育原则的认识。毋庸置疑，道德教育尤其是关于未成年人的道德教育必须

坚持正面教育的原则，但不可把正面教育理解为"只讲正面内容"的教育。正面教育原则，旨在引导受教育者正面认识——正确认识社会和人生的伦理道德问题，形成积极健康的道德情感和应有的道德智慧，积累应有的道德经验。正面内容可以用来进行正面教育，反面内容也可以用来进行正面教育，关键是要运用科学的方法进行分析和引导，揭示正面内容和反面内容的本质差别，促使受教育者既愿做"道德人"，又会做"道德人"。

道德意识形态的超验建构及其历史纬度*

道德意识形态的建构方式历来是超验的。这种超验的建构方式在不同的历史时代有所不同，甚至有根本的不同，但是人类社会至今的道德意识形态基本上是在阶级社会建构的，其超验建构的方式及历史纬度都带有明显的"阶级社会烙印"。这种构建的历史在其逻辑走向上其实留下了一个属于全人类的当代课题：社会主义社会应当在什么样的历史纬度里以超验的方式建构自己的道德意识形态？中国30多年来的改革和发展所遇到的所有伦理道德理论和实践问题，聚焦起来多与这样的当代课题有关，甚至可以说就是这样的当代课题。探讨和说明这种人类未曾相遇的当代课题，是我们对于后世乃至整个人类的历史责任。

改革开放和发展取得的辉煌成就包括人的伦理观念和精神面貌所发生的巨大进步，但与此同时出现的一些较为严重的伦理道德方面的问题，也引起世人广泛关注。这些问题可以一言以蔽之："道德失范"及由此引发的"道德困惑"。20世纪80年代中期以来发生的诸如"'爬坡'还是'滑坡'"等各种道德论争，纷呈于世的伦理学论著，以及被先后介绍引进国门的诸如"社群伦理""正义伦理""德性伦理""道德学习""解构普遍性"等各种现代西方伦理思潮的学说主张，无不直接或间接地与试图厘清和阐明"道德失范"和"道德困惑"的问题相关联。然而，诚实的有良知

＊原载《江海学刊》2010年第5期。

的学人都有这样的深切感触：我们离真正厘清和阐明"道德失范"和"道德困惑"的问题还相差很远，离建构适应当代中国社会发展客观要求的道德意识形态体系还有相当大的距离，社会道德生活中的无奈与无助情绪及由此蜕变的"道德冷漠症"仍呈一种蔓延之势且缺乏富有逻辑力量的道德价值导向。其所以如此，是因为我们还没有自觉地运用历史唯物主义的方法论原理，中肯地分析以往历史时代——阶级社会里的道德意识形态的超验方式及其建构纬度，并在此基础上提出社会主义的道德意识形态的超验方式及其合理的建构纬度。

一、阶级社会里道德意识形态的超验方式及其建构的历史纬度

关于意识形态以超验方式反映经济关系的精神生产的问题，马克思和恩格斯在一般社会历史观的意义上曾有一系列历史唯物主义的经典论述。在《德意志意识形态》中，马克思和恩格斯为了同青年黑格尔运动彻底决裂，也是为了清算自己过去的哲学信仰，"修盖好唯物主义哲学的上层"即"唯物主义历史观"，曾用"不真实的"和"假象"等关键词批评了以费尔巴哈为代表的"德意志意识形态"，并指出："思想、观念、意识的生产最初是直接与人们的物质活动，与人们的物质交往，与现实生活的语言交织在一起的。人们的想象、思维、精神交往在这里还是人们物质行动的直接产物。表现在某一民族的政治、法律、道德、宗教、形而上学等的语言中的精神生产也是这样。"①在这里，马克思和恩格斯把精神生产的社会意识形式分为两大系列："直接与人们的物质活动"相关的"最初"的"思想、观念、意识"和"表现"在"语言中"的"政治、法律、道德、宗教、形而上学"之类的意识形态。道德意识形式的这两个系列，前者是"伦理观念"，是在一定的"生产和交换的经济关系"的"物质活动"中自

---

① 《马克思恩格斯文集》第 1 卷，北京：人民出版社 2009 年版，第 524 页。

发形成的道德意识形式，属于道德经验范畴①，人们怎样进行生产和交换，就会自发地产生怎样的"伦理观念"，并自然而然地形成道德经验，与调节"生产和交换的经济关系"及其"物质活动"直接相联系，却一般并不与"竖立"在经济基础之上的政治、法制（治）等上层建筑直接相联系②。后者，即人们通常所说的"特殊的社会意识形态"，它是道德以超验方式反映经济关系的产物，并不与"生产和交换的经济关系"直接相联系，却以观念的上层建筑与政治、法制（治）等物质的上层建筑直接相适应。道德意识形式的这种结构模态，是分析道德意识形态特殊的超验方式的基本立足点，也是把握阶级社会里的道德意识形态建构之历史纬度的方法论路径。

第一，阶级社会里的道德意识形态都不是直接为"生产和交换的经济关系"的"物质活动"服务的，而是直接从建设和维护政治和法制（治）的实际需要出发并为之服务的。一个社会实行什么样的政治制度和法律制度就会提倡和推行什么样的道德意识形态，在维护和推行道德价值的问题上保持着治政原则、立法原则与道德原则的高度一致性。这种超验的价值特性，使得以往阶级社会里的道德意识形态多带有政治化（封建社会）、法制化（资本主义社会）的特性，在黑暗的中世纪曾成为政教合一的专制政权的婢女；同时也使那些在阶级社会中与统治阶级道德"并列"的被统治阶级道德带上浓厚的反政治统治的特色，正是在这种意义上，"我们断定，一切以往的道德归根到底都是当时的社会经济状况的产物。而社会直到现在是在阶级对立中运动的，所以道德始终是阶级的道德；它或者为统治阶级的统治和利益辩护，或者当被压迫阶级变得足够强大时，代表被压迫者对这个统治的反抗和他们的未来利益。"③道德作为特殊的意识形态，

---

① 作为物质的社会关系的"生产和交换的经济关系"一旦形成，随之便会形成作为思想的社会关系的伦理（关系），进而"自发"形成维系伦理（关系）的"伦理观念"，这就是生产经营型的道德经验。

② 恩格斯说："人们自觉地或不自觉地，归根到底总是从他们阶级地位所依据的实际关系中——从他们进行生产和交换的经济关系中，获得自己的伦理观念。"（《马克思恩格斯选集》第3卷，北京：人民出版社1995年版，第434页。）

③《马克思恩格斯选集》第3卷，北京：人民出版社1995年版，第435页。

在同政治法制联姻并为之辩护的过程中，同时得到政治和法制的庇护，因而获得足够的生存和发展空间，这使得世界上绝大多数民族在专制时代都会经历一个"礼仪之邦"和"道德大国"的文明发展阶段。这种历史现象给今人产生一种错觉，似乎封建社会曾普遍实行过道德中心主义①。然而，它既不合乎道德意识形态的建构逻辑，也不符合中国道德文明发展史的实际情况。众所周知，西汉初年汉武帝接受董仲舒的建议实行"罢黜百家，独尊儒术"，开启了中国封建社会注重儒学伦理和道德教化的历史。但这一重大决策本身并不是政治策略，而是政治伦理的文化策略，它所主张的"独尊"是要确立儒术在百家之术中的主导地位，而不是要让儒术"独尊"于封建专制政治之上。

第二，阶级社会里的道德意识形态对经济关系及"竖立其上"的上层建筑的"反作用"，在价值趋向上一般是与"伦理观念"和道德经验相左的。这种特性在人类社会还没有进入阶级社会之前就已经显露了出来："原始共同体"的劳动合作关系自发产生的"伦理观念"是原始平均主义②，而真正影响原始社会秩序的则是超验的宗教禁忌和图腾崇拜。后来"相左"的情况更是一目了然：专制社会一家一户的小生产方式自发产生的"伦理观念"是"各人自扫门前雪，休管他人瓦上霜"的小农意识，而封建国家提倡的却是超越小农意识的"推己及人"的人伦主张——"己所不欲，勿施于人"③，"己欲立而立人，己欲达而达人"④，"君子成人之美，不成人之恶"⑤和"天下为公""三纲五常"的"大一统"的整体主义

---

① 如有的学者认为，中国封建社会"道德中心主义在政治方面最突出的表现是用道德代替政治，使政治道德化；在看待道德与法律对于治理国家的意义上，夸大伦理道德的作用，贬斥法律特别是刑罚的意义"，"长期以来，道德中心主义始终是阻碍中国社会向这两个方面前进的主要绊脚石"。（易杰雄：《道德中心主义与政治进步》，《文史哲》1998年第6期。）

② 学界一般认为原始平均主义是原始社会推行的道德原则，这其实是不正确的。道德原则是道德反映经济的假定和超越的特定形式，属于道德意识形态的核心范畴，原始社会尚未形成从事这种精神生产的社会物质条件和思维能力，所谓原始平均主义其实只是与共同生产过程直接相联系的"伦理观念"，应归于道德经验或风俗习惯范畴。

③《论语·卫灵公》。

④《论语·雍也》。

⑤《论语·颜渊》。

原则。资本主义私有制的生产方式"自发"产生的"伦理观念"是"一切价值都是以（个）人为中心"，而资本主义社会提倡的则是合理利己主义和人道主义，主张观照他人和社会的利益，直至现代资本主义竟然推崇貌似集体主义的社群主义和"正义论"主张。这种演变轨迹表明，道德意识形态与经济关系的关系不同于道德意识形态与政治和法制（治）的关系，认为"一个社会实行什么样的经济关系，就应当提倡什么样的道德"①，甚至以为作如是观就是坚持了历史唯物主义，是将两种关系混为一谈、相提并论了，并不合乎道德意识形态与经济关系之间的逻辑关系及其演变的历史事实。就是说，在历史唯物主义视野里，我们只能在"归根到底"的意义上来解读道德意识形态与经济关系之间的逻辑关系。

阶级社会进入近现代以来，由市场方式支配和调节的"生产和交换的经济关系"及与此直接相关的生活方式，以其自发的价值冲动影响着国家和社会公共领域的传统秩序，动摇着人们对"伦理观念"和道德经验的传统信念和信心，触发和推动了应用伦理学的兴起。应用伦理学以"伦理观念"（道德经验）及与此相关的公共领域的"秩序理性"为对象，其道德理论和学说主张是否具有意识形态的超验特性一直是一个争论不休的问题。国内有的研究者指出："在西方应用伦理学家看来，应用伦理学对行为的关注和对制度的关注是有内在关联的。"②若说这一论断合乎西方社会的实际，那么这里所说的"制度"显然不应是指政治和法律制度，而是指制约和维系生产和交换活动中个人行为的基本道义和社会公共生活中的秩序理性的"制度"，属于所谓"普世伦理"和"底线道德"范畴，在价值取向上并不具有与道德意识形态相左的特性。

第三，阶级社会里的道德意识形态干预和调整社会生活包括人的行为和心态的形式，即道德社会职能——对经济及"竖立其上"的上层建筑的"反作用"形式，是假定（预设）的道德价值标准和行为准则，亦即人们

①如有种观点认为，市场经济崇尚个人和个性自由，因此在发展市场经济的历史条件下，就应当提倡和推行个人主义、利己主义的道德和人生价值观。

②卢风、肖巍主编：《应用伦理学概论》，北京：中国人民大学出版社2008年版，第9页。

通常所说的道德规范体系或道德体系，这与其他意识形态的假定（预设）存在明显差别。政治（包括法制）的干预和调整是国家颁布的强制性的规则，宗教的干预和调整是公之于世俗的偶像和信仰，文艺的干预和调整则是隐喻于形象和事件之中的美学形式等。因此，道德意识形态的"反作用"形式，既不可同于强势的政治和法律，主张实行所谓道德政治化或法律化；也不可同于宗教那样的信仰，主张个人选择以各自的道德信仰或所谓的"德性伦理"为依据。道德意识形态发挥社会职能必须经由假定的道德规范，通过坚持不懈的社会提倡和推行，尤其是道德教育和道德建设，促使社会之"道"转化为个人之"德"，进而形成适宜的道德关系（"思想的社会关系"）和社会风尚（党风、政风、民风、行风、校风等），只有这样才能真正展现其社会职能，发挥其巨大的社会作用。

第四，阶级社会里的道德意识形态以上的超验特性，都以超验的本体论的形而上学为立论基础，通过哲学思辨的文本形式把现实社会的道德要求推到人之外的彼岸世界，或者追溯至人自身的内在"善端"，从而赋予道德意识形态如同政治和法制"君权神授"那样的绝对权威性和"不言自明"的绝对真理性，由此而形成中外伦理思想史上诸多形态的道德形而上学本体论的意见体系。这种缺乏真理内涵和基础、带有虚拟和假说特性的道德本体论和发生论学说，其实只是关于"统治阶级的意志"的目的论形式，不过以主观目的替代客观本体的一种"历史误会"而已。所谓"善端"，不就是直觉式地为"推己及人""为政以德"提供证明吗？所谓"天理""天命"不就是为世俗的"三纲五常"形式的"地理""人命"提供证明吗？把统治阶级的意志推到彼岸世界，运用精致的本体论和发生论进行论证，以提升其推行的道德价值的至上权威，这是阶级社会里一切伦理学说的共同特点。在阶级社会里，承担这种哲学思辨使命的一般是统治阶级的士阶层，他们中的很多人在建构形而上学本体论的道德意识形态及由此假定的道德标准和行为准则的同时，也养成了传为历史佳话的"士大夫精神"。

同政治法制联姻并为之辩护，与"伦理观念"和道德经验相左，经由道德价值标准和行为规范调节而引导社会生活，以形而上学本体论提升理论层级，四者构成了阶级社会道德意识形态超验方式的历史纬度。人类社会几千年来的道德精神生产和道德发展与进步就是在这样的历史纬度中进行的，由此而形成以往人类对道德理性近乎信仰的基本认识。

阶级社会里道德意识形态超验的历史纬度，使得今人形成诸多关于道德意识形态的根深蒂固的"历史误会"，影响今人对道德意识形态科学建构的逻辑走向以及由此产生的认知问题。

其一，以为道德就是与政治和法制密切相关、为后者辩护的意识形态，因而忽视与生产方式和生活方式密切相关的一般的道德意识形式即"伦理观念"和道德经验，仅在"崇高性"与"先进性"的意义上理解和把握道德文明。这是至今仍有影响的"道德（意识形态）决定论""道德（意识形态）万能论"的认识论根源。这种"历史误会"集中表现在关于道德功能和道德评价的认知方面：重视和崇高先进道德的示范影响，笃信"榜样的力量是无穷的"，轻视"普世伦理"和"道德底线"的基础作用，没有形成道德文明发展和进步的根本动力在广大人民群众之中的历史意识。如果说在道德意识形态及由此假定的道德价值标准的教化下形成的道德人格可称为"君子之德"，在"生产和交换的经济关系"及其"物质活动"中形成的道德人格是"小人之德"，那么两者的关系本质上并不是"风"与"草"的关系，所谓"君子之德风，小人之德草，草上之风必偃"[1]的逻辑是不存在的。实际情况是，"君子之德"与"小人之德"是"道德上层"与"道德基础"的关系，如果没有"小人之德"为基础，所谓"君子之德风"只能是空穴来风。仅仅指望以"君子之德风"来影响"小人之德草"的伦理思维方式推动道德建设和道德进步，已经不适应民主社会的客观要求了。

其二，以为传统道德文明史就是历史上士阶层以假定和超越的方式记述的道德文本学说史，不能区分文本史与现实史的界限。这方面的"历史误会"首先表现在不注意因而看不到传统道德文明史的真实情况。人类社

①《论语·颜渊》。

会的道德文明史，既不是道德意识形态文本学说史，也不是"伦理观念"和道德经验史，而是两者在历史发展过程中交互作用最终整合的"平行四边形的对角线"。其次表现在不重视发现和剔除历史记述的道德"语言中"的阶级偏见和历史局限性，与此同时忽视历史上庶民阶层的"伦理观念"和道德经验的传统，使得代代后人在传承传统美德的问题上养成了注经立说、乐于在历史文本"语言中"寻找道德资源而不关注史上曾有的精神生活的实际过程和现实的精神生活的实际需要的陋习。最后，使得后世养成了以"正册"和"另册"相区分的思维习惯，忽视"另册"（如《十三经》、《山海经》，以及民间传说和神话故事等）中所记述和表达的伦理思想与道德观念。

其三，以为社会道德标准和行为准则的命令方式只是"应然"而不是"实然"，只是"应当"而不是"正当"，追求的只是理想目标而不是现实生活，因而视道德调节方式仅为指南针式的"引导"和"规劝"，无视道德调节同时应为尺子式的"评判"和"度量"。在这种误解之中，人们长期轻视属于"正当"范畴、同样具有普遍"实践理性"意义的"伦理观念"和道德经验，使得社会提倡的道德在多数情况下成为脱离"生产和交换的经济关系"及其"物质活动"的"纯粹理性"，也就成为难为民众心动的宣传活动。

这些误会是道德教育和道德建设长期存在说教之风和形式主义的根本原因。

二、阶级社会里道德意识形态超验方式内含的"道德悖论基因"及其演绎的道德悖论现象

现代人类需要反思阶级社会里道德意识形态建构的历史纬度内含的深刻矛盾。这种内在的深刻矛盾就是"道德悖论基因"。对此，我们可以从两个方向来进行分析和阐述。

从超越道德经验（"伦理观念"）方向来分析，有经验主义和德性主

义两种理性。经验主义的逻辑基础是"人性恶"，其逻辑推理的程式是：人都是"自利"的（"小人喻于利"），此乃"天赋人权"（也是天经地义，"饮食也，天理也"），但如果每个人都只是为自己，那么人与人之间在利益关系发生矛盾的情况下势必就会处于"人对人是狼"的"战争"状态，即所谓"人人营私，则天下大乱"①，结果每个人都难以"自利"，因此必须要有"社会契约"，这就在社会经验的意义上合乎逻辑地推导出必须要以超验和假定的方式"讲道德"（包括"讲法制"）的结论来。这种超验的逻辑，在西方以霍布斯开创的近代以来的利己主义——合理利己主义为代表。德性主义的逻辑基础是形上预设（先验而不是超验）的"人性善"，其逻辑程式是：人的本质都是善的，如果每个人都能做到"我为人人"，那么在全社会的意义上就会出现"人人为我"的道德盛况，一切不道德的问题都迎刃而解了。

不难看出，经验主义和德性主义都会合乎逻辑地推演出逻辑悖论来，因为它们都内含"道德悖论基因"。不同的是，经验主义所超越的是人在特定利益关系中只关注一己私利的伦理缺陷，把个体由只关注"自利"引导到同时关注"他利"的社会道德价值标准和行为准则上来，实现有限的自我超越。德性主义超越的是人的"自利"的自然本性和社会生活实际，其逻辑推理是"自说自话""自圆其说"的纯粹推理，是关于假定的假定的双重假定。如果说，建立在超越经验的逻辑基础上的社会道德意识形态及由此推定的道德价值标准和行为准则（包括法律规范），是将悖论基因的实践张力必然产生道德悖论现象的问题更多地排解在实践之前的理论说明之中，超验的是单个人的"自利"本性，那么，建立在超越人的"自利本性"的基础上的社会道德意识形态及由此假定的价值形态，是将悖论基因的实践张力必然产生道德悖论现象的问题遮掩起来并带进实践之中，超越的是人的实际生存之需和社会实际的道德水准，因而使得善果与恶果同时出现的道德悖论现象成为社会道德生活中必然普遍存在的客观事实。中国传统儒学伦理思想及由此推定的社会道德观念和价值标准，大体上是依

---

① ［清］刘鹗：《老残游记》，上海：上海古籍出版社2011年版，第51页。

照本体假定的立论逻辑建构起来的，直接体现了"大一统"封建政治统治要求和超越小生产者"伦理观念"的价值模型和趋向，在几千年的教化过程中一方面培育了无数济世救民的仁人志士，另一方面也培养了一批精于假仁义道德欺世盗名的势利小人。

假定和超越的道德意识形态及由其推定的道德价值标准和行为准则，一旦进入社会提倡和推行的实践活动，就会受到实践主体道德认知和德性水准、道德智慧和道德能力等当下的不变因素以及道德行为面临的对象、面临的环境和境遇等各种可变因素的影响，致使行为在推进过程中不可避免地会出现善与恶同时显现的情况，从而赋予道德意识形态以"道德悖论基因"。以先人后己为例，按照形式逻辑推理：道德具有示范作用，"我"如果做到先人后己，他人就会因为受到影响而做到先人后己，如此下去就会形成"我为人人，人人为我"的良好道德风尚。然而，这种逻辑推理超越了人的"自利本性"和"自利能力"的假设，结果必然会产生道德悖论现象。其一，每个人面对的人生问题必须主要靠他自己解决，他也一般能够自己解决，因此他不可能把先人后己当成普遍的道德原则；就社会而论，也没有必要要求人人做到先人后己。其二，当一个人实行先人后己的道德原则的时候，他面对的其他人可能是同样的先人后己的人，也可能是专门来享用选择先人后己的道德行为准则的道德成果的人。其三，人类至今尚没有一个社会能够建立真正实现和维护"我为人人，人人为我"的道义机制。但是从道德发展和进步的客观要求和规律来看，任何社会都不能不提倡先人后己的道德标准和行为准则，这就决定了先人后己在社会提倡和推行之前就以预设的方式植下了"道德悖论基因"，在其价值实现的过程中会同时出现善与恶自相矛盾的结果。推而广之，一切以超越和假定的方式预设的道德标准和行为准则都内含这样的"道德悖论基因"，在社会提倡和人们的选择中都会演绎出善恶同现的道德悖论现象。

阶级社会里道德意识形态内含的道德悖论基因在实践过程中必然会演绎出普遍的道德悖论现象，这在道德教育和道德评价领域表现得尤其突出。诚然，人的优良的道德品质是接受科学的道德教育和体验科学的道德评价的结果，那么，人的不良的道德品质与接受科学的道德教育和体验科学的道德评价有没有关系？人们习惯于将人的不良的道德品质的形成归于三种因素，即道德教育（家庭、学校、社区）缺乏科学性或受到不良环境和品行不端的人的影响，总之与科学的道德教育和评价无关。然而，殊不知，这种似乎无可非议的认知结论只要放进因果链中进行逻辑推导，就会陷入"先有鸡还是先有蛋"的迷茫之中。但是，如果我们运用道德悖论的方法来解读，这样的问题就会迎刃而解。道德教育和道德评价，作为社会进行道德建设的价值选择，不论其是否科学，都内含一种在实践层面上必然演绎出道德悖论现象的基因。这是因为，道德教育和道德评价的必要性和科学性的立论依据并不在自身，而在于对其自身可能产生有效性的假定和预设，这种虚拟的肯定来自对教育和评价的对象及其所处环境的"有效性"的确认，而对象和环境总是存在差别，甚至是千差万别。这就注定道德教育和道德评价的必要性和科学性都必然是相对的，正是这种相对性致使道德教育和道德评价在立论基础和实践起点的意义上具有两面性，且在实践张力的展现过程中必然演绎出善恶同现的悖论结果来。事实上，道德教育和道德评价历来具有产生道德悖论现象的两面性，如批评或惩罚可以催人改过自新，也可能让人讳疾忌医、文过饰非；表扬或表彰，可以催人奋进，重视荣誉也可能诱人作假，如此等等。有位学者曾呼吁在中小学停止评选"三好学生"，认为这样会"过早给孩子贴上好学生与坏学生的标签"，有意识地引导一部分学生"学坏"，成为"坏学生"。这种意见虽然并不可信可取，但其指出表扬或表彰存在"副作用"的问题却是客观事实，给予重视是必要的。实际上，问题不在于表扬和表彰本身之错，而在于应当看到表扬和表彰作为道德教育和道德评价方式存在产生道德悖论的"基因"，要做的工作不是要取消表扬和奖励，而是要看到其在实施过程中必然会产生道德悖论现象的客观规律，同时在操作设计和安排上加以改进，尽可能缩小其负面（"恶"）的影响①。

总之，阶级社会里的道德意识形态及由此推定的社会道德标准和行为准则，由于内含产生道德悖论基因，所以在价值实现的过程中必然会产生道德悖论。若看不到这是一种普遍存在的客观事实，不仅会失去主动适应和驾驭道德选择和价值实现的客观规律，自觉地推动道德文明的发展和进步的机遇，而且还会陷入"道德困惑"，渐而走向"道德冷漠"，最终动摇人们对道德价值和道德进步的信念与信心，诱发道德悲观主义，放弃道德进步和道德建设。而在现实社会，就可能会盲目地"加强"道德教育和道德建设，陷入虚假的形式主义的"道德繁荣"。

如果说，道德意识形态及由其推定社会提倡的道德标准和行为准则体系以超越和假定的特殊范式反映社会经济已经成为人类精神生产和精神生活的一种源远流长的传统理性的话，那么这一传统理性无疑同样包含上述误解及由此产生的道德认知方面的先天性的缺陷。这种缺陷集中表现为看不清假定和超越的道德意识形态及由此推定的道德观念和行为准则内含着"道德悖论基因"，因而看不到社会道德提倡和推行的过程其实就是特定的道德意识形态演绎道德悖论的过程，人类道德文明发展史实际上就是自觉或不自觉地不断走出道德悖论建构的"奇异的循环"的历史。

人类进入20世纪60年代后，随着科技的飞速发展和信息社会的快速形成，工具理性在给人类造福的同时又带来了空前的灾难，在以善恶同在或亦善亦恶的道德悖论方式解构着假定和超越的传统理性的过程中，使得"我们的时代是一个强烈地感受到了道德模糊的时代"，难以"寻求一种从困境中逃离的出口"②，致使社会道德心理和评价活动中蔓延着对传统道德理性的抱怨和不信任情绪。这种情势，自20世纪90年代以来也渐渐在

①同样，按照诸如"助人为乐"等道德标准和原则选择的个体行为，"一方有难，八方支援"等道德标准和原则选择的群体或社会公益性的道德行为，都因其超越和假定的特性而预设了"道德悖论基因"，在其价值实现过程中都不可避免地会产生道德悖论现象，因此，都需要社会在坚持倡导的同时给予必要的说明和引导，并在操作设计和安排上提出遏制负面（"恶"）的影响的相应措施。

②［英］齐格蒙特·鲍曼：《后现代伦理学》，张成岗译，南京：江苏人民出版社2003年版，第24、25页。

中国社会悄然出现，并迅速地蔓延开来。然而，人们对此多不能自觉地运用道德悖论的方法给予分析和把握，正如索尔·斯密兰斯基（Saul Smilansky）在其《10个道德悖论》中指出的那样，一些道德悖论在同时代伦理学的思考中起到了重要作用，但相对于悖论在哲学和其他学科领域中的广泛研究，研究道德悖论的中心问题及对它们的揭示是缺乏的。当代中国社会存在的道德悖论问题已经受到学界一些人的关注，但目前尚未进入我国主流伦理学的范畴体系。

近几年有的研究者认为，道德悖论是一种集合性的概念，是由道德悖论现象、道德悖论直觉、道德悖论知觉、道德悖论理论等不同层次的道德悖论问题构成的，人们对它的认识至今尚停留在揭示和说明道德悖论现象层次，也偶涉道德悖论直觉和知觉问题，远未经过缜密思考建立关于道德悖论的理论体系。[①]道德悖论现象，指的是道德价值实现过程同显同现善果与恶果的自相矛盾的悖论现象。假定和超越以"内在根据"的逻辑力量，使得任何道德社会意识形态及其推定的道德规范体系在实践过程中都势必会合乎逻辑地演绎出是与非、善与恶同在的道德悖论结果，这就是道德悖论现象。尽管不同历史时代的道德意识形态所产生的道德悖论现象在广度和深度上有所不同，但这一现象的发生是不以人的意志为转移的，特定时代的人们只能在道德认知和实践的领域有限地发现和排解它，却不能完全地规避和消灭它。就是说，社会提倡的道德只要进入实践的领域，为人们所行动，其结果就必定是悖论性状的。这种客观必然性，在最抽象的意义上可视为"实践理性"的"两面性"——理性与非理性相比较而同时存在，它是由假定和超越使得一切道德意识形态及其推定的价值形态都内含合目的与合规律的矛盾导致的，我们称这种内在根据为产生道德悖论现象的"道德悖论基因"。

---

① 参见钱广荣：《把握道德悖论需要注意的学理性问题——兼谈道德悖论研究的视界和价值与意义》，《道德与文明》2008年第6期。

三、转变道德悖论基因的逻辑前提：构建超验的合理纬度

无疑，合理纬度是一种历史范畴，其核心价值是多种纬度整合的伦理和谐。历史上，不论以何种方式超越和假定道德意识形态，其直接的使命和功用就在于建构和维护当时代的伦理和谐。当代英国学者马丁·科恩曾系统梳理和叙述了道德生活中的"人生悖论"问题。他认为，伦理学关心的是些重要的选择，而重要的选择其实是两难问题。在他看来，伦理学应当以解决"两难问题"为己任："伦理学之所为，在于困难的选择——也就是两难。"但是，伦理学却往往忽视自己应当承担的社会责任，因为"伦理学太容易错失真正的问题了"。①这是真知灼见。

构建超越和假定的合理纬度，首先应当把握自古以来道德意识形态超越和假定的基本轨迹和发展演变的总趋势。历史地看，道德假定形式的程度和超越现实道德的水准受生产力水平和生产关系性质的根本性制约，随着生产力的发展和生产关系的进步而逐渐降低假定的水准，淡化超越的强度，这是基本轨迹，也是发展和演变的总趋势。在这种演变的过程中，道德进步与生产力的解放和生产关系的进步趋势是同步的，与人类重视个性解放和淡化社会本位理念的走向是一致的。这为社会主义道德意识形态的建构提供了合理纬度的一般方法论原则：道德意识形态超越和假定的历来是当时代的经济关系及其"物质活动"，而不是当代时代的政治（一般也不超越法制）等上层建筑。当代中国社会的改革和发展进程中出现的"道德失范"及由此产生的"道德困惑"，深层的原因是以往提倡的道德价值体系在新的历史条件下受到挑战，需要在新的历史纬度的前提下实行重新超越和假定。换言之，"道德失范"和"道德困惑"提出的问题，不是要淡化道德的社会主义意识形态超越经济关系"物质活动"的特性，而是要自觉地顺延人类道德文明发展的历史轨迹和逻辑走向，立足于当代中国道德国情，构建既超越中国传统又超越资本主义文明、与改革开放和社会主

---

① ［英］马丁·科恩：《101个人生悖论》，陆丁译，北京：新华出版社2007年版，第4页。

义现代化建设相适应的道德意识形态体系。

其次，应当注意充分肯定和普及"伦理观念"和道德经验，并在此基础上建构两种道德社会意识形式之间的逻辑关系。"伦理观念"和道德经验是维系"物质活动"基本道义的道德底线，涉及面最广，拥有人数最多，又与生产和交换过程直接相关，因此无疑应充当从道德上说明和衡量一定社会的基本的伦理秩序和文明水准的最重要的标尺。试想，如果没有直接反映小农经济的"各人自扫门前雪，休管他人瓦上霜"的"伦理观念"和道德经验，会有中国封建社会几千年的稳定和几经繁荣，以至于形成泱泱大国的"礼仪之邦"？如果说，封建专制社会的道德意识形态超越和假定经济关系"物质活动"具有与"伦理观念"和道德经验相左的倾向，是合乎封建社会的"实践理性"的话，那么，在"生产和交换的经济关系"发生变革、新的"伦理观念"应运而生和需要肯定新的道德经验的当代中国，仍然以"相左"的方式来构建我们的道德意识形态，显然是不合理的。我们的首要任务应当是大力普及"自发"产生于市场经济生产和交换过程的"伦理观念"——公平及维护公平的正义观念，并在此基础上构建以社会主义的公平正义为价值核心的道德意识形态体系。因为市场经济的生命法则就是公平及其维护机制，建立在市场经济基础之上的关于社会主义民主政治和法制的核心理念也应当以公平的"伦理观念"为轴心，整个社会生活的道德调节观念和机制也都应当依据社会主义的公平和正义原则做出新的解读（如提倡孝道应有"不孝则不公"的解释，提倡为人民服务应有"非如此则失之于公平"的解释，等等）。诚然，超越和假定及在此教育和培养下形成的优秀的道德人格具有示范性，在道德教育和道德建设中发挥其超越和示范的作用在任何历史时代都是十分必要的，但绝不可因此而忽视"伦理观念"和道德经验的梳理与普及。当大多数社会成员对"伦理观念"和道德经验缺乏应有的认同度的时候，道德榜样的超越示范作用不过是杯水车薪，不仅不能解决"面"上的问题，相反可能会在引导和培养优秀道德人格的同时，诱使更多的人以"假超越"和"做样子"的方式行沽名钓誉、欺世盗名之实，或者以冷漠的态度应对。在唯物史观的视野里，人民群众是历史的真正创造者和维护者，也是道德文明的真正创建者和承载者，社会道德的真实发展与可靠进步在最广大的人民群众之中，肯定和普及与社会主义市场经济直接相伴的公平正义的"伦理观念"与道德经验，及其对于社会主义道德意识形态的超越和假定的基础作用，其实也是肯定和尊重人民群众的历史主体地位。这应是当代中国社会道德建设的一项重要的基本任务。

最后，应当实行伦理学的理论创新，从三维向度重建中国特色社会主义道德意识形态的形而上学体系。前文说及，传统的伦理学理论惯于在本体论形而上学的一维路向的意义上为社会提倡的道德提供统一性证明，以此来提升道德超越和假定的毋庸置疑性，这种范式和传统实际上是由阶级和历史的局限性导致的"历史误会"，并不是永恒的法则。本来，道德的本体或根源就在现实的经济关系和利益关系之中，社会以超越和假定的方式提倡的道德无需运用形而上学的本体论加以逻辑证明，无需建构一种统一的精神现象世界。重建中国特色社会主义道德意识形态的形而上学体系是必要的，这样的工程应当在历史唯物主义视野里从三维向度展开。

其一，以人类为本，正确阐释人与自然的关系的道德性问题。人与自然之间的关系是历史范畴，其道义标准从来都不是抽象的，而是具体的、历史的，不能离开生产力发展水平及生产关系的时代要求来抽象地谈论人与自然的关系。马克思在《资本论》中说到宗教在假定和超越的意义上成为人的异己力量之不可避免性的时候指出："只有当实际日常生活的关系，在人们面前表现为人与人之间和人与自然之间极明白而合理的关系的时候，现实世界的宗教反映才会消失。只有当社会生活过程即物质生产过程的形态，作为自由联合的人的产物，处于人的有意识有计划的控制之下的时候，它才会把自己的神秘的纱幕揭掉。但是，这需要有一定的社会物质基础或一系列物质生存条件，而这些条件本身又是长期的、痛苦的发展史的自然产物。"[1]孔子主张"畏天命"，荀子鼓吹"人定胜天"，作为道德提倡都是当时代道德反映经济的特殊的社会意识形态，是非如何都应放到各

---

[1]《马克思恩格斯文集》第5卷，北京：人民出版社2009年版，第97页。

自的时代去评论。现代社会一些人极力宣扬的"自然中心主义"的学说主张，其实多为超历史超现实的"纯粹理性"，旨在否认人在自然中的主体和轴心地位，这显然是不正确的。人类肯定自然是为了肯定自己，尊重自然也是为了尊重自己，提出所谓"自然内在价值"不是为了神化自然，而是为了在"实践理性"的意义上高扬人类自身的主体价值，以此为轴心构建人类与自然的和谐关系。如果不作如是观，而是恪守某种近似宗教的情绪和思维方式来假定和张扬"自然中心主义"，甚至以"自然内在价值"来贬低和嘲笑人类在自然面前的主体作为，那么，在认识和把握人与自然之间关系的道德标准和行为准则的问题上，我们除了高谈阔论"自然内在价值"的抽象原则还能有多少作为呢？

其二，以和谐为本，正确阐释个人与社会集体之间关系的社会道德标准。人类社会有史以来，关于个人与社会集体之间的道德标准和原则大体上有两种，一是以社会为本位，二是以个人为本位，前者是专制社会的道德体系特征，后者是资本主义社会的道德体系特征，均不可避免地带有阶级的偏见，因而不可能真正实现个人与社会集体之间的和谐。社会主义在整体上消灭了阶级和阶级对立，对于广大的劳动者来说，集体（即马克思所说的"共同体"）不再因阶级统治而成为"虚假的共同体""虚幻的共同体""冒充的共同体"[1]，个人不再作为阶级的成员而是作为"自由个体"参加"共同体"的，"正是这样一种现实基础，它使一切不依赖于个人而存在的状况不可能发生，因为这种存在状况只不过是各个人之间迄今为止的交往的产物。"[2]正因如此，"在那里，每个人的自由发展是一切人的自由发展的条件。"[3]这就为逐步真正实现个人与社会集体之间的和谐提供了最重要的社会历史条件，反映在道德原则上就是社会主义的集体主义。集体主义从社会主义制度的应有的伦理精神出发，主张在一般情况下把个人利益与社会集体利益结合起来，反对社会本位和个人本位，既超越

---

① 《马克思恩格斯文集》第1卷，北京：人民出版社2009年版，第571页。
② 《马克思恩格斯文集》第1卷，北京：人民出版社2009年版，第574页。
③ 《马克思恩格斯文集》第2卷，北京：人民出版社2009年版，第53页。

了封建社会的整体主义，也超越了资本主义社会普遍实行的合理利己主义和人道主义。

其三，以现实为本，正确阐释传统道德与现实道德的关系的合理性问题。道德因其超越和假定而具有历史继承性的价值，现实社会建构适应其复杂和进步的道德意识形态，需要在传承优良传统道德的基础上进行，这是无可厚非的。但是，也正因为超越和假定，使传统道德存在着以往的阶级偏见和历史局限性，这是任何时代的人们在传承传统道德的时候都应当加以特别注意的。因此，构建现实社会的道德意识形态及由此推定道德标准和行为准则，应当立足于现实社会道德发展和进步的客观要求。而要如此，就应当具有现实问题的意识，以研究和解决现实社会的道德问题为根本的行动指南和目标。就当代中国社会的现实而论，就要面对道德领域突出问题，如以权谋私、造假欺诈、见利忘义、损人利己等歪风邪气，深入研究开展反对拜金主义、享乐主义、极端个人主义等重大的理论和现实问题。

总之，在历史唯物主义的视野里，道德的超越和假定不能脱离生产力发展的水平和生产关系的时代属性来谈论人与自然的关系，不能脱离社会制度属性来谈论个人与社会的关系，不能脱离现实社会建设的客观要求来谈论道德的历史与现实的关系。

四、结语

20世纪60年代后，后现代伦理学随着后现代主义思潮迅速兴起，它以否认形而上学、解构世界的普遍联系和道德的普遍原则为己任。在此之下，齐格蒙特·鲍曼在《后现代伦理学》和《生活在碎片之中——论后现代道德》中鼓吹"多元主义的解放"，希望给每个人一根走出"道德模糊性的时代"的拐杖。阿拉斯戴尔·麦金太尔在《德性之后》中则极力崇尚德性伦理，认为惟有德性伦理才能解决当下的"道德危机"。事实证明，这些思想能够给现代人认识面临的道德问题提供诸多有益的启示，看到以往社会实行的道德超越和假定及其形而上学的支撑体系存在的弊端，但它在本质上是解构性的宣言，并不是建构性的学说，缺乏"实践理性"的特质。它所"建构"的道德也是一种假定，但却没有应有的超越，不能真实反映现代社会对道德假定和超越的企求。它破坏了现实，却没有在被破坏的现实的基础上建构起新的道德形而上学体系，因此也就不能在假定和超越的意义上提出新的道德观念和行为标准体系。后现代伦理思潮试图引领人类走出"道德模糊性的时代"，却把人们带进另一种"道德模糊性的时代"。麦金太尔以其"宽广的道德视野和深沉的历史眼光"，试图通过重建"美德伦理"（the Ethic of Virtue）这一古老的道德文明样式，为当代西方道德危机和伦理思维困境寻求一条出路，引领人类走出"道德模糊性的时代"，但他实际上又提出了一个更令人困惑的问题：站在"普遍理性主义的规范伦理"的对立面，或者规避这种伦理的普遍性的社会内涵，个体的"美德伦理"或"德性伦理"何以建立？除了诉诸上帝或"善端"，难道还能有别的什么路径吗？

人类正生活在一种空前普遍的道德悖论时代，一切以抛开或偏执于传统的纯粹思维理性的努力都将无济于事。人类需要在历史唯物主义一般方法论的指导下，基于道德文化的本质特性，立足于当代人类社会发展的客观现实，重构道德意识形态超越和假定的合理纬度，使社会提倡的道德在现时代发展的平台上展现其一般与特殊、同一与单一、历史与现实相统一的伦理精神。在这个重大的历史问题上，当代中国哲人尤其是伦理学研究者责无旁贷。

"道德人"的本质及其假说

亚当·斯密在《道德情操论》中指出，经济活动的主体都是体现人类利己主义本性的人，即所谓的"经济人"；相对于"经济人"的是具有同情心、正义感、行为表现出利他主义倾向的人，他关于这种"人"的学术见解后来被人们演绎为"道德人"的学说。在中国，"道德人"作为一个文本叙述的概念，是在李权时、章海山主编的《经济人与道德人：市场经济与道德建设》（人民出版社1995年版）中相对于"经济人"首次提出来的。此后，人们在学术研究活动中使用"道德人"的频率逐渐增高，但在学理上却一直没有确切的说明，实际上不过是表达人们重视道德品质的一种形象比喻的用词而已。

如果说"经济人"是一种假设，那么，"道德人"就更是一种假设，需要用学术思维的范式对其内涵与边界进行必要的探讨。否则，所谓"道德人"，在经济活动乃至社会生活的其他领域，就是道德悖论现象的个体成因。

一、何为"道德人"

何为"道德人"？从内涵与边界给予分析和说明，并不是一个简单的问题。人们一般认为，人的素质结构是由知识、理论、技术、能力、心理、道德等多种不同素质构成的，这些素质总体上可以划分为智能素质和道德素质两个基本层面。所谓"道德人"就是具备某种道德素质或道德品质的人，也就是"有道德"的人。这样理解"道德人"的内涵其实是不准确的，"道德人"并不是相对于"无道德"的人而言的。

"道德人"的内涵与边界，不同于道德的内涵与边界。关于道德的内涵与边界，前文多处作了分析和阐述，概括起来就是：道德本质上是根源于一定社会的经济关系的特殊的社会意识形态和价值形态，属于观念的上层建筑范畴，在"边界"的意义上与一定社会的政治、法律、宗教、文学等相依相存、相得益彰，并受后者的深刻影响。因此，不可用"纯粹道德"的思维方式理解和把握社会和人的道德现象，包括文本记载的道德文化、社会提倡的道德价值观念和行为准则、社会实存的道德风尚和道德心理、个人道德品质等。

而"道德人"是在实践主体的意义上提出来的范畴。人只有以实践主体的身份参与社会活动并与道德问题相遇，才有可能成为"道德人"。因此，不可将"道德人"与"有道德的人"相提并论，探讨"道德人"的内涵和边界问题，需要将人作为实践主体放到具体的社会实践中进行。

在传统伦理学和德育学等相关学科看来，道德品质包含道德认识、道德情感、道德意志、道德理想、道德行为五种道德要素。如果把"道德人"与道德品质相提并论，那就会带来两个问题：其一，神化了"道德人"，即凡是可以被称为"道德人"的人，就必须是具备五种道德要素的"完人"，而实际上这是不可能的。在实际生活中，这样的"完人"是很少见的。其二，抽象了"道德人"。"道德人"是具体的，是在社会实践中相较于"经济人"（还有"行政人""技术人"等）而言的"人"。在具体的实践活动中，一个人是否为"道德人"，主要不是要看他是否了解多少道德知识，是否有爱憎分明的道德情感，是否有道德理想，也主要不是要看他如何在好善乐施的意义上做了多少有益于他人和集体的善事，而是要看他是否遵循特定领域中的实践规律，是否与"经济人"等建立相协调的伦理关系并恪守相应的道德标准。

就是说，"道德人"是一个相对于"经济人"等而言的道德实践概念，其内涵并不属于道德品质范畴。因此，按照道德品质的建构方式诠释"道德人"的内涵，不是科学的方法选择。"道德人"理论所关注的是，主体在经济活动等社会实践生活领域，应否、能否按照社会道德要求采取行动的"行动人"的问题。

作为"行动人"的"道德人"所应具备的品质，概言之是在当下情境中能够做出合乎道德要求的能力，包括判断能力、选择能力和行动能力。这些能力，当然与道德品质结构中的认识、情感、意志乃至理想有关，但并不是这四者本身，不可为这四者所替代。一个道德上懂得是非善恶、满怀善意激情、能够洁身自好、注意人格修养的人，在经济活动等社会实践中不一定就能够成为"道德人"。"道德人"是相较于"经济人"等而存在的，脱离经济活动等社会实际生活谈论与"经济人"等不相干的"道德人"，是违背"道德人"的生成逻辑的。

概言之，探讨"道德人"的内涵，既需要在学理上将它与道德品质相区分，又需要观照它的边界。亚当·斯密在《道德情操论》中为了说明"经济人"的利己主义本性，认为经济活动需要具有同情心、正义感、行为表现出利他主义倾向的人，即"有道德人"。后人视这种"人"为"道德人"，并将亚当·斯密学说见解演绎为"道德人"的所谓理论基础，实在是对亚当·斯密见解的误读，对何谓"道德人"的一种误解。

将"道德人"与道德品质相区分，并不是要否认"道德人"与道德品质的逻辑关联，而是要强调不可将"道德人"与道德品质混为一谈，误以为道德品质没有问题的人在社会实际生活领域就一定会是"道德人"①。

在社会实际生活中，道德品质是使实践主体成为"道德人"的基础和基质，但不是"道德人"本身。将"道德人"等同于道德品质的认识是不

---

① 有些人的道德品质本来是没有问题的，但是他们在市场经济或行政管理活动中却选择了违背相关领域内的社会道德和法律的恶行，有的甚至为此付出生命的代价。这时，人们往往会说：可惜呀，都是市场经济惹的祸，他们的本质本来并不坏啊……殊不知，真正"惹祸"的原因就在于他们其实并不具备"道德人"的素质和素养，他们本是有道德的人，却没有让自己在与"经济人"等相对应的意义上让自己同时成为"道德人"。

正确的。"道德人"素质的实质内涵，归根到底是与"经济人"（"行政人""技术人"等）相伴的素养。素质与素养，是两个内涵相关又有本质不同的概念。素质是结构性概念，反映主体的认知结构的状态，衡量标准的用语是"合理"与否；素养是整合性概念，反映主体的理解能力和行动能力，衡量标准用语是"水平"如何。素质是素养的基础，认知结构合理的素质，有助于高水平素养的形成。素质应对的一般多为认知类的社会和人生问题，素养应对的一般是社会和人生的实践问题。道德品质属于结构性概念，"道德人"属于素养性概念。道德品质结构合理的人，为"道德人"的造就提供了优质的基础，但这并不等于说，这样的人到了社会实践岗位上就是天然的"道德人"，不会发生违背道德要求的问题。

"道德人"与"经济人"的内涵存在差异是不言而喻的。但是两者的边界关系不是如同"国界"那样泾渭分明，主要不是对应或对立，而是相容和协调。讨论"道德人"的内涵和边界，不可用"纯粹道德"的思维方式，将"道德人"与"其他人"看成是两种不同的"人"，也不可将"道德人"与"其他人"看成是目的与手段的关系。如此看来，亚当·斯密在与"经济人"相对的意义上提出的"有道德人"见解，作为所谓"道德人"的理论基础，是需要创新和发展的。

二、"道德人"与"人的初稿"

列这个话题，是要在道德品质的意义上探讨未来道德人的基质或逻辑基础，分析和说明未来道德人在幼年时期应当得到怎样的教育和培养。

瓦·阿·苏霍姆林斯基曾借用俄罗斯苏维埃作家、哲学博士Ｋ·丘科夫斯基的一个形象比喻，将"儿童复杂的精神世界"比作"人的初稿"。这个比喻形象生动地描绘了"道德人"在儿童阶段的初始风貌。苏霍姆林斯基所说的"儿童复杂的精神世界"，指的是儿童"互不雷同的、鲜明的个性特点——能力、气质、爱好和才华"，为的是要强调"肩负给这一初稿润色、修饰责任的人"即家长和教师，在进行道德教育、塑造"道德人"的"初稿"过程中要看到孩子的个性差异，立足孩子的个性，从尊重孩子的个性出发。苏霍姆林斯基的这个见解对于我们理解未来"道德人"的内涵与边界是具有启发意义的。

"人的初稿"因个性不一样而不会雷同，接受关于"道德人"基质的教育方式和能力也有所不同。但是，关于"道德人"的要求应当是大体一致的。

人从胚胎形成到呱呱坠地，落地后大约长到三个月多开始认生，在初识伦理的意义上将父母等家庭成员之"熟"（亲）与家庭成员以外的其他人之"生"（疏）区分开来。这种初识伦理的变化，在人的道德认知发展进程中是一场里程碑式的革命。幼儿从此在开始撰写"人的初稿"，同时也开始写作未来"道德人"的"初稿"。家长也从此开始以亲情伦理的身份作为"第一任老师"，启迪和引导孩子如何"做人"和如何做"有道德人"，这不仅影响着未来"道德人"的"初稿"的质地，而且还会影响到未来"道德人""完稿"时的水平。所谓"龙生龙，凤生凤""老鼠生儿会打洞"的道德发生论，其实并非什么先验论的道德哲学观，而是基于对未来"道德人"在"认生"之后的"初稿"之成长特点的经验论错觉。

"道德人"终归是社会的产品，在家庭伦理环境中接受"第一任教师"的启迪和引导的同时，也会受到邻里伦理和基础教育阶段学校道德教育的影响。不过，也应当看到，这些影响尚缺乏社会道德的内涵，缺乏"道德人"的社会本质，不能让幼儿成为真正的"道德人"，更不是社会出于某种需要经由宣传加工而"成就"的那种"纯粹"的"道德人"。司马光急中生智砸缸救人，是处于"初稿"阶段的"道德人"的特例，是一种超常水平的道德选择，故而才成为千古佳话。但是，司马光之举并不能普遍反映"道德人"与"人的初稿"之间真实存在的客观逻辑关系，因而不具有普遍的认知意义。若是将在一个尚处在"人的'初稿'"阶段的儿童身上偶然发生的不同寻常的道义之举，当成是"完稿"式"道德人"的英雄壮举，甚至打造、宣传为道德典范，要孩子们乃至所有成年人皆向其"思齐"，实在是对"道德人"的"初稿"的涂鸦。

人在"初稿"阶段，如果说在智力的思维和选择方面有早慧或"早熟"的现象，那么在道德思考和价值选择方面一般是不可能"早熟"的，因为道德总是直接或间接地涉及各种各样的利益关系，属于"大人"们的事情，其思考和选择来源于成年人的人生经验。幼儿在"初稿"时期偶然放射出的德性之光，实则多是一种童稚式模仿，天真而浪漫，硬要作"完稿"式"道德人"模板加以解读和张扬，就混淆了"道德人"在不同阶段的内涵和边界了，也有悖于"道德人"的生成规律。

歌德曾说过这样的话："我爱好玫瑰，把它看作我们德国自然界所能产生的最完美的花卉，可我不那么傻，想在这四月底就在我自己的花园里看见玫瑰花。如果我现在能看到初青的玫瑰嫩叶，看到它一片又一片地在枝上长起来，一周又一周地壮大起来，五月看到花蕾，六月看到繁花怒放、芳香扑鼻，我就心满意足了。谁要不耐烦等待，就请他到暖房里去吧。"①歌德在这里说的是，欣赏美要循序渐进，尊重美物形成的自身规律，其实，赞赏善也应当持这种态度。

中国一向重视"人的初稿"阶段的教育。这样的教育在古代社会被称为"蒙学"，相当于今天的小学。最早出现的蒙学教材是南朝梁代周兴嗣编撰的《千字文》，以后有南宋初钱氏编撰的《百家姓》、南宋王玉麟撰写的《三字经》、明朝萧有良撰的《龙文鞭影》、明末清初程登吉撰的《幼学琼林》，其他还有《千家诗》《增广贤文》《声律启蒙》《千金裘》等。蒙学教材在明清时期基本上形成，《三字经》《百家姓》《千字文》成为统一教材，史称"三""百""千"。此外，还有《童蒙须知》《小学韵语》《蒙学诗教》等。这些教材的内容相当丰富，集生产和生活知识、伦理知识和道德观念于一体，体现了把"做事"与"做人"统一起来的科学精神。但是，中国古代社会的蒙学关于道德教育内容多是道德信念和成人规范方面的，是"道德人"的"完稿"而不是"初稿"，而且教育方法多是灌输和鞭笞式的，并不适合处于"人的初稿"阶段的"道德人"的教育。这种违背"道德人"成长规律的"完稿"化痼弊，在当代中国社会的少儿教育中

---

① 转引自吴振标：《个性与个性美》，杭州：浙江人民出版社1986年版，第76页。

依然普遍存在。

就此，有学者就指出：在当代中国，"由于经济社会的历史性发展，蒙学典籍立论的道德信念及其基本规范已不适应当代社会道德教育的要求，资之以蒙学典籍进行的少儿道德教育不宜采取全盘灌输方式。"①

试图用"完稿"的方式促使处于"人的初稿"阶段的儿童尽早成为"道德人"，实则是拔苗助长。"人的初稿"与"道德人"的"初稿"本是一种"初稿"，对其实施"润色"的过程应是同一个过程。人之初的"性本善"，与此后人经历教育和社会化过程而成为道德人之"善"，不应也不可能是同一种内涵的"善"。儿童阶段作为"道德人"的"初稿"式之"善"，多是"不谙人世"之举，天真和可爱，因而是可贵的。这是造就未来"道德人"的基础或基质，但并非就是"道德人"素质和素养本身。"道德人"必须是真实的人，真实的人需要有某种"童真"为基础和基质，"道德人"是可敬的，可敬的人应要有其可爱的一面。在这种意义上可以说，"道德人"的成长过程就是把"初稿"润色为"完稿"的过程。在这个过程中，既不可让"初稿"原封不动，也不可使"初稿"面目全非。

伦理文化和道德传统不同的民族，在认识和把握"道德人"与"人的初稿"的关系、为"道德人"的"初稿"进行"润色"的问题上，所采取的思维和行为方式是不一样的。一般说来，西方民族比较关注开发儿童的智力，在开发智力的基础上为未来道德人"润色"，东方民族尤其是中华民族比较关注用"完稿"方式开发儿童的德性，要求以至鞭笞幼儿"说大人话""做大人事"，并通常直接为补充和修改"初稿"提刀，而不大关心用儿童的思维方式开发儿童作为"人的初稿"的智力。

我们不妨设计一个"抓周"的案例，来进一步说明上述的这种差别，进而揭示"道德人"与"人的初稿"的关系，以及为"道德人"的"初稿"进行"润色"的不同理念和行动方式。

智力开发在先，德性引导在后。这样的"抓周"才符合"道德人"与"人的初稿"之间的逻辑关系，有助于道德人在"初稿"阶段的健康成长。

① 王习胜：《蒙学典籍的道德背反性省察》，《道德与文明》2010年第5期。

"道德人"的"初稿"不是"道德文章"的"初稿"。幼儿在进入学校道德教育阶段，在智力意义上的"初稿"持续获得丰富和发展的同时，"道德人"的"初稿"也开始被有目的、有计划地"润色"，不断增加和丰富"道德人"之"初稿"的社会道德内涵。这样的增加和丰富，主要还是道德知识意义上的，成就的往往多为"道德文章"和"道德书生"，而不是我们所要探讨的"道德人"。相对于走上社会开始独立生活的"道德人"而言，"道德文章"和"道德书生"其实还仍然是"道德人"的"初稿"，甚至可称其为"道德文章"的"初稿"，缺乏"道德人"的社会本质。

三、"道德人"的社会本质

考察"道德人"的本质，需要在逻辑与历史相统一的意义上，将"道德人"置放到社会实践活动的过程中。因为，"道德人"是作为实践主体的人在具体的社会实践活动中形成的，是在与"其他人"的普遍联系中相碰撞、相谋合的过程中，理解和接受相关社会实践领域内特定的"社会之道"，并将此"内化"为内在道德素养的个体化结晶。由此，"道德人"本质上是"社会人"，是人的社会本质的实践化成果。

具体分析和说明"道德人"的社会本质，涉及为什么要"做""道德人"、"做"什么样的"道德人"和怎样"做""道德人"这三个基本问题及其内在的逻辑关系。

为什么要做"道德人"的问题，关涉"道德人"的社会价值与意义，在伦理学的视域里属于道德价值论范畴。但是，分析和说明"道德人"的这个层面的问题，不可局限于伦理学的视阈，还需要涉及与"道德人"广泛对应的"其他人"的社会价值与意义，广泛运用伦理学以外的其他相关学科的方法。如揭示经济活动中的"道德人"的社会价值与意义，需要运用经济学（宏观和微观的）方法，在"经济伦理"①的视域里分析经济活动的规律，说明"经济人"与"道德人"的内在统一性的逻辑关系，以揭示经济活动中"道德人"的社会价值和意义，进而理解和把握经济活动中的"道德人"的社会本质。

做什么样的"道德人"的问题，关涉做"道德人"的原则和标准，在伦理学视阈里属于道德认知和知识论范畴。探讨这个问题，同样不可局限于"纯粹道德"的视野，把做"道德人"的原则和标准仅仅看成是道德原则和标准，而是要同与"道德人"相对应的"其他人"的"做事"原则与标准贯通联系起来。这是因为，在具体的社会实践领域，"道德人"不是孤立的，是与"其他人"相比较而存在的，"道德人""做人"的原则与标准同"其他人""做事"的原则和标准，在一般情况下是并行或重叠在一起的，离开"做事"的原则与标准谈论"做人"的原则与标准，"道德人"就被抽去了社会本质的内涵。如在医务活动中，"救死扶伤"既是"道德人"的原则与标准，也是"医务人"的原则与标准；在教学活动中，"严谨治学"既是"道德人"的原则与标准，也是"教学人"的原则与标准；如此等等。这表明，绝对或"纯粹"意义上的做"道德人"的原则与标准实际上是不存在的，我们只能在相对的意义上理解和把握做"道德人"的原则与标准。

由此看来，"道德人"作为实践活动中的"社会的人"，理解和把握其原则与标准，需要在它的前面加上一个限制和修饰词，使之成为"经济'道德人'""医务'道德人'""管理'道德人'""司法'道德人'""教育'道德人'"等。就是说，道德人的"底色"都是"职业人"，都是"职业'道德人'"②，是一个关涉职业道德的实践范畴。若是需要从各种各样的具体"道德人"中抽象出"道德人"一般，那也不可忘却它的内涵本质上是具体的社会职业分工意义上的。

① 这里提及的"经济伦理"，不应被解读为"经济与伦理"或"经济的伦理"，因为它是整合经济活动中"经济（关系）"与"伦理（关系）"之社会关系、"经济人"与"道德人"之素养关系内在统一性的概念。

② 这里需要注意的是，不可把"职业'道德人'"仅仅当作"职业道德"来解读。

走出职业分工的社会实践领域，在家庭生活圈和社会公共生活场所"讲道德"的人，可否称其为"道德人"？不可。因为在这样的社会生活领域，人们是可以在"纯粹道德"的意义上"讲道德"的，完全可以站在自己的立场上，从自己的动机和需要出发，无须考虑"其他人"的立场和态度，按照"纯粹道德"的标准做"纯粹"的"道德人"。而在职业活动中，做"道德人"则必须在尊重职业活动规律的前提下，充分考虑"其他人"的立场和态度，与"其他人"牵手。

怎样做道德人的问题，关涉做"道德人"的经验和能力，属于道德智慧论或道德方法论的范畴。这个问题很复杂，我们将试图在后面作专门的分析和阐述，此处不作展开。

理解和把握怎样做"道德人"问题的关键，是要阐明"道德人"必须具备与"经济人"等"其他人"同构实践主体的主观条件。道德悖论无论是从逻辑分析还是从实践证明的角度来看，不懂和不会与"其他人"同构作为实践主体的经验和能力的人，在其相关的社会实践活动中不可能真正成为合格的"道德人"。

纵观之，怎样做"道德人"是为什么要做"道德人"、做什么样的"道德人"三者的关键环节。舍此，"道德人"就不可能具备"社会人"的实践本质。在社会历史领域内活动的人，如果不能具备做"道德人"的经验和能力而要做"道德人"，势必就会失却"道德人"的本质特性，久之还会失掉做"道德人"的信念和信心。

综上所述，"道德人"的本质是社会的、实践的、具体的，是在实践活动中尊重规律、与"经济人"等"其他人"的协调和贯通中造就的。因此，需要在社会实践的意义上把"道德人"的价值论、知识论和方法论统一起来。

最后需要指出的是，社会的生产、交换和管理，是人类最基本的社会实践活动，在这种意义上我们完全可以说，道德作为一种"实践理性"，主要通过"道德人"的社会本质之"对象化"展现出来。离开对"道德人"社会本质的理解和把握，道德除了在现代"交往伦理"的学说中寻找

出路，就只有归宿康德当年批评的"纯粹理性"的窠臼了。

四、"道德人"是历史范畴

历史地看，就内涵与边界而言，不同社会里的"道德人"不同，同一社会的不同时代的道德人也有所不同，"道德人"是一个历史范畴。其所以如此，根本的原因在于社会道德和社会实践都是历史范畴。

在原始社会，"共同体"式的劳动和生产没有分工，"道德人"不能与"其他人"相区分，因而事实上没有相对独立地位和意义的"道德人"，"道德人"的内涵也就是"其他人"的内涵，做"道德人"的意义也就是劳动者及其成果平均分享者本身的意义。不仅如此，当时由于所谓"道德"多为原始宗教禁忌和粗犷的风俗习惯，所以"道德人"与"其他人"之外的"神秘人"也处于"神人杂糅"、浑然一体之未开化的朦胧和野蛮状态。

随着社会分工和私有制与阶级差别的出现，人类进入专制社会，人的社会地位和身份也随之发生分化[①]，道德在淡化与原始宗教禁忌、粗犷习惯中，渐渐剥离了后者的原始元素，演变为相对独立的社会意识形式和意识形态，成为体现国家意志和社会理性的特殊的意识形态，"神秘人"也被思想家们渐渐地推到彼岸世界，"道德人"随之与"其他人"在相关的社会实践活动领域相遇，相应地对应和"对立"起来，具有了相对独立的身份和实际的道德意义。然而，在整个专制统治尤其是封建专制统治时期，由于职业分工简单，道德认知和功能水平低，不可避免地存在道德政治化和刑罚化的倾向，"道德人"相对独立的实际地位和实践意义都是十分有限的。也正因如此，"道德人"的内涵比较简单，"道德人"与"其他人"及不同"道德人"之间的边界也都比较清晰。

作为伦理道德的一种历史文化遗产，封建社会留给今人最值得关注的是"官场道德人"或"政治道德人"。这种"道德人"的职责和品格，在

①据《周礼·考工记》记载，我国周代时期"国有六职"：王公、士大夫、百工、商旅、农夫、妇功。

中国周代奴隶制时期便有关于"坐而论道""论道经邦"①的文本记载，注重兼顾"官术"与"官德"，强调实施"德主刑辅"，实施"德政"。从"官场道德人"的本质内涵来看，当时主张的"官场道德人"需有"九德"，即"宽而栗，柔而立，愿而恭，乱而敬，扰而毅，直而温，简而廉，刚而塞，强而义"②，实则为"十二德"。至春秋战国时期，孔子在奴隶制"礼崩乐坏"的社会大动荡、大变革中创建了仁学伦理和道德体系，主张"为政以德"，实施"仁政"，强调"官场道德人"在政治统治中须具备"譬如北辰，居其所而众星共之"的"道德人"的人格魅力。孔子创建的儒学伦理文化，最显著的特点是重视"做官"与"做人"的一致性，本质上是关于"官场道德人"的政治伦理文化，在西汉初年被推到"独尊"地位之后的历史发展中，培育了数不清的治国经邦的仁人君子，有的甚至成为"先天下之忧而忧，后天下之乐而乐""做官不为民做主，不如回家卖红薯"的"道德人榜样"③，要求在"做官"供职的岗位上，要把"做官"之"术"与"做官"之"德"统一起来。然而，专制统治的等级制度和政治特权势必严格地划清了"做官"与"做人"的界限，官吏在"做官"的政治实践中难得把"官术"与"官德"真正兼顾起来，致使虚假的"官场道德人"比比皆是。

在职业分工的意义上，整个封建社会还有一些"道德人"也是值得关注的，如教师、医生、司法经商职业活动中的"道德人"等。特别是"教师道德人""医务道德人""经商道德人"，由于其职业活动都具有与人为善和维护社会正义的特质，道德价值蕴涵丰富，道德要求也因此较为具体，以至于人们一提到这些职业，就会自然而然地想到崇高或高尚，想到在这些职业部门和场所执业的人都应是正人君子，因而对他们肃然起敬。人类社会的"道德人"遗产，多是在这类"职业道德人"身上体现出来的

①《周礼·考工记》,《尚书·周官》。

②《尚书·虞书·皋陶谟》。

③ 这里所用的"道德人榜样"不同于如今常用于社会表彰的"道德榜样"。后者是社会的一种习惯性做法：对照某种道德标准评选出来的，为凸显其崇高性往往被"拔高"和抽象化，脱离其与"其他人"的统一性关系，使之成为"道德神"而不是"道德人"。

传统精神。

在资本主义社会，资本的极度私有化与生产交换活动的高度社会化和市场化之间的矛盾，催生了资本主义高度民主与法制的社会制度，"道德人"的内涵与边界较之封建专制社会发生了重大的带有根本性的变化。道德作为一种特殊的社会意识形态和价值形态对于社会生活和人们行为的干预主要是通过"道德人"实现的，直接的指导和约束功能呈弱化和隐退的趋势，远不及法律和宗教那样明显。在法律干预不易触及的社会公共生活和家庭生活中，人们行为的调整所依赖的主要是宗教感情和同类意识，而不是道德观念和规则体系。

在资本主义社会，道德的社会功能和价值更多是通过经济活动和国家管理中的"道德人"体现出来的。"道德人"的内涵与边界，更多也是反映在与"经济人"和"管理人"的同构的过程中，呈现出的基本文明样式是注重公平与正义。人们通常认为，个人主义和利己主义是资本主义社会盛行的道德原则，这是对的；但不可因此而认为"道德人"也奉行个人主义和利己主义，否则，我们就无法解释在资本主义社会的市场经济和国家管理的活动中，何以会出现一些体现人类崇高道德精神的"道德人"榜样。

社会主义制度的建立，是人类有史以来的伟大创举，它开辟了人类道德文明发展与进步的应有理路和广阔的新天地。然而，当今国际社会中的社会主义社会多没有经历资本主义制度的"自然历史过程"，道德及"道德人"都没有经过资本主义文明样式的洗礼。历史事实证明，特定时代的人们可以运用革命和暴力手段跨越资本主义制度，创建社会主义的经济和政治制度，但从历史发展的逻辑来看，道德和精神文明方面是难能实现这种跨越的。这使得社会主义社会的道德和"道德人"存在某种意义上的"先天不足"。

诚然，在历史唯物主义视野里，我们可以在已经建立起来的社会主义经济和政治制度的应然意义上，合乎逻辑地提出社会主义道德体系的设想，但同时也应当看到，"道德人"作为与"其他人"相对应和贯通的实践主体，其培育和造就无疑还需要经历一个"自然历史过程"。在这方面，社会主义是需要研究和学习资本主义的历史经验的。

五、"道德人"的现代文明素养

"道德人"的现代文明素养或具有现代文明素养的道德人，是本文分析"道德人"内涵与边界问题的价值旨归。

现代性的概念缘于西方。文艺复兴后，西方人完成了由古典时代向现代社会转型的历史进程，现代性和现代化成为西方人关注的轴心问题。作为一个独立的语词，"现代性"一词最早为牛津英语辞典的"modernity"（意即"现时代"），多为美学和文化史范畴。哈贝马斯曾指出："要是循着概念史来考察'现代'一词，就会发现，现代首先是在审美批判领域力求明确自己的。"①当今学界，一般将现代性划分为早期、中期和晚期（当今）三个不同的历史发展阶段和社会、文化、心理、精神等不同的结构形态。考察和探讨"道德人"的现代文明素养问题，自然应立足于现代社会的文化和精神层面。

作为现代社会职业活动的实践主体，"道德人"的文明素养应当是怎样的？考察和探讨这个问题首先需要明确两个前提。其一，历史文化基础不应是哪一个民族和国家的传统道德和"道德人"。其二，立足点和出发点既不可是资本主义社会的，也不可是社会主义社会的。不论历史背景如何，不论资本主义社会如何文明和强大，社会主义社会如何存在"先天性"的不足和缺陷，人们都在各自的国度里追求现代化和现代性的生存和发展方式，尽管人们对现代化和现代性的理解有所不同。不仅如此，不同国家和民族的人们又身处经济全球化和同住一个"地球村"的环境，互为生存和发展的条件，在追求现代化和现代性的问题上，客观上更需要具备共存共荣的素质和素养，包括道德人的现代文明素养，尽管"地球人"在这个问题上的认识不尽相一致，甚至大相径庭。据此而论，道德人的现代

①［美］于尔根·哈贝马斯：《现代性的哲学话语》，曹卫东等译，南京：译林出版社2004年版，第9页。

文明素养，既不可只是时间概念，也不可只是空域的概念，应是"不古不今"和"亦古亦今"、"不中不西"和"亦中亦西"的概念；培育和造就现代文明素养的道德人，既是一国的"国事"，也是全人类的共同责任，虽然，一国的道德人和承担共同责任的"全球道德人"①有着重要的差别。

现代社会是建立在市场经济基础之上的，这是与建立在小农经济基础之上的传统社会的根本不同之处。市场经济是现代社会存续和走向繁荣的基本方式，其内在的逻辑张力凭借的就是竞争。在市场经济体制及其运作的职业活动中，人与人之间的关系是竞争关系，必备的协调机制也是因竞争的需要而提出来的，也必须在竞争中构建和发挥作用。这就要求现代"道德人"应当具备如下几个方面的文明素养。

一是与时俱进的思维方式和创新精神。身体已经进入现代社会，脑袋却还留在传统社会的人，不是现代"道德人"应当具备的思维品质和行为方式。与时俱进和乐于创新文明首先表现在，乐于和善于遵循竞争的价值观念和行为准则，以此看待和处置职业活动和事业追求中的各种关系，这在道德上就是所谓竞争性道德。它要求人们，一方面能以竞争的积极姿态面对自己的职业和事业，另一方面也能以积极的心态看待他者（地区、部门、行业、他人）的竞争；出现利益关系上的矛盾和纷争，也乐于和善于依靠竞争性的价值观念和行为准则来加以协调和解决。当这样的矛盾发生时，首先想到的是运用依靠"纯粹"的约束性、奉献性的道德来进行协调和解决，不是现代"道德人"应具备的文明素养。这样说，并不是要否认约束性、奉献性道德在现代社会的价值。约束性和奉献性道德是传统社会的主导价值，其使命担当在于协调利益关系矛盾，主旨是"克己"和"奉献"，不是为了鞭笞和促进社会和人的发展与进步，而是为了维护社会的稳定与和谐。在现代社会，面对竞争出现的利益关系矛盾，在强调主要依靠竞争性道德进行调节的同时，提倡"克己"和"奉献"的约束性道德，

---

① 这里所说的"全球道德人"，不同于一些人鼓吹的"世界公民"。它指的是主体在处置国际事务中所应具备的承认和尊重国际事务的自在规律、自觉遵守"国际法"之类的共同规则之认知和实践素养和能力。而公民是国籍概念，属于政治学和法学范畴，指的是具有一国国籍并根据该国法律规定享有权利和承担义务的人。因此，所谓"世界公民"实际上是不存在的。

虽然也是必要的，但不视其为主导价值。因此，现代"道德人"应当具备能够把竞争性道德与约束性道德有机结合起来的文明素养，与时俱进地进行人格创新。

二是崇尚公平，富有正义感。公平正义是历史范畴，也是多学科范畴，在一般意义上是指合理、适当的处世待人的方式和态度，是相对于偏私与不当而言的。市场经济之竞争机制的内在要求是公平，竞争如果缺乏公平机制，也就没有了正义，最终不利于竞争。公平与正义都是历史范畴，其现代内涵的实质和要义是强调权利与义务的对应性。这就要求现代"道德人"要具备正确的权利观和义务观，乐于、善于在权利与义务相对应的意义上正确看待和把握自己的职业人生。

在当代中国，促使"道德人"崇尚公平、富有正义感，具有特别重要的意义，也是一项艰难的"道德人"培养工程。中华民族传统思想道德体系的基本结构和文明样式是以家国一体的"大一统"整体意识为基础，其主导方面是以孔孟儒学为代表的仁学伦理思想和道德主张，自汉代初被封建统治者推崇到"独尊"的地位。儒学伦理思想和道德主张的基本特点是推崇"为政以德"和"推己及人"，强调人（包括"治者"）的道德责任和义务，轻视以至忽视人的道德权利和需求，不能公平合理地看待和处置现实社会生活中的各种利益关系。不难看出，就"道德人"的现代文明素养而言，中华民族传统的思想道德体系需要与时俱进地丰富和发展，以适应社会的发展。

中国共产党在领导中国广大劳苦大众求翻身解放的民主革命过程中所创造并身体力行的思想道德体系，崇尚追求真理和不怕牺牲的革命精神、积极进取和勇于变革的创新精神、不畏艰险和顽强拼搏的奋斗精神、全心全意为人民服务和毫不利己专门利人的奉献精神等，生动地体现了用马克思列宁主义武装起来的中国共产党的性质和宗旨。这样的"道德人"在革命战争年代发挥了巨大的精神作用。毫无疑问，革命传统思想道德体系应是新时期思想道德体系的重要组成部分，但同时也应看到它是适应革命和战争年代需要的产物，本身并不具备现代公平正义的实质内涵。

改革开放后，以《公民道德建设实施纲要》为标志的新时期思想道德体系建设取得了丰硕成果。《公民道德建设实施纲要》面对改革开放和发展社会主义市场经济的新形势，总结了此前精神文明和道德建设的经验，承接了中华民族的传统美德和革命传统道德。

三是和谐健康的心态。心态，简言之是指人的心理状态，人们一般是就心境和情绪而言的。和谐健康的心态，是指心理各要素如感觉、知觉、记忆、思维、想象、兴趣、情感、理智、意志等发展水平达到正常值，结构合理，呈现动态平衡的状态。如同不存在"纯粹道德"一样，也不存在纯粹心理现象。通常情况下，特别是在因利益关系发生矛盾而产生的心理反应，多带道德的特质，多为道德心理。心态是否和谐、是否处于健康状态，本质上反映的还是个体道德人格是否优良的问题，用纯粹道德或纯粹心理的方法看待心理问题，都是不科学的。事实证明，在现代社会，激烈的竞争，快节奏的职业和生活方式，容易使人失去心理平衡，产生心理矛盾。不平衡和矛盾，既可以产生心理动力，激励人奋发向上，也可能出现烦躁、浮躁或者抑郁等心理问题。因此，健康的心态是现代"道德人"必须具备的文明素养。

概言之，"道德人"的现代文明样式，是一种具有开放意识和竞争精神、热爱社会和人生、乐与他者相处、善待自己的"和谐人"。

优良道德品质的高尚与先进*

　　中国人评价和宣传优良道德品质的标准用语一直注重用"高尚"，而不用或很少用"先进"。在有些情况下使用"先进"也是旨在说明"高尚"，不过是"高尚"的另一种表达用语。如在道德建设中强调把先进性要求与广泛性要求结合起来，这里提到的"先进"实则指的就是"高尚"，而不是真正的"先进"。

　　优良道德品质如果缺乏先进性因素，不能把高尚性与先进性统一起来，就会缺乏道德智慧和道德能力的要素，主体的道德行为选择和价值实现就会出现"善恶同现"的自相矛盾的结果，亦即道德悖论现象。以"与人为善""乐于助人"为例，一方面会使受助者因受益而得到教育，产生"见贤思齐"的模仿效应，从而有助于改善人际关系和优化社会风尚；另一方面也可能会助长受助者"偏爱"享他人"道德成果"的自私心理，甚至会使助人者"好心不得好报"，陷入一种"道德窘境"①。其危害性在于弱化乃至消解道德价值实现善的结果，动摇当事者遵从高尚道德"做人"的信念和信心，进而放弃优良道德品质，并且会对他人产生消极影响。在今天改革开放和发展社会主义市场经济的新形势下，这种情况更为普遍。

---

　　* 原载《滁州学院学报》2010年第6期。

　　① 例如，在社会公共生活领域里，有些与人为善、见义勇为的高尚者却屡屡遭遇"碰瓷"现象。（参见钱广荣：《社会公德维护需要建立社会公平机制——从"见义不为"说起》，《道德与文明》2009年第6期。）

因此，研究优良道德品质结构要素中的高尚性与先进性及其逻辑关系，并将此理论认知方式运用到道德教育和道德评价等道德实践中，是很有现实意义的。

一、考察和评判优良道德品质的方法论原则

道德现象世界，从其主体拥有方式来看有社会道德和个体道德两种基本形态。社会道德，作为特殊的社会意识形态，指的是一定社会提倡和推行的道德观念和行为准则或规范；个体道德即个人的道德品质，一般认为是社会道德经由道德评价和道德教育等道德实践而"内化"的个体化、个性化的结晶。社会道德与个体道德在各种各样的实践（行为）过程中整合而形成的道德现象，便是人们通常所说的道德风尚和社会风尚。中国古人对社会道德（"社会之道"）与个体道德（"个人之德"）的这种逻辑关系曾作过十分简练的阐述，如孔子曰："志于道，据于德。"①《礼记·乐记》曰："礼乐皆得，谓之有德。德者，得也。"，朱熹说："德者，得也。得其道于心，而不失之谓也。"②这种逻辑关系表明，一定社会提出培养和评价个体优良道德品质的标准，需要立足于社会道德，研究优良道德品质的评价标准和道德教育内容，科学提出和推行社会道德观念和价值标准。在真理观的科学意义上，社会提出和推行的道德观念和价值标准既不是"神谕"的直接形式，也不是"天理"世俗化形式，而是社会基本矛盾运动的产物。因此，社会要科学地提出自己的社会道德观念和价值标准，就必须坚持运用历史唯物主义的方法论原则。

在历史唯物主义视野里，一定社会推行和倡导的道德观念和价值标准，归根到底是一定社会的经济关系的产物。恩格斯说："人们自觉地或不自觉地，归根到底总是从他们阶级地位所依据的实际关系中——从他们

---

① 《论语·述而》。

② 《四书章句集注·论语注》。

进行生产和交换的经济关系中，获得自己的伦理观念。"①这个唯物史观的"反映论"，必然合乎逻辑地要求道德的"反作用"要与一定社会的经济关系及其竖立其上的整个上层建筑相适应。在这里，"相适应"是社会提出的道德观念和价值标准的逻辑前提与内在根据，自然也就合乎逻辑地成为评价个体道德品质的主要标准乃至唯一的标准，同样之理，也就成为评价优良道德品质的主要标准乃至唯一标准。

在经济关系发生变革并因此引发道德观念变化和道德行为"失范"的历史时期，一些并不适应社会发展客观要求的道德观念和价值标准可能会被一些人视为"高尚"或"先进"，甚至因此而形成某种社会心理，干扰着社会对当时代优良道德品质实行与时俱进地培养和创新。这大概有两种情况。一种是恪守一切历史上曾有的"高尚"为优良道德，并将其作为评价变革年代是非善恶的唯一标准，奉为自己"精神生活"的"道德质料"，不愿跟踪以至抵触伴随社会变革浪潮而生长着的具有"先进性"特质的新道德观念。我们可称这种不合时宜的伦理思维和道德行为方式为"现代清高症"。另一种是借助"先进性"道德观念的生长之势，刻意求新求异，视一切"怪异"乃至低俗、庸俗和媚俗的想法和做法为"先进"。这种标新立异的"先进性"思维和行为方式，同样是不合时宜的，实际上是历史上没落阶级曾有的某些颓废心理的现代翻版，同样不能适应变革年代社会建设和发展的客观要求。这样的"高尚"或"先进"，对于个人和社会的道德价值都是值得怀疑的。以当代中国社会为例，就是因为两者都偏离了历史唯物主义的视野，缺乏反映当代中国社会改革和发展客观要求的"社会之道"的基础，在"归根到底"的意义上都不能正确反映当代中国社会"生产和交换的经济关系"的"伦理观念"。不难理解，假如这样的"高尚"和"先进"之所"得"是来自某些"社会之道"，那么，这些"社会之道"是不可能充当培育优良道德品质的社会意识基础的。

---

①《马克思恩格斯选集》第3卷，北京：人民出版社1995年版，第434页。

二、优良道德品质的高尚因素与先进因素及其统一性关系

中国人理解的高尚，不论是道德文本所述还是道德现象世界所行，大体上有两种涵义。其一，它是指在处理个人与他人及社会集体之间的利益关系和伦理关系("思想的社会关系")的问题上为有益于他者而表现出来的淡化或放弃自我要求的伦理态度与道德行为，如"己所不欲，勿施于人""己欲立而立人，己欲达而达人""待人谦和""与人为善""先天下之忧而忧，后天下之乐而乐""毫不利己""大公无私""先人后己""先公后私""克己奉公"等。其二，它是指在对待个人声誉和名节等问题上所表现出来的重视道德情操和自律精神，如"生乎由是，死乎由是""富贵不能淫，贫贱不能移，威武不能屈""不为五斗米折腰""不食嗟来之食""砍头不要紧，只要主义真"等。

视具备高尚的优良道德品质的人为道德榜样，笃信"榜样的力量是无穷的"，把号召和组织人们向高尚的人学习，"见贤思齐"，作为开展道德教育与道德评价、推动社会道德建设的基本策略和重要内容，是中华民族自古以来坚守的道德信念和道德实践模式，以至于形成源远流长的道德实践传统。关于这种传统，今人不仅可以在娓娓动听的道德故事中领略到其精髓，而且也可以在浩如烟海的文学典籍中感悟到其精神。在这种意义上我们甚至可以说，中华民族传统美德的形成和代代传承与坚持提倡高尚的优良道德品质是直接相关的。

20世纪60年代，在社会公德层面开展的学习雷锋群众性教育活动，在政治伦理层面开展的学习焦裕禄专题教育活动，都收到积极的社会功效：在经济极度困难时期曾维护了社会的基本稳定，赢得了社会和个人的道德发展与进步，培育了几代人包括一些领导干部的高尚的优良道德品质。不能不看到，改革开放和发展社会主义市场经济以来所取得的辉煌成就，与道德榜样所提供的精神资源和人格力量不无关系。改革开放30多年来，我们没有放弃"榜样的力量是无穷的"这一道德信念，仍然坚持以高尚者为道德榜样，教育广大人民群众特别是未成年人，这对于弘扬中华民族传统美德和中国共产党在革命和战争年代形成的革命传统道德，抵制拜金主义、享乐主义、极端个人主义，扼制以权谋私、贪污腐败作风，仍在发挥其固有的积极作用。然而，与此同时，人们也渐渐感到，优良道德品质之高尚所具有的"见贤思齐"的社会感召力已经"今不如昔"了。有些人则认为，这种现象表明当代中国社会的发展对人的优良道德品质的要求除了高尚性标准以外，正在呼唤另外一些能够反映当代中国社会发展的客观要求，体现时代精神的优良因素，这就是先进性因素。应对这种从未遇到的挑战，需要我们在历史唯物主义视野里把先进性引进关于优良道德品质的评价和宣传活动中，与时俱进地创新优良道德品质的评价标准和教育内容。

历史表明，在一定的社会里，道德根源于一定社会的经济关系又相适应于一定社会的经济关系及竖立其上的整个上层建筑的本质属性，决定优良道德品质的高尚因素多不是当时代经济关系的产物，而是以往历史时代经济关系的产物，它相适应的是以往历史时代经济和政治的建设与发展的客观要求，即历史上曾有的先进性道德并不一定适应当时代社会发展对"社会之道"和"个人之德"的客观要求，缺乏与时俱进的特性，在社会处于变革时期尤其是这样。换言之，一定社会里人们高尚的优良品德多不是当时代创造的，而是以往时代创造、洗礼、积淀和传承下来的，是过去年代人们优良道德品质的精华，属于传统美德范畴。而一定社会里人的优良道德品质的先进性因素，在归根到底的意义上则是当时代较之以往时代先进的经济关系的产物，属于现实道德范畴，相适应的是当时代的经济和政治建设与发展的客观要求，体现当时代人们优良道德品质的应有水准和发展进步的逻辑方向，因而应是当时代人们最重要的优良品德。就是说，在历史唯物主义视野里，优良道德品质的高尚与先进并不存在本质的差别，差别仅在于它们的"时间标记"不同。高尚是历史曾拥有的先进，先进是现实社会生长着的高尚；昨天的先进是今天的高尚，今天的先进是明天的高尚，这便是人的优良道德品质在社会道德不断走向科学文明的历史进程中演绎的客观辩证法。因此，把高尚与先进有机地统一起来，是任何历史时代优良道德品质的内在要求，应是每个社会关于优良道德品质的社会评价和宣传活动的主要目标和任务。

三、建构高尚与先进统一性关系的基本理路

当代中国社会的道德和精神文明建设正面临优良道德品质的高尚因素需要承接、先进因素亟待生长的严峻挑战和发展机遇，人们在评价和宣传优良道德品质的社会实践活动中应当把高尚与先进有机地统一起来，这是一个重大的历史性课题。为此，我们需要围绕优良道德品质的高尚与先进的有机统一，在道德理论和道德实践建设方面实行创新。

一是要在理论上对传统美德之高尚进行"时间刷新"，做出合乎时代要求、可与先进性品德相统一的诠释。如：对中华民族传统美德的"推己及人"的"他者意识"（"己所不欲，勿施于人""己欲立而立人，己欲达而达人""君子成人之美，不成人之恶"等），就不可将其像过去那样放在轻视以至忽视、贬低自我及自我意识的意义上来理解，认为惟有关心他者的品德才是高尚的，而重视自我发展和追求者就失之于高尚。同样，对中国共产党在革命和战争年代形成的毫不利己、专门利人等革命传统美德进行"时间刷新"也是十分必要的。毫不利己、专门利人，是中华民族由史而来的最先进的道德品质，在革命和战争年代表现为以个人利益（包括个人生命）无条件服从革命和战争的需要为基本要求，而在中国共产党由"革命党"转变为执政党的新中国，这项革命道德相应地转变为职业道德，其历史上的先进性也相应转变为高尚性。因此，对毫不利己和专门利人就应作这样"时间刷新"式的诠释：中国共产党人和国家公务员作为执政者的身份出现在自己的职业岗位上的时候，不可带有私心杂念，不可以权谋私或消极怠工，而要毫无保留地贡献自己的聪明才智，全心全意为人民服务。假如是"时间刷新"，毫不利己和专门利人之传统高尚就具有"人民群众（纳税人）拥护我们，我们应当全心全意为人民服务"的社会主义现

时代的公正和正义的内涵，从而与维护社会主义公平正义之先进性统一起来。假如不作这样的"时间刷新"，他人意识、毫不利己和专门利人之传统高尚就会被误读误用，不仅难以为今人广泛承接，相反会有碍于建立"与社会主义市场经济相适应，与社会主义法律规范相协调"的社会主义新道德，不利于在社会主义新道德标准的指引下培育人的优良道德品质。

　　二是要对"伦理观念"进行"理论加工"，为培育优良道德品质的先进性因素提供社会道德理论和价值标准（作为意识形态的"社会之道"）。这也是每个历史时代道德理论创新和建设的一项基本任务。在历史唯物主义看来，对道德与经济的关系，不可直观地作形式逻辑的理解，以为社会实行什么样的"生产和交换的经济关系"，就应当直接地建构什么样的道德理论（意识形态），提出和推行什么样的道德价值标准。实际上，根源于"生产和交换的经济关系中"的"伦理观念"，多为自发的初始的道德经验，将此上升到一定社会的道德理论及据此提出的社会道德价值标准和行为规范，尚需经过社会的"理论加工"。经过这种"理论加工"的社会道德理论和价值标准，作为观念形态是上层建筑的一个组成部分，内含适应当时代经济和政治建设与发展的先进性因素，但在基本价值趋向上与"伦理观念"通常是不一致甚至是相左的。在小生产的"生产和交换的经济关系中"形成的是"各人自扫门前雪，休管他人瓦上霜"的小农自私自利的"伦理观念"，而被西汉初年推到"独尊"地位的孔孟儒学的价值核心和基本倾向却强调"推己及人"的他人意识，其适应新兴地主阶级登上政治舞台之后社会建设和发展的客观要求之"先进性"也。儒学的伦理精神在中国封建社会赢得几千年的道德文明、社会稳定和几经繁荣的过程中，在造就中华民族尊重礼仪、推己及人的优良品格的过程中，之所以发挥了主导的作用，原因也在于此。可见，通过"理论加工"对"伦理观念"进行创新是十分必要的。根源于社会主义市场经济"生产和交换的经济关系中"的"伦理观念"，一方面会"自发"地重视买卖公平，另一方面崇尚利益最大化，又会自发地无视公平。对这样的"伦理观念"实行"理论加工"就要建立社会主义公平正义的道德理论（意识形态）和价值原则，使之"与社会主义市场经济相适应，与社会主义法律规范相协调"，并通过教育和评价等道德实践，促使人们养成自觉"维护社会公平正义，维护社会主义法制的统一、尊严、权威"的先进性的优良道德品质。因此，那种以为市场经济崇尚自由和个性就应当推行和倡导个人主义以至利己主义的观点和主张，是错误的。

三是要在评价和培育人的优良道德品质的道德实践中坚持把高尚性标准与先进性标准统一起来。关于道德理论与知识的教育与宣传，要凸显"与社会主义市场经济相适应，与社会主义法律规范相协调"的时代属性；关于优良道德品质的结构分析和评价，要凸显"维护社会公平正义，维护社会主义法制的统一、尊严、权威"的时代精神。涉及国家公务员和公职人员所应具有的先人后己、先公后私、淡泊个人名利之类的高尚性品格的评价和宣传，也应与时俱进地作如上所说的"时间刷新"，将其与合乎当代中国社会发展与道德进步客观要求的先进性品格一致起来。特别需要注意的是，各级各类学校道德教育的目标设计和内容安排，也要把优良道德品质的高尚性要求与先进性要求有机统一起来，使一代代新人在传承高尚和创新先进相统一的意义上形成新型的优良道德品质，从根本上维护和确保中华民族优良道德品质的持续发展与进步。

社会公德维护需要建立社会公平机制*

——从"见义不为"说起

　　每个社会的道德建设都需要在维护和创新两个基本层面展开，维护的任务主要是继承和发扬传统美德，创新的任务是提炼和普及现实社会发展对道德进步提出的新要求。社会公德作为社会之"道"，通常的理解有两种含义，即"人们在一些事关重大的社会关系、社会活动和社会交往中，应当遵守并往往由国家提倡或认可的道德规范"和"日常的公共生活中所形成的起码的公共生活规则"①。"公共生活规则"历来是每个社会最基本的社会之"道"，由此养成的个人之"德"也是每个人最基本的道德素质，其公认性和历史继承性的特点在社会道德体系中最为突出，这就使得社会公德维护成为每个社会公德建设的中心任务。本文试图在历史唯物主义方法论的视野里，以"见义不为"为例，运用道德悖论的方法分析目前社会公德缺失的主要原因，推导出社会公德维护需要建立社会公平机制。

---

* 原载《道德与文明》2009年第6期。

① 罗国杰：《伦理学名词解释》，北京：人民出版社1984年版，第56页。

一、"见义不为"缘于难以走出见义勇为的"怪圈"

镜头一：男子称扶摔倒老太反被告，被判赔四万余元。2006年11月20日，徐女士称被正在下车时的彭某撞倒，彭某则称是出于善意将自个儿摔倒的徐女士扶起，并与其亲属一起送徐女士到医院，还垫付了200元的医药费，然而事后彭某却被徐女士告上法庭。法院一审判决彭某赔偿40%的医疗费，计45876元。

镜头二：南京小学生下河救落水女子，大人围观看热闹。2006年12月12日，两位小学生看到有人落水，向周围大人求救却得不到帮助，于是跳下冰冷的水里将落水者救起。事后，围观的成年人纷纷推说自己当时不在场。

镜头三：老汉跌倒无人敢搭救，大喊"是我自己跌的"。2009年2月22日，一位75岁的老汉在公交站台下车时，从公交车后门跌倒在地，当场爬不起来，跟在身后的乘客都不敢上前救他，老汉大喊："是我自己跌的，你们不用担心。"听了这话，众乘客才上前救他。

镜头四：七旬老人晕倒南京街头20分钟，无一人敢伸出援手。2009年6月2日，一位七旬老人跌倒在地，口吐白沫动弹不得，周围围了一圈人却没人伸出援手，后城管队员叫来救护车送其去医院。

这四组镜头是在描述见义勇为的一种"怪圈"——"好心不得好报"，为见义勇为者鸣不平，同时也在谴责"见义不为"的公德缺失现象。它们反映的是某一个地方的社会公德问题，但是诚实的人们心里都明白这类缺德现象在目前社会公共生活领域里并不鲜见。记者或网民报道和炒作这种新闻不是要讨论什么高深的理论问题，因为无论怎么说，见难不帮、见死不救的"见义不为"现象总是不道德的，而是要发出一种正义呼声：目前的社会公德太需要维护了！

这种正义呼声自然是十分可贵的，因为任何传统道德与文明的维护都离不开相应的社会舆论。但是事实证明，维护社会公德是一种令人深思的道德两难问题：社会公共生活需要见义勇为，但见义勇为往往会"好心不得好报"，甚至"好心反得恶报"。这种两难问题就是社会公德实践中存在的道德悖论现象。由此看，维护社会公德不能仅仅依靠制造道义舆论，否则不仅不能从根本上解决问题，相反还可能会误导社会认知心理，让人们以为"人心不古""世风日下"了。要从根本上纠正目前社会公共生活领域内存在的诸如"见义不为"的不道德现象，以维护社会公德的应有水准，首先就需要从实际出发，实事求是，运用道德悖论的方法分析维护见义勇为这项社会公德的道德行为存在的自相矛盾。

在这里，道德悖论现象是这样一种"矛盾等价式"的"怪圈"："不讲道德不对"，"讲道德也不对"，行为之善必然导出行为之恶，因此承认行为之善就必须同时承认行为之恶，反之亦是。在道德选择和价值实现的过程中，道德悖论现象的出现是难以避免的，同时也是普遍存在的，这主要是因为道德价值标准和行为准则本身可能存在迷误对象的问题，主体选择和实现道德价值存在智慧和能力不相适应的问题，选择和实现道德价值的过程存在诸多不利于道德价值实现的可变性或不确定性的客观情况和环境因素问题①等。

镜头一的彭某之所以会陷入道德悖论现象的"怪圈"，从客观原因来看是人群中本来就有一些爱占便宜、不讲道德的人，这样的人爱坐享或利用他人讲道德的成果。从主观因素分析，他没有注意和不能认清自己遇到的受助者是一个不讲道德的人，而又持"好人做到底"的道德态度，在受助者亲属到达现场后没有适时脱身，继而做了不该做或完全可以不做的善事。一句话，他缺乏见义勇为的道德判断能力和道德选择的经验。

因为见义勇为而身陷"怪圈"的伦理困境本质上是一个"怎样讲道德"的问题。这种问题在自然状态下即在没有给予科学分析和说明的情况下，必然会出现这样的后果：身陷过"怪圈"的人势必会"吃一堑，长一

---

① 这种可变的、不确定的客观情况和环境因素包括道德选择和价值实现的对象的不良品行，也可以造成道德悖论现象，让行为者陷入难以自拔的"怪圈"。镜头三中的那位老人深谙此理，所以大声申明"是我自己跌的，你们不用担心"，以此来排解人们的顾虑。他的申明实际上是在为他人选择见义勇为的行为可能产生的道德悖论现象进行"解悖"，实行自救。

智",其此后的道德选择会从中总结出讲道德的能力和经验,从此学会了"怎样讲道德",既愿意维护社会公德又不会让自己陷入道德悖论的"怪圈",或者从"好心不得好报"的经历吸收了教训,从此绕开"怪圈"走,放弃具体伦理情境中的道德选择,走向"道德冷漠",成为"怪圈"的旁观者,于是就会出现如同镜头二和镜头四那样的情景。

二、走出"怪圈"的认识论理路

揭示和描述任何道德悖论现象的"怪圈",目的都是为了"解悖",帮助人们正确进行道德价值选择,最大限度地实现道德价值,维护和创新社会道德规范,而要如此就要运用历史唯物主义的方法论原理,厘清走出"怪圈"的认识论理路。

很多人将"见义不为"之类的缺德现象归因于市场经济的"负面效应",说中国本是一个"礼仪之邦",如今让市场经济等价交换的法则把人情变薄了,该讲"礼仪"的地方也不讲"礼仪"了。这种看法其实是一种错觉,把道德与经济的内在逻辑关系弄颠倒了。我们不应否认市场经济带来的某些负面效应,但造成"见义勇为"之类"公共生活规则"缺失的根本原因不是所谓的市场经济的负面效应损害了传统"礼仪",而恰恰是市场经济的正面效应没有被认真揭示和叙述出来,得到社会的普遍认同,创建体现市场经济发展客观要求的新的"礼仪"。

在历史唯物主义视野里,社会公德的水准(不论是社会之"道"还是个人之"德")与其他道德一样,根本上是由一定社会的经济关系决定的。在小农经济社会里,"生产和交换的经济关系"及其"物质活动"围绕的轴心是自力更生和自给自足,人们偶然出没一些公共生活场所也多是为了谋求"生计",或者是如同《茶馆》描述的那样是出于寻求某种情感和心灵的交换与共享,这就决定了小农经济社会里的公共生活空间十分有限,而且多在"熟人社会"里进行。可见,"礼仪之邦"之"礼仪"实际上多是"熟人社会"里的风俗习惯。而在陌生人的公共生活场所,中国人并没有真正形成遵守公共生活规则的优良传统，一直不是那么讲究"礼仪"的。上列几组镜头所揭露的"见义不为"的缺德现象，反映的正是这种"先天不足"的历史缺陷。

市场经济本性开放，客观上要求有相对成熟的公共生活空间与之相适应，因而也就要求有相应的社会公德。市场经济是交换经济，生产是为了交换，交换是在公共生活场所或以公共生活方式进行的，而交换的唯一法则就是公平，这就决定了公平法则既是市场经济关系的构成要素，也是市场经济赖以生存的公共伦理关系的构成要素。由此推论不难得出这样的结论：健全的市场经济运作体制必须要有成熟的公共伦理关系与之相适应，而成熟的公共伦理关系必须有公平机制来进行建构和维护。这样的客观要求，不仅应表现为"人们在一些事关重大的社会关系、社会活动和社会交往中，应当遵守并往往由国家提倡或认可的道德规范"，也应表现为"日常的公共生活中所形成的起码的公共生活规则"。而现在的实际情况是，这两个方面的公德要求都存在与社会主义市场经济的建设与发展不相适应的问题。就是说，在历史唯物主义视野里，目前社会公共生活场所出现的见难不帮、见义不为的"道德失范"现象，本质上不是市场经济的所谓"负面效应"造成的"人心不古""世风日下"的道德缺失问题，而是需要立足于建立与发展社会主义市场经济相适应的社会公共生活秩序，实现社会公德理论及其规则体系和实践的创新问题。

不难理解，见义勇为的道德悖论现象一般不会发生在"熟人社会"里，即使发生也不难"解悖"。因为在"熟人社会"里，主体践行和维护公德的行为一般是自觉的或是自愿的，崇尚"友情为重""将心比心"，而行为的对象也是崇尚"友情为重""将心比心"的人，如果自己吃亏也会心甘情愿，或情有可原。就是说，在"熟人社会"的公共生活场所发生的道德悖论现象，依靠人们的自觉意识和情感一般就可以得到调节。而在"陌生人社会"则不一样，人们相互之间不存在崇尚"友情为重"的伦理关系和道德共识，"将心比心"的良知在许多情况下也是不对等的，在"陌生人社会"中也就不会出现"熟人社会"那样的道德认同和情感体验。

这就要求，对"陌生人社会"的公共生活场所发生的"吃亏"现象进行科学的说明，并在此前提下提出解决问题的可行路径，不然，就势必会从根本上影响到社会公德维护，动摇人们维护和遵守社会公德的自觉性及社会公认度和公信力，由见义勇为走向见义不为。

三、解决道德悖论的关键是要建立社会公平机制

前文已说及，对于社会公共生活领域出现"见义不为"之类的不讲道德现象，仅是给予"曝光"和舆论谴责是不够的，长吁短叹也是无济于事的，借机鼓吹"道德无用"更不应该，正确的态度应当是积极寻找"解悖"的方法和途径。这样的方法和路径，总的来说，于个人而言要提倡道德智慧和道德能力，即"既注重讲道德，又学会和善于讲道德"，在行善的同时避免出现恶，或减少恶的纠缠和影响；于社会而言，则要建构和培育一种帮助人们"解悖"的公平机制，不让真心讲道德的人吃亏，同时鞭笞不讲道德的丑恶现象。

"机制"这一概念在我国学界使用率很高，但不少人只是在制度或体制的意义上来理解和使用，这其实是不准确的，它在理论研究和实际工作中时常会产生误导，以为有了制度和体制这样的"硬件"就可以畅行无阻。机制应是一个集合性的概念，结构上应是由制度、观念和机构三个层面构成的，本质上应是由这三个层面整合而成的工作机理或原理。三个层面之间，制度是"硬件"，观念是"软件"，机构则是执行制度和培育观念、整合"硬件"和"软件"以发挥其整体效应的管理中枢。制度只是机制的一个构成要素，而不是机制的全部；体制一般是指制度与机构的结合体，是工作的硬条件而不是工作的机理或原理。所以，不能仅仅在制度或体制的意义上来理解和把握机制。

在道德建设问题上，长期以来我们忽视相应的机制建设，这不能不说是一大缺陷。造成这一大缺陷的认识原因主要是没有在学理上分清道德与道德建设的界限。道德与道德建设是两个不同的领域。道德是知识和价值

领域，需要依托文本叙述，属于认识论范畴，道德建设是认知和活动领域，依靠实践过程，属于实践论范畴。认识上的误差导致实践上走进误区：道德是凭借社会舆论、传统习惯和人们的内心信念发挥作用的，于是就将道德建设主要诉诸造舆论、说道理和启发人们的良心。这是社会公德建设与维护乃至整个道德建设与维护低效的一个重要原因。道德的建设和维护需要机制，关于社会公德的建设和维护更需要机制，这样的机制必须以公平为核心。

一要有社会公德的公平观念。公平是一种历史范畴，也是一个多学科的概念，但其相通的要义所反映的则是义务和权利之间特定的对应关系。中国伦理学界至今没有普遍确认公平的学科地位，长期在义务论的意义上倡导道德主张，在社会公德倡导方面也是这样，事实证明这在一般情况下是难以奏效的。在发展社会主义市场经济的社会公共生活领域，维护社会公德必须以公平观念为前提和基础。

二要有反映和体现公平观念的制度。首先是法律制度，法律应有这样的明确规定：对诸如见义勇为的维护社会公德的行为给予确认，对诸如"见义不为"的严重的不作为现象予以惩罚，以此表明法律维护社会基本道义的正义立场。镜头一中彭某的行为本来是见义勇为，但却被法官裁定付给徐女士四万多元的所谓医疗赔偿金，其判决书的"司法解释"之所以能够不顾证据学的常识，进行随意性"推理"，原因就在于缺乏相关的法律规定，让偏私和徇私的不道德欲念钻了空子。其次是伦理制度，即介于法律规范和行政制度之间的表扬和批评制度，其功用在于以"硬性规定"的范式保障社会提倡的道德规范和价值标准得以实行。维护社会公德主要不应依靠人们的自觉和良知，而要依靠体现"公平合理"的伦理制度。如公共场所不准抽烟，但有的人就是不遵守，于是一些公共场所的管理机构就做出"违者罚款"的规定，这就是伦理制度。对于见义勇为的公德维护，应当与对于"见义不为"的惩罚结合起来，不仅要有相关的表彰和惩罚性的伦理制度，也应探讨建立相关的可行法规。

三要有围绕公平观念维护社会公德的专门机构，其职责在于坚持开展关于公平观念的教育和宣传，以在社会公共生活领域形成维护公平、崇尚公平的正义舆论，在于研究、制订和监督体现公平观念的制度。

上述三个层次，营造崇尚公平观念的社会氛围是基础，体现公平的法律和伦理制度是主体，围绕倡导公平观念与为执行制度而建立的专门机构是关键。在健全这种机构的过程中同时整合三个方面之间的实践逻辑关系，以形成公平机制的整体效应，应是维护社会公德的基本的实践路径。

第二编　道德悖论现象研究

道德悖论的基本问题*

自古以来，中国人对道德悖论普遍存在的事实及道德进步其实是社会和人走出道德悖论的结果这一客观规律，缺乏理性自觉，没有形成关于道德悖论的普遍意识和认知系统，伦理思维和道德建设的话语系统中缺乏道德悖论的概念，社会至今没有建立起分析和排解道德悖论的机制。因此，研究和阐明道德悖论的一些基本问题，对于认清当代中国社会道德失范的真实状况，促进社会和个人的道德建设，是很有必要的。

一、道德悖论的基本特性

悖论是一种特殊的矛盾，道德悖论是悖论的一个特殊领域。所谓道德悖论，就是这样的一种自相矛盾，它反映的是一个道德行为选择和道德价值实现的结果同时出现善与恶两种截然不同的特殊情况①。

逻辑学界习惯把悖论分为语义悖论和认知悖论两种基本类型②，并时

---

* 原载《哲学研究》2006年第10期。

① 这样的表述与此前有两点不同：一是把道德悖论看成是一种"特殊"的逻辑悖论，虽然尚没有如同后来那样把道德悖论现象理解为一种道德实践范畴，却也是一种进步；二是开始用"自相矛盾"来描述道德悖论现象的特别性状。

② 当年这种说法并不确切。关于逻辑悖论的基本类型，如今逻辑学界比较公认的看法是三类，即逻辑语义悖论、逻辑语形悖论、逻辑语用悖论。

常论及道德悖论问题，但未曾给道德悖论明确归类。显然，道德悖论不属于语义悖论，因为它的自相矛盾的两个方面不是"说出来的"语法问题，也不是属于思维混乱的认知悖论。虽然它的形成过程与思维混乱或认知缺失有关，但它本身却不是认知悖论。道德悖论是一种"实践精神"的产物，我们可称其为实践悖论或事实悖论。它并非主体"做错了事"的结果，而恰恰是"做对了事"的后果——因为做对了，所以也做错了。茅于轼在其《中国人的道德前景》中曾分析过《镜花缘》中虚拟的"君子国"的"君子作风"，认为由于每当"君子"们吵得不可开交时，"小人"跑来用"君子"吃亏自己得利的办法解决了矛盾，所以"君子国"是最适宜专门利己毫不顾人的"小人"们生长繁殖的环境，长此以往，"君子国"将消亡，被"小人国"替代。他同时指出，过去人们以为普及为别人做好事就可以改进社会风气，实在是极大的误解，因为这样培养出来的专门捡别人便宜的人，将数十倍于为别人做好事的人。[①]显然，"君子"们发扬"君子作风"是"做对了事"的，但正因为如此，他们又"做错了事"；用一般悖论模式表示就是：发扬"君子作风"是一种善，同时也是一种恶。

可见，道德悖论与其他一般悖论一样，其内含的自相矛盾不是唯物辩证法所揭示的事物存在的客观矛盾，也不是与道德现象的客观世界毫无联系的"纯粹主观"的思维混乱的矛盾，而是在主体的道德选择行为和实践行为同客观环境建立某种统一性的关系中出现的特殊矛盾。

但是，道德悖论体中自相矛盾的善与恶的差异和对立却是绝对客观的，遵循的是绝对的矛盾律，即善就是善，恶就是恶，在同一时空内不存在相互转化的可能，一般矛盾学说的"统一律"或相对的不矛盾律不能说明道德悖论存在的真实性状。不能说"学雷锋做好事"的人的善意善举是与其对立面的恶意恶行相比较而存在的，或可以在当时条件下转化为恶意恶行；同样，也不能说"专门捡别人便宜的人"的恶意恶行是与其对立面的善意善行相比较而存在的，或可以在某种条件下转化为善意善行。在这里，善与恶的分野泾渭分明，不可相互转化。这反映了道德悖论的本质特

①参见茅于轼：《中国人的道德前景》，广州：暨南大学出版社1997年版，第1—6页。

性。诚然，时过境迁，"君子"和"小人"可能会在某种特定的情况下互换角色，但这种对立面的转化已经与道德悖论体本身无关，并不反映道德悖论的本质特性。

道德悖论体中自相矛盾的善与恶，不可简单地用"善为主流"和"恶为支流"这样的思维模式来加以评判，不论是在社会评价的意义上还是在自我评价的意义上都应当作如是观。因为道德悖论体中善与恶两个方面的实际情况是：在有些情况下主要是善，在另一些情况下则主要是恶。不仅如此，在社会缺乏必要的引导和制约机制的情况下，道德悖论的"恶果"甚至还会发生膨胀，殃及从善者，出现所谓"人心不古""世风日下"的景况，最终引发人们普遍的道德危机感。有人路见伤者，动了恻隐之心，将其送往医院就诊，自己却成了难以脱身的"肇事者"。这种时常见诸报端的"好心反得恶报""好人反成坏人"的情况，就是社会缺乏制约道德悖论的必要机制的一个明证。因此，对道德悖论的后果究竟是善还是恶，需要据实做出具体分析。

道德悖论体中善与恶的自相矛盾，既是即时的，又是即在的，但其时空上的这一特性又具有隐蔽性，人们一般不易发现，或发现了却又不愿深究，不愿承认。这是因为，从道德评价的社会标准和社会心理看，自古以来人们看重的是动机而不是效果，即使主张动机与效果相统一的人也是偏重动机而不是效果，只要能够见到一点"善果"，即使同时出现"得不偿失"的"恶果"，也并不在意。"好心未办成好事""好心办了坏事"等情况之所以"情有可原"，皆因这种传统使然。从道德评价主体的思想观念和心理特点看，一般都带有"自誉"的倾向，评价的目的是自我肯定，张扬崇高，不论评价主体是社会还是个体都会是这样。正因如此，当主体发现自己的行为选择和价值实现出现悖论现象时，一般都视而不见，不愿承认，加上媒体的"正面宣传"，最终就淡化甚至遮盖了悖论中的"恶果"现象。

道德悖论是一种普遍存在的特殊矛盾。历史地看，不论是社会还是个体，一种道德选择的结果会同时出现善恶对立的悖论情况是普遍存在的。

道德的客观基础是普遍存在的利益关系，也是调整普遍存在的利益关系的价值标准。这一方面表明道德选择及其价值实现实际上就是直接或间接选择和追求利益关系的调整目标，另一方面使得这种选择和追求具有普遍性。而由于道德选择及其实现过程的情境一般都比较复杂，选择的主体又因受其判断和选择能力的限制，时常不能基本依据甚至完全不依据选择情境的客观情况做出正确的判断和选择，致使"好心未办成好事""好心办了坏事"等情况的存在。

道德悖论大体上可以划分为两种基本类型：一种是显性的道德悖论。这种道德悖论在人们的认知视域里虽然因受动机和情绪的干扰而具有隐蔽性的特点，但其作为一种客观事实却是一目了然、不容争辩的。正因如此，它一旦被揭示就会成为一种不争的事实，得到公认，肯定其真实存在的理念和标准适用于一切民族、一切时代。另一种是隐性的道德悖论，它的显现依赖解释，通过解释才能看清其自相矛盾的悖论性状。因此，这种道德悖论的出现一般都与特定的民族伦理文化传统和价值观念有关。费尔巴哈说"下雨了，我把雨披给了别人"（把道德的关怀给了别人），但同时也就把不道德给了别人（让人留下了占别人好处的恶名）。在中国人看来，这样的道德选择并不构成悖论，因为中国人历来视"舍己救人"为高尚美德。一位女司机开着一辆满载乘客的长途客车行驶在盘山公路上，车上歹徒欲对其图谋不轨，她向乘客求救，惟有一位瘦弱中年男子应声奋起，却被歹徒打伤在地，歹徒得逞。女司机再要开车时坚持不载欲救她的那位男子。翌日，那男子闻知，女司机驾车冲下悬崖，选择"同归于尽"来捍卫自己作为女人的尊严，也鞭笞了"见死不救"的其他乘客。这"故事"所包含的善与恶的两种不同结果，就是一个依靠中国传统人格伦理文化来加以解释的隐性的道德悖论。应当指出的是，不论是显性还是隐性悖论，都具有以上所述的道德悖论的基本特性。

二、道德悖论形成的基本原因

道德悖论的形成是受到道德价值选择和实现过程中诸种因素影响的结果。

道德价值结构的双重性及其价值实现的逻辑走向的两面性，是道德悖论形成的内在原因，也是根本原因。道德作为一种价值是由道德意识、道德活动和道德关系三个基本层次构成的"实践精神"系统。在道德价值结构中，道德关系是道德价值的实质内涵和标志性建筑，道德对社会和人的关怀最终是经由道德关系体现出来，道德意识和道德活动只有转化成相应的道德关系才能最终实现自己的价值。就是说，道德意识和道德活动只是道德价值的可能形式，道德关系才是道德价值的事实形式，这就是道德价值的双重结构。在道德价值实现的过程中，道德意识和道德活动既可能有利于形成和优化一定的道德关系，走向价值事实，也可能不利于形成和优化一定的道德关系，背离价值事实。

这就是道德价值实现的逻辑走向的两面性。这种两面性使得道德选择其实不是选择道德价值事实，而只是选择道德价值可能，这就在初始的意义上决定了道德意识和道德活动具有预设的性质，在其价值实现过程中不可能完全遵循"种瓜得瓜，种豆得豆"的实践逻辑。

人们在认知和判断价值的能力上存在的"先天不足"，是道德悖论形成的主体方面的原因。认识价值与认识真理不同。认识价值时，对象不是独立于主体以外的客体，而是联系主体与客体的主客体关系；检验价值认识是否正确的标准不是客观方面的"实践"，而是由主体判定的主观方面的"有用性"。这决定了一切价值认知和判断活动的轴心是主体的需要，而不是客体的实际情况，从而使得人们在价值认知和判断活动领域中总是带有"先天不足"的主观性缺陷。恩格斯在说到社会发展史与自然发展史的根本不同时说："在社会历史领域内进行活动的，是具有意识的、经过思虑或凭激情行动的、追求某种目的的人；任何事情的发生都不是没有自觉的意图，没有预期的目的的。"①当人作为价值主体出现的时候，这种"先天不足"必然会使其合目的的"意识""思虑""激情""意图"等都带有强烈的"以我为中心""以我为标准"的主观倾向，干扰主体进行价值选择和实现的视线，影响主体认知的客观性和判断能力的正常发挥，诱使主体把预设价值"对象化"为事实价值，淡化以至淹没价值选择与实现过程所面临和经历的复杂的客观环境因素，从而使得处于不断变化中的客观环境因素更具有"不确定"和"不确切"性，致使价值选择和实现过程部分脱离乃至全部脱离客观实际情况，由此而形成道德悖论。

德性主义道德传统的影响是道德悖论形成的历史文化原因。中外德性主义传统有一个共同的特点，这就是热衷于追问先验的道德本体前提，将其道德理论和主张建立在"人性善"的本体论基础之上，以此来加强自己的道德理论和主张的权威性。然而，这样的道德本体前提和基础其实并不是真实的存在，它只是一种预设。德性主义道德本体的预设性质，不仅使其道德理论体系具有神秘的特质、道德规范体系具有教条的性质，掩盖和强化了道德意识和道德规范只是道德价值的可能形式的特性，导致道德价值的选择和实现背离了经验和"社会惯例"，变成纯粹的"精神需要"，而且会让一些人热衷于选用道德的可能价值形式为自己装潢门面，而不注重将道德作为自身的一种实际需要。这种"不顾后果"的选择势必会产生"恶果"。这样的"恶果"不仅表现在"让小人得利"方面，而且表现在毁伤自己的人格，使自己变得越来越"心怀叵测"起来。而对于那些真诚讲道德的人来说，德性主义的危害在于引导选择主体忽视人们之间实际存在的德性差别，以"推己及人""将心比心"的思维定式，在追求自己的道德价值实现的同时，易于让不讲道德的人私心得逞，体面地"享用"自己讲道德的成果。"一人学雷锋做好事"就会促使"千万个雷锋在成长"，其所以如此就在于相信"人性本善"。其实，如果离开一定的社会制度支持，"一人学雷锋做好事"可能会引导"一些雷锋在成长"，也可能会引诱"一些自私鬼在成长"，而在道德环境不良的情况下甚至还可能会引起"千万

①《马克思恩格斯文集》第4卷,北京:人民出版社2009年版,第302页。

个自私鬼在成长"，自私鬼们并不一定因其无偿地享用了"学雷锋做好事"的人的道德成果而变得高尚起来。

从以上简要分析不难看出，道德悖论的普遍存在具有必然性。它使得道德价值之善的实现从来都是有限的，需要"付出代价"的，在选择、追求和实现道德价值的过程中，人们只能尽可能地扩充"善果"，减少"恶果"，而不可能完全获得"善果"，避免"恶果"。究竟应当怎样选择和实现道德价值，取决于人们的道德智慧。

三、道德悖论的不可解性及道德智慧

从以上关于道德悖论形成的原因分析中我们可以看出，道德悖论具有不可解的特性。但是这种不可解性不是绝对的，社会可以通过建构适宜的社会调节机制，人们可以通过提高自己道德价值选择和实现的能力来弱化乃至排解道德悖论的不可解性，尽可能地实现特定道德的应有价值。在这个问题上，我们在理论研究和实践操作上面临的最重要的任务应当是：改造德性主义传统，培育自己的道德智慧。

中国封建社会使德性主义的道德政治化、刑法化，赋予德性主义假设体系以"独尊"的地位，使之具有专制政治和刑法那样的绝对权威，通过教化极力掩饰普遍真实存在的道德悖论，夸大道德悖论的"善果"。其结果固然巩固了封建国家的统治，锻造了中华传统文明，但其"恶果"也是显而易见的。这就是：一方面，培养了大批精于渲染和张扬自己行为表面的甚至根本不存在的"善果"，粉饰和掩盖支配自己行为的"恶意"的"恶人"——伪君子，进而使本已存在的"恶果"变种和泛滥；另一方面，就一部分人来说，则养成了擅长夸大道德作用、言必称道德价值的思维习惯。

改革开放以来，我们一直在强调继承和发扬中华民族优良的道德传统（准确地说，这种继承和发扬所造之势主要还是文化人诠释的传统的文本思想，而不是历史上中国人实际的优良道德传统），加强社会主义道德建设，与此同时，西方社会的文本伦理思想和价值理解方式大量传入。而实际情况是，对中国人伦理思维和道德生活真正发生一些积极影响的并不是德性主义的文本精神，不是西方的德性论传统，也不是现实社会提出的文本精神。这一现象表明，中国社会和人的道德进步需要接受某种新的东西以改造自己的传统与现实。我们不可能也没有必要丢弃自己的德性论传统，全盘接受西方的经验论，像某些人所主张的那样以个人主义替代集体主义，等等。因为人类至今的道德都是民族的，带有深刻的国情特质，我们的道德进步不能离开自己的民族传统和国情。要克服中国传统德性主义的假设本性及由此而产生的普遍道德悖论的弊端，促进当代中国的道德建设，至关重要的是要促使其具备合乎时代精神的智慧内涵。这种智慧在社会层面便是选择和实现道德价值的公平机制，在个人层面便是把握选择和实现道德价值的特定的情境的能力。

中国自古以来在调控社会道德生活上就缺乏公平机制。德性主义的文化本性崇尚义务论，本性是排斥主体的道德权利的，所描绘的道德价值实现过程缺乏体现权利与义务对应关系的公平机制。公平其实并非道德价值本身，而是实现道德价值的机制。在西方伦理思想史上，公平概念可以追溯到古希腊的"Orthos"，即"表示置于直线上的东西，往后就引伸来表示真实的、公平的和正义的东西"①。在中国，强调公平则是20世纪80年代中期发生的事情，它的基本标志就是关于道德权利这一新概念的提出。当人类还处在不仅个体从属于群体而且群体也从属于个体的原始共同体时期，人们不得不实行共同劳动和平均分配，那时公平是高度抽象的、至上的，事实上的相对不公平被淹没在绝对的公平之中。私有制诞生和进入阶级社会以后，社会制度从根本上规定了人们之间的不平等关系，原始社会的情况被颠倒了过来，现实的不公平被专制政治和道德上的义务论所维护，形式上的公平隐藏到了事实上的不公平的背后。在中国几千年的封建专制政治统治和德性主义的教化下，人们一直是在权利与义务失衡的情况下讲道德，这使得伦理思维和道德生活方式缺少公平意识和机制。如果说

---

①［法］拉法格：《思想起源论》，王子野译，北京：生活·读书·新知三联书店1963年版，第89页。

这种情况与计划经济年代的道德发展模式还能发生认同的话，那么到了市场经济时期，它就缺少与时代对话的资格了。因此，不能不说，公平机制问题的提出正是适应市场经济及竖立其上的整个社会上层建筑建设的客观要求的道德智慧。

从主体的行为选择方式看，应当更重视提升被动式选择主体的能力。主动式的选择实际上是一种"无智慧"的选择，只要从"善良意志"出发就行了。它固然比被动式选择来得先进，但却如前所说极易产生道德悖论。在加强法制建设、建设社会主义法治国家的历史条件下，重视提升被动式选择主体的选择能力比鼓动主动式选择主体的道德热情，更贴近社会法律的客观要求，具有现实的意义。

从这点看，新时期人的德性应当是"善性"与"慧性"的统一体。这种统一集中表现在主体在追求道德价值实现的过程中对其面临的客观环境和条件能够做出正确的判断，能适时地将价值判断与逻辑判断统一起来。以乐于助人、同情弱者为例：在德性主义义务论的指导下，一个乐于助人、同情弱者的人总是习惯于从自己的"善心""为仁由己"的价值判断去帮助他人，而不问对方是否真的需要帮助和同情，是否应该得到帮助和同情，结果就难免会出现"帮助（同情）不该被帮助（同情）的人"，使自己的行为结果出现道德悖论。人与人之间是需要帮助的，弱者是需要同情的，任何一个社会都应当提倡和实行乐于助人和同情弱者的道德价值标准，但只有帮助和同情了确实需要帮助和同情的人，才具有真实的道德价值意义。而要如此，就必须在"帮助（同情）"与"被帮助（同情）"之间建立起统一性关系，把"为仁由己"的道德价值判断与"为仁辨他"的逻辑判断结合起来。这种结合本身正是一种道德智慧。

道德悖论现象界说及其意义*

中国改革开放过程中出现的"道德失范"及由此引起的一些社会不和谐现象，多与道德悖论有关，需要运用道德悖论的方法加以分析和认识。近几年，一些研究者陆续涉足道德悖论问题，但其研究的视阈多限于社会思想史和道德教育，很少论及现实社会普遍存在的道德悖论，加上研究者对道德悖论含义的界说又见仁见智，所以不仅没有从认识上把道德悖论从现实存在的诸多道德矛盾中剥离出来，揭示其真实性状，帮助人们探索走出"奇异的循环"的路径，反而造成一些新的思想混乱。因此，从学理上说明道德悖论的内涵及其与道德现象世界中其他矛盾的边界，具有重要的理论和现实意义。

一、道德悖论现象是道德生活世界中的一种特殊矛盾

道德生活世界中的矛盾大体上可以分为两种基本类型：差别性矛盾和对立性矛盾。若以意识形态属性而论，前者的双方具有同一时代的特征，价值属性和趋向是一致的，反映的一般是"先进性"与"广泛性"的差别，不是善与恶的差别，因此一般不存在对立，更不会发生对抗。

*原文题目为"道德悖论界说及其意义"，原载《哲学动态》2007年第7期，中国人民大学书报资料中心《伦理学卡片》2008年第1期摘要转载。

　　但这并不等于说差别的双方不会产生对立。道德作为价值存在物与一般存在物不一样，其内部存在差别的不同方面在一般情况下会发生"相互贬低""相互排斥"的情况，这就是矛盾。对立性的矛盾双方一般属于不同的时代，表现为善与恶的差别，即"先进性"（包括"广泛性"）同"落后性"（包括"腐朽性"）的对立。对立总是以差别为前提的，但不可将对立归结为差别。

　　对立性矛盾双方的差别与差别性矛盾双方的差别不是同一种差别。同样，对立性矛盾与差别性矛盾不是同一种矛盾。对立性的矛盾情况相当复杂，大体上也可以分为两种基本类型：一种是对立而不一定对抗，如"先私后公""私而忘公"与"先公后私""公而忘私"；一种是既对立又对抗，如"损人利己""损公肥私"与"乐于助人""公私兼顾"。在一定的历史时代，当对立性矛盾双方发生对抗与冲突时就会出现"道德失范"，引发社会某些方面的不和谐，而当对立性矛盾发生在一个人身上时，这个人的行为所表现出的道德价值往往就会引起人们认知的混乱和质疑：他是做了善事还是做了恶事？[①]

　　道德悖论就属于这种善恶既对立又对抗的道德矛盾，但是它又不同于一般的对立对抗性的道德矛盾。

　　首先，它是一种自相矛盾，遵循一般悖论的"反逻辑"或"不合逻辑"的公式："承认善（A）就得同时承认恶（非A），承认恶（非A）就得同时承认善（A）"和"否认恶（非A）就得同时否认善（A），否认善（A）才能同时否认恶（非A）"。由此观之，凡没有展现"A即非A"——"善即非善"这种存在方式的道德对立和对抗的矛盾现象，都不是道德悖论。有的论者认为，道德教育旨在弘扬善，以善除恶，而它又同时不得不

──────────

　　① 如看到有人当街摔倒了，某路人出于良知和同情心不假思索地上前扶起他(她)，结果这人不能脱身了，因为他(她)被误为或讹作"肇事者"，此谓"碰瓷现象"。这位路人是做了善事还是做了恶事，是不能简单地用非善即恶的思维方式加以判断和评价的，因为他(她)的行为实则是一种善恶自相矛盾的道德悖论结果——从发扬传统美德角度来看，他(她)的见义勇为结果是善；而从把自己"套住"或让恶人得逞角度来看，他(她)的见义勇为结果是恶。这种道德悖论现象提出的问题的实质就是：不可漠然见义勇为，也不可贸然见义勇为，亦即如何见义勇为。

面对恶从根本上永远无法消除的事实，甚至是恶使得道德教育才有了存在的可能，这就似乎构成了一种悖论。①这位研究者所谈论的，是发生在道德教育活动中的主观愿望与实际效果之间的差异和矛盾，并不是"A即非A"的自相矛盾，因此也就不应看作具有自相矛盾性质的"善即非善"的道德悖论。

其次，它是一种结果式的矛盾。就是说，它的善与恶的对立和冲突出现在行为选择的结果，不是出现在行为选择的动机和实施过程，虽然它的形成与行为选择的动机和过程有关。换言之，它的善只是"善果"，不是"善举""善心"，它的恶只是"恶果"，不是"恶行""恶念"；虽然"善果"与"善举""善心"有关，"恶果"与"恶行""恶念"有关。有的研究者把"次道德"归于道德悖论，也是不确切的。所谓"次道德"，指的是违背道德或违法犯罪者人为终止其不良行为所做的道德选择。"次"，是就过程和时序而言的，并非就结果而言，"次道德"行为选择的结果并不同时存在善与恶的对立和对抗。据报道，2003年春季突发"非典"期间，北京一青年窜至数家医院大肆进行盗窃活动，后来因被医护人员与"非典"进行斗争的忘我精神所感动而主动到公安机关自首。这位青年的自我纠正行为及其所表现出来的道德价值就是"次道德"。这种行为，既体现了善与恶的差别、对立和冲突，又是一个行为过程中发生的"自相矛盾"，但是，由于它不是行为选择结果意义上的差别、对立、冲突和自相矛盾，因此不应将其与道德悖论相提并论。

再次，道德悖论善恶对立与对抗的自相矛盾的结果具有一定的隐蔽性。虽然道德悖论善恶对立与对抗的结果是一种客观事实，它所构筑的"奇异的循环"多以"道德失范"的方式扰乱社会发展进步的正常节奏，困扰人们的心灵，但是由于受人们认知水平和一些人为因素②的影响，却往往不能被人们适时地揭露出来，还其"庐山真面目"，以引起社会和人

---

① 参见唐汉卫：《略论道德教育中的悖论》，《教育科学》2002年第6期。

② 这种人为因素，往往多与未加客观分析的"正面宣传"和"正面接受"有关，也与一些不科学的道德理论和学术主张有关。

们的警觉，探索走出"奇异的循环"的路径。正因如此，道德悖论的客观存在往往为人们所忽视。

最后，道德悖论的善与恶的"统一"方式单一。唯物辩证法认为，矛盾就是事物自身包含的既对立又统一的关系。"统一"有两层意思，一是"在一定的条件下相互依存"，二是在一定的条件下相互转化。道德悖论作为一种特殊的矛盾，只具有在一定的条件下相互依存的特性，不具有在一定的条件下相互转化的特性。作为一种结果式的对立，道德悖论只能提供善恶矛盾"相互依存"的条件，不能提供"相互转化"的条件。

概言之，道德悖论是道德现象世界中一种特殊的矛盾，是一种出现在行为选择的结果、具有善恶绝对对立和对抗性质的自相矛盾。

二、从生成机理看两种道德悖论

从生成的机理看，道德悖论可以分为非道德选择产生的道德悖论和道德选择产生的道德悖论两种基本的形态。非道德选择的道德悖论，就是研究逻辑学的人们常涉论的道义悖论。有学者认为：道义逻辑是 20 世纪 50 年代新兴的一个逻辑学分支，它以含有"义务""允许""禁止""承诺"之类概念的语句的逻辑特性及其推理关系为研究对象。道义逻辑与伦理学的关系十分密切，一方面，伦理学直觉为判断道义逻辑的公理、规则与定理的合理性提供了依据；另一方面，道义逻辑又为整理、阐明伦理学直觉提供了工具。伦理学直觉常常是模糊的、不精确的，并且常常相互抵触、冲突与矛盾。道义逻辑有助于把模糊的伦理学概念精确地加以规定，并且把它们的潜在含义和关系阐发清楚，以构成一个前后融贯的理论体系。同时，道义逻辑还广泛适用于像法学之类的规范性科学。[①]

这里涉论的道义悖论，不同于作为逻辑学范畴的道义逻辑悖论，而是相对于道德选择和价值实现的道德悖论提出来的，属于伦理学视野应当关注的道德实践范畴。

---

① 参见陈波：《道义逻辑与伦理学研究》，《中国人民大学学报》1989 年第 3 期。

　　道义悖论的主体一般是社会，是道德和法律规范的发布者和倡导者。它是社会在推动经济发展和上层建筑建设的过程中形成的，其基本特点是：主体选择行为的直接动机和目的不是为选择和实现某种道德之善（"善心"和"善举"），而其结果却同时出现善与恶（"善果"与"恶果"）相对立的情况，因而成为道德评价的对象。

　　从客观上或道德评价上来看，道义悖论即非道德选择行为产生的道德悖论，其生成机理也有两种不同的情况。一是合乎道义的行为选择产生的道义悖论，二是违背道义的行为选择产生的道德悖论。前者，如中国改革开放之初，为了推动经济快速增长以促使中国人尽快脱贫，国家曾实行允许以至鼓励一部分人率先发家致富的政策，结果一部分人确实富起来了，并由此调动了更多人的积极性，这显然是"善果"；但与此同时又造成不少人相对贫困，拉大了贫富差距，这又显然是"恶果"。无疑，这样的两种截然不同的结果，具有对立甚至对抗的一面，这种对立和对抗虽然不属于政治意义上的，但它会诱发社会不安定、不和谐的因素。历史表明，当社会选择用变革的方式促使经济发展以满足人们对于物质生活的迫切需要时（一种基本的道义），往往会不得不同时放弃一些传统的道德和精神价值，即使为此做出"让步"和付出"代价"是不情愿的，甚至是痛苦的，也会迫使自己做出必要的"让步"，付出必要的"代价"。

　　在人类社会发展的历史进程中，合乎道义的社会选择会产生道义悖论是一种普遍存在的历史现象。在一定意义上我们甚至可以说，人类社会的文明进步通常是在这样的道义悖论中实现的，所谓的"一帆风顺"和"金光大道"实际上并不存在。这一现象曾引起历史上很多思想家的困惑，他们对此发表过许多发人深思的观点。卢梭在考察了人类不平等的起源与基础之后认为，人类"真正的青年期"是"野蛮"的蒙昧期，"后来的种种进步，表面上看起来是使个人走向完善，但实际上却使整个人类走向堕落。"①他由此大发感慨道："人类已经老了，但人类依然还是个

---

　　① [法]卢梭：《论人与人之间不平等的起因和基础》，李平沤译，北京：商务印书馆2007年版，第93页。

孩子。"①换言之，社会朝着文明方向的每一次进步都是人在道德方面的一次堕落和蜕化。卢梭的这种社会发展观所要揭示的就是合乎道义的社会选择产生道义悖论具有某种必然性。遗憾的是，卢梭没有看到这种历史现象正是一种道德悖论的反映，即没有看清"文明社会的发展"本是一种道德悖论之善的展现史，所谓"一部人类的疾病史"不过是与善的展现史同时存在的恶的展现史而已。在唯物史观看来，人类包含道德在内的文明进步，本来就是这样的一种"自然历史过程"。

违背道义的行为选择所产生的道义悖论属于另外一种情况。这种社会选择通常是在违背和牺牲传统的道义标准和正义原则的情况下进行的，但其结果却同时出现了善。恩格斯在《路德维希·费尔巴哈和德国古典哲学的终结》中肯定了黑格尔这样的观点："有人以为，当他说人本性是善的这句话时，是说出了一种很伟大的思想；但是他忘记了，当人们说人本性是恶的这句话时，是说出了一种更伟大得多的思想。""在黑格尔那里，恶是历史发展的动力的表现形式。这里有双重的意思：一方面，每一种新的进步都必然表现为对某一神圣事物的亵渎，表现为对陈旧的、日渐衰亡的、但为习惯所崇奉的秩序的叛逆；另一方面，自从阶级对立产生以来，正是人的恶劣的情欲——贪欲和权势欲成了历史发展的杠杆，关于这方面，例如封建制度的和资产阶级的历史就是一个独一无二的持续不断的证明。"恩格斯又批评费尔巴哈说："费尔巴哈就没有想到要研究道德上的恶所起的历史作用。历史对他来说是一个不愉快的可怕的领域。"②这应当是关于违背道义的社会选择所产生的道义悖论的一种经典性的表述方式。用这种悖论模式看个人主义这种恶的"贪欲"的张力及其结果，是否该彻底否定它在现代文明发展进程中，在对人类传统文明和精神生活造成破坏的同时，具有调动人的主动性、刺激经济发展等方面的积极作用——善的一面呢？

① [法]卢梭：《论人与人之间不平等的起因和基础》，李平沤译，北京：商务印书馆2007年版，第80页。

②《马克思恩格斯文集》第4卷，北京：人民出版社2009年版，第291页。

　　有史以来凡涉足道德悖论的人多关注非道德选择的行为产生的道德悖论即道义悖论，而对选择"善心"和"善举"的道德行为所产生的"善果"与"恶果"相对立的道德悖论，却很少问津，偶尔涉及也多与道义悖论混为一谈。更值得注意的是，在日常生活中，道德行为选择产生的道德悖论虽然普遍存在，反映每个人的道德价值选择和实现的实际能力和水准，却同样一直被学界所忽视，对此缺乏应有的自觉。这种"不清醒"的状况，不仅造成行为选择主体道德资源的极大浪费，而且也为一些伪善（假"善意"、"恶念"和假"善举"）的道德态度和选择提供了避难所和表现的机会。

　　道德选择行为所产生的道德悖论，是作为主体的人在道德价值选择和实现的过程中形成的，其形成机理应当可作这样的简要分析：社会提倡和推行的道德价值标准一般都是"应当"的、"指南针"意义上的，都带有理想和假说的特性，人们选择和实现道德价值的行为往往带有"不切实际"的主观倾向，这两种情况使得社会提倡和个人追求的道德价值，都只是道德价值的可能形式，而道德价值实现的客观环境和条件却总是"自在"的；这样就势必会导致道德价值实现的结果具有两面性——"善果"是有限的，有限"善果"的另一面就是"恶果"。概言之，由道德选择的行为产生的道德悖论，其起点是"善心"，路径是"善举"，但结果却在做了善事的同时做了恶事。

　　非道德选择的行为产生悖论的现象多发生在社会实行改革的特殊发展时期，道德选择的行为产生悖论的现象多发生在一些真诚讲道德的人身上。由于中国人的伦理思维和道德生活长期没有道德悖论的概念，没有养成用悖论的方法看待道德价值实现的客观过程的习惯，对于前者往往更多关注的是社会改革在道德上出现的"恶果"，对于后者往往更多关注的是道德上的"善果"，因而在道德评价和宣传上往往不能客观地看待社会的道德进步和人的道德价值实现。

三、道德悖论界说的理论意义与实践价值

科学界说道德悖论，具有多方面的理论意义和实践价值。

其一，有助于特定时代的人们客观地认识自己所处的社会道德环境，在道德评价和道德建设上坚持实事求是、一切从实际出发的历史唯物主义的思想路线和作风。道德悖论的存在本是一种客观事实，并非某些知识领域中的一种论证，也不是什么思维过程。①它的存在虽然离不开解释和评价，但并不依赖解释和评价；解释和评价不是为了证明其是否客观存在，而是为了揭示其如何存在，也就是为了揭示其客观存在的自相矛盾的实际性状。

其二，有助于人们科学地认识道德发展进步的客观规律。社会道德不断走向进步实际上是社会不断扩大和宣示"善果"与抑制和淡化"恶果"的过程，人在道德上不断走向成熟实际上是学会不断扩大其行为选择的"善果"和尽可能遏制以至消解"恶果"发生的过程。如果用简单的数学模型来表示，这种过程就是恩格斯所说的"平行四边形"②。这个马克思主义的著名见解给了我们这样一种启示：在认识和评价道德选择和非道德选择所产生的善恶结果的时候，不能只看其"善"或"恶"，也不能只看其"恶"或"善"；或者说，不能只看其"得"或"失"，也不能只看其"失"或"得"。科学的态度应当是"两面看"，在此前提下科学分析和把握"善大于恶""得大于失""得失相当"，避免"得不偿失"的结果。

其三，有助于真实反映广大人民群众对道德和精神生活的需求，促进

---

① 沈跃春：《论悖论与诡辩——兼评逻辑界部分学者的悖论观》，《自然辩证法研究》1995年增刊。

② 恩格斯1890年9月21—22日在给约瑟夫·布洛赫的信中说到唯物史观的两个重要结论："第二，历史是这样创造的：最终的结果总是从许多单个的意志的相互冲突中产生出来的，而其中每一个意志，又是由于许多特殊的生活条件，才成为它所成为的那样。这样就有无数互相交错的力量，有无数个力的平行四边形，由此就产生出一个合力，即历史结果，而这个结果又可以看做一个作为整体的、不自觉地和不自主地起着作用的力量的产物。"（《马克思恩格斯文集》第10卷，北京：人民出版社2009年版，第592页。）不难理解，从道德上看，这"无数相互交错的力量"，包含无数善与恶"相互交错的力量"。

和谐社会的构建。道德悖论尤其是非道德选择的行为在推动社会历史发展的进程中产生的道德悖论，在广大人民群众的心目中必然会有真实的反映，在有道德良心的研究者的理论思维中自然也会有合乎逻辑的反映。因此，在认识和把握非道德选择的行为在推动社会历史发展的进程中产生的道德悖论问题上，只是解读和宣示甚至夸大地解读和宣示"善果"，而对同样客观存在的"恶果"采取轻描淡写甚至视而不见的态度，是不科学的，也是不明智的；其结果往往会适得其反，人们在社会心理的层面上反而会特别关注、议论和批评"恶果"，与此同时解构和淡化对"善果"之善的接受心态和感悟程度。其实，人对道德和精神生活的需求包含人对社会道德和精神文明状况的议论和批评，这也是道德实现其社会价值的一种重要途径，因为道德的价值实现和进步离不开人们的议论和批评所构筑的社会舆论环境。在界说和解读道德选择的行为产生道德悖论的问题上，同样应当倡导"两面看"的"学术视野"，否则就可能会让真诚讲道德的人"吃亏"，最终使这样的人为避免自己老是"吃亏"而不再情愿真诚地讲道德。同时也可能使那些惯于以"讲道德"装潢门面、沽名钓誉直至欺世盗名的人得逞，享用他人讲道德的成果，不利于提高人的道德素质和促使人在道德上的成熟。任何一个社会都不可能在总是让老实人吃亏的意义上维持和营造一种良好的社会风尚，引导人走向崇高。

其四，有助于拓宽相关学科研究的视野，促进相关学科的建设。在我国，以道德为对象的伦理学从来不涉足道德悖论问题，只是在"纯粹道德"的意义上研究道德，使得关于道德的理论与知识存在理想化、经院化的倾向，关于道德提倡的规范要求存在本本化的倾向，离道德生活的实际较远，因而缺乏应有的可信度和公认度。教育学和思想政治教育学领域，涉足道德教育问题的研究也多回避道德教育的"结果"实际存在的道德悖论现象。一些哲学研究者曾尝试着将悖论问题哲学化，或归入哲学研究的一个特殊领域，但同时又不问津道德悖论问题。逻辑学研究者在关注悖论的问题上乐于繁琐的悖论史学梳理，偶尔涉足道德悖论也多限于在语义悖论和认知悖论两大领域做文章，缺乏"道德逻辑"的力量。有些论者曾试图从道德进步与文明发展之间存在的深刻矛盾，揭示道义悖论的真实存在及其对社会和人的发展的深刻影响，[1]但也只是与道德悖论的边界擦肩而过，没有给人留下较为清晰的印象。这些现象表明，道德悖论问题的提出及其界说，对于相关学科的建设和发展是具有某种方法论意义的。

---

① 参见宋振美、刘翠娥：《道德与文明：谁是权威——卢梭历史观悖论之揭示》，《安徽教育学院学报》2001年第4期。

把握道德悖论概念需要注意的学理性问题*

笔者曾在《道德价值实现：假设、悖论与智慧》《道德悖论的基本问题》《道德悖论界说及其意义》《不道德选择的合法性之悖论》等拙文中就道德悖论概念发表过一些看法，然而，关注道德悖论研究的一些人感到"什么是道德悖论"的问题仍然没有解决。这说明把握道德悖论概念需要在学理上厘清一些问题。

一、道德悖论现象的理解阈限

这是一个"在什么意义上来理解和把握道德悖论现象"的逻辑问题，离开这个阈限人们就不可能使用共同语言，在同一种平台上对话道德悖论现象。

道德悖论是社会和人在道德价值选择和实现的过程中显现和形成的，在一定的意义上可以说，道德悖论就是道德价值选择的悖论和道德价值实现的悖论。由此看来，本质上属于道德实践范畴，在伦理学的知识理论体系中处于道德选择和道德评价的结构层次。选择，与"道德悖论现象"相关；评价，与"道德悖论直觉（思想）"相关。选择和评价的不同标准、

＊原载《道德与文明》2008 年第 6 期，原文题目有副标题"兼谈道德悖论研究的视界和价值与意义"。

情境和道德文化背景，造成了不同类型的道德悖论，出现了关于道德悖论"见仁见智"的复杂情况。

这里所说的"道德价值选择和实现"，有出于"纯粹道德"考量的情况，也有出于"道德无意识"的情况。不论属于哪一种情况，都具有因善恶与否的"道德后果"而成为道德评价的对象，都可以被移到"道德价值选择和实现"的平台或纳入道德悖论的视野进行道德评价。这是因为，道德是以广泛渗透的方式存在于其他社会现象和社会活动之中的，其生态和形态的特殊性使得人类一切认识和实践活动都具有道德意义，都可以作为道德评价的对象。

如果说，与个体相关的道德悖论多是出于"纯粹道德"考量的结果，那么与社会相关的道德悖论则多是"道德无意识"选择的结果。一个社会关于发展道路、方针和政策的选择，通常并不是"纯粹道德"意义上的，但其实施过程和结果却无一例外具有道德意义，并且在很多情况下会出现善恶同现同在的悖论情况，并由此引发"社会问题"和"道德困惑"。在这种情况下，如果人们缺乏"悖论意识"或"悖论素养"，社会缺乏"解悖"的成熟机制，人们评价社会发展进步和社会文明就可能在"两个极端跳舞"——要么"好"要么"坏"，要么"善"要么"恶"，如此等等。这样就可能思想混乱，甚至发生严重的社会矛盾。

也许，随着研究的深入，道德悖论概念的内涵会得到丰富，外延会得到拓展，甚至会远远超越道德悖论研究的视阈，但道德悖论概念本身的阈限不应当发生根本性的变化，否则其研究的价值和意义势必就会变得模糊起来，失却其本来的价值和意义。

二、道德价值实现结果之悖论与道德价值选择标准之悖论

如上所说，道德悖论是在社会和人进行道德价值选择和实现的过程中出现的，这决定了道德悖论具有两种基本类型，一是道德价值实现结果之悖论，二是道德价值标准选择与执行不当之悖论。

道德价值实现结果之悖论，可简称其为结果悖论，顾名思义是由道德价值实现的结果合乎逻辑地推导出来的悖论，其矛盾等价式就是：承认善果的同时就必须同时承认其恶果的存在，反之亦然，用一般逻辑悖论的抽象形式表达就是：A=非A，或非A=A。笔者刚涉足道德悖论研究时就是在这种意义上发表关于"什么是道德悖论"的看法的。道德价值实现在结果的意义上出现的悖论本来是一目了然的一种客观事实，但由于受主观意愿的影响，人们一般并不能自觉其存在，即使看到了它的存在也遵循传统的道德评价习惯对其采取"情有可原"的态度，漠视甚至遮掩其恶果存在的事实。一些人不能理解道德悖论现象研究的必要性及价值与意义，也与此种思想和情绪有关。

道德价值标准选择与执行不当之悖论，相对于结果悖论来说要复杂得多，它有两种不同的具体类型。一种表现为向善动机明确而求善方式不当的价值冲突，从而出现在选择向善的同时也合乎逻辑地选择了向恶。比如：老师对学生的不当批评——训斥乃至体罚，其选择动机自然也是向善的，但从学生身心健康及其发展的客观要求来看也就可能合乎逻辑地选择了从恶①，因为学生可能会因此而被伤害了自尊心，走向自卑。选择动机向善与求善方式从恶的道德悖论，是一种过程的存在，具有一定的隐蔽性。对此，过去教育学和德育学等相关学科都给予了应有的关注，但多是在违背规律的意义上加以叙述和提出纠偏方案的，不能自觉运用道德悖论的分析方法。其实，不当关爱和不当批评之类的价值标准选择与执行同选择者向善祈求相悖的情况是一种悖论的存在，它的"左不是，右也不是"的性状本质上是合规律性与目的性的矛盾和冲突所致，可以淡化缓解却不可能彻底纠正，用道德悖论的方法术语来表达就是："解悖"是可行的，却又是有限的，明智的方法是寻找排解的"最佳方案"。在道德悖论的视界里，任何形式的爱都具有"两面性"，历来都是以悖论方式存在的，父母用溺爱的方式关爱孩子，老师用训斥甚至体罚的方式批评学生，都不可

---

① 这种因由道德价值标准选择不得当而产生的悖论，在家庭道德教育中同样存在。它多因对受教育者实施"严格要求"有关。

行，因此对教育关爱合规律性的认识不能绝对化，对其实行纠偏（"解悖"）的结果祈求不可理想化，否则会适得其反，动摇人们对道德教育的信念和信心。

另一种是在选择的价值标准不同却同时向善的情况下发生的道德悖论，"两难"的窘境是其典型的悖态。中国的一些成语，如"进退两难""不知所措""无所适从""投鼠忌器"等，反映的就是这样的道德悖论。它在有些情况下会出现"道德尴尬"。《韩非子·难一》曰："楚人有鬻盾与矛者，誉之曰：'吾盾之坚，物莫能陷之。'以誉其矛曰：'吾矛之利，于物无不陷也。'或曰：'以子之矛陷子之盾，何如？'其人弗能应也。夫不可陷之盾与无不陷之矛不可同世而立。"这个因从两面向买者发表"不可同世而立"之"善言"（尽管可能是伪善的）而陷入的"自相矛盾"，就是一个典型的"道德尴尬"式的道德悖论。不难理解，广为流传的"麦琪的礼物"①也属于这样的道德悖论。

应当指出的是，为"道德两难"包括"道德尴尬"的道德悖论"解悖"，是需要相应的智慧和能力的（笔者称其为道德智慧和道德能力），因此，面对"道德两难"和"道德尴尬"的处境，恰逢个人和社会提升道德水准的难得机遇，轻易放弃选择则不仅会失去这种机遇，反而会引发道德缺失和道德堕落。

需要特别指出的是，道德价值实现的结果悖论往往是由选择悖论直接造成的，这是两者之间的内在联系。因此，认识和把握道德价值选择客观存在的悖论问题，在逻辑起点上就应当注意"解悖"的问题，这是预测、预防道德价值实现的结果悖论的一个重要的方法论原则视界，也是划清道德价值实现结果之悖论与道德价值标准选择之悖论的界限的意义所在。

---

① 德拉与吉姆相爱甚深。圣诞节前两人都想给对方送一份爱的惊喜：德拉把自己心爱的长发剪下来换了一根表链，准备送给吉姆；吉姆把自己心爱的怀表卖掉买了一套梳子准备送给德拉。当两人互赠礼物时才发现，彼此"爱的奉献"已经没有实际意义。

三、道德悖论与逻辑悖论的学理界限

从学理上来分辨道德悖论与逻辑悖论的界限，首先要注意悖论的三种不同类型，即一般悖论、逻辑悖论、道德悖论。

一般悖论，即"悖理"或"背理"，是人们基于"公认正确的背景知识"——"理"做出的"与理相背"的判断，属于不合逻辑的错误，却也并非为逻辑学的专用术语。这种悖论在日常生活中是广泛存在的，人们多未察觉。如：当你听信某君对你说"我这个人一贯很谦虚"的时候，你其实是听信了一个"说话悖论"。再如"抬驴"①的笑话，你若只是一笑了之，则与理解和把握悖论的机会擦肩而过。大凡这样的悖论多有些搞笑，有的富含哲理，给人意味深长的启迪。

逻辑悖论，如前所说，是一种基于"公认正确的背景知识"——"理"做出的"与理相融"又"与理相背"的判断，属于合乎逻辑的错误。"不合逻辑的错误"和"合乎逻辑的错误"，是一般悖论与逻辑悖论的根本区别所在。

道德悖论这一概念并不是笔者首次提出来的。1993年，祁述宏在《析道德难题》（《道德与文明》1993年第2期）中已经提出"道德悖论"这个新概念，认为道德悖论是"道德难题最极端、最典型的形式"，"对道德悖论的分析或许可以为破译道德难题之谜打开一个缺口"。后来，鲁洁在《道德危机：一个现代化的悖论》（《中国教育学刊》2001年第4期）中，用"道德危机"话题涉论道德悖论概念。笔者初涉道德悖论现象研究时，曾将道德悖论看作是一种特殊的逻辑悖论，后来渐渐发现这是一个错误，错在将方法借用与本题立论混为一谈了。道德悖论概念最终被提了出来，是借用逻辑悖论方法的结果。这种借用，不是移植逻辑悖论的本题，将道

---

① 祖孙二人牵着毛驴去赶集，先是孙子骑驴，爷爷在后面赶，路人批评道：这孩子真不懂事。孩子与爷爷换了位置，路人又批评道：这爷爷不心疼孙子。于是，祖孙二人全骑上毛驴，路人还是给予批评：这是欺侮牲口不会说话。无奈，祖孙二人捆起毛驴四条腿，抬着毛驴赶集去。

德悖论视为逻辑悖论的派生物——"一种特殊的逻辑悖论"，因为两者不是"种属关系"①。

逻辑悖论是思维现象，其"合乎逻辑的错误"属于"正确的思想错误"——因为说（想）对了，所以也说（想）错了。道德悖论属于实践现象，其"合乎逻辑的错误"属于"正确的选择（行动）错误"——因为选择（行动）对了，所以也选择（行动）错了。就是说，道德悖论本质上是道德悖"行"，称其为"论"是因为其"悖理"之处是人们运用公认正确的道德背景知识（观念和标准）经过严密无误的逻辑推导而进行道德评价"论"出来的。

概言之，道德悖论是道德价值选择和实现的过程中出现的，属于道德实践范畴，其"正确的错误"不在"思"与"说"，而在"做"——不当的"选择"标准和"实现"方式。这是道德悖论与逻辑悖论的根本区别所在。既然如此，为什么不称道德悖论为"道德悖行"或"道德悖态"呢？或许有一天人们会以这样的名称替代道德悖论，但我以为是否该作这样的改变并不重要，重要的是要看到道德悖论与逻辑悖论这个根本性的界限。

四、道德悖论现象与道德悖论知觉

"什么是道德悖论"的疑惑之所以依然存在，与没有标识道德悖论现象与道德悖论知觉②（思想）的界限也是直接相关的。

道德悖论现象与道德悖论知觉是两个不同的范畴，反映的是两个不同领域的道德悖论问题。前者是道德价值选择和实现的产物，属于客观存在的道德悖论，后者是感知和表达前者的产物，属于思维活动的道德悖论，

① 笔者已经作过这样的分析和说明：在人文社会科学研究领域，方法借用的实质是借用方法的功能，即所谓"传神"之功，而不是借用方法的形式，否则就可能会犯移植本题、混淆方法与本题的科学错误。

② 在这里提出道德悖论知觉这个概念以区别于道德悖论现象，对于从学理上科学理解和把握道德悖论现象是很有必要的。知觉是感觉的综合，是对事物的整体性印象，却又不是关于事物的理性自觉。所谓道德悖论知觉，是相对于道德悖论理论或学说而言的，离道德悖论理论或学说尚有"一步之遥"。

就是说前者是"物质现象",后者是"意识现象"。这是道德悖论现象与道德悖论知觉的根本区别所在。以往的一些学者的文论,如晏辉的《是道德悖论,还是价值冲突?——苏格拉底伦理问题解读》(《内蒙古大学学报》2002年第1期)、刘小英的《论卢梭文明与道德悖论的历史观》(《学习与探索》1997年第6期),所涉及的思想史上的道德悖论资料,其实多为"意识现象"意义上的道德悖论知觉,而不是"物质现象"意义上的道德悖论现象。

思想史上,作为"意识现象"表达出来的道德悖论多是关于道德悖论现象的知觉,而不是反映道德悖论现象的学说。在这个问题上,严格说来人类至今还没有真正建立关于道德悖论的学说。学说,本是指在学术上自成系统的主张和理论,至少应当包含关于思想对象的概念表达、逻辑的分析和归纳,解决对象内含的问题的基本思路和方法。康德的"二律背反"包括他的幸福与德行相悖的著名论断,庄子的"摧邪以显正"的著名命题,对于我们深入思考和知性表达道德悖论具有重要的方法论意义,但它们本身其实都不是关于道德悖论的思想或学说,而是关于道德悖论的知觉。

不难看出,看不到作为客观存在的"物质现象"的道德悖论现象与作为知觉形式存在的"意识现象"的道德悖论的区别,自然就会在思想和语言表达中遇到"什么是道德悖论"的问题。

史上关于道德悖论的知觉话语,有两点是值得我们特别注意的。一是多发生在社会变革时期,因为社会变革时期矛盾和冲突较多且多带有悖论的性征,呈现的是现实既需向传统挑战又需传承传统的"奇异的循环"状态。最终,社会以悖论的方式赢得自己的文明进步,其标志就是现实在承接传统某些合理和优良的因素之中战胜和取代了传统,让传统付出了现实的"社会代价"。二是史上的道德悖论知觉多以整体感觉到的一种"困惑"表达出来,带有发现者凝重的悲观情绪或"抑郁症"感触。如卢梭,他曾对人的"自然状态"赞美不已,对"自然状态"与"邪恶的文明社会"相对立的现象感到大惑不解,由此才发出"文明社会的发展只不过是一部人类的疾病史而已"的困惑。这种满怀悲情的"困惑"后来受到约翰·伯瑞的辛辣的嘲讽：在卢梭看来，"社会发展是一个巨大的错误；人类越是远离纯朴的原始状态，其命运就越是不幸；文明在根本上是堕落的，而非具有创造型的。"①

后现代主义伦理思潮一些代表性的著述，如齐格蒙特·鲍曼的《后现代伦理学》和《生活在碎片之中——论后现代道德》等，对当今人类社会出现的道德危机、文明发展与道德进步之间的关系多停留在"道德悖论知觉"的认知和理解层次上，它们知觉到道德悖论的真实存在却又找不到走出这种"奇异的循环"的"瓶颈"，最终因被自设的"悖论情结"所困而纠结，生发关怀人类文明和道德进步的"抑郁症"。后现代主义的命运在现代性的意义上从反面给人们一种不彻底的重要启示：解决道德悖论现象提出的社会问题，不能依靠道德悖论知觉，而要依靠道德悖论理论和学说。从这点看，道德悖论研究的价值和意义是不言而喻的，创建道德悖论理论和学说是身处社会变革时期的人们的一种责无旁贷的社会责任。

约翰·伯瑞称以"社会代价"赢得的文明和进步的悖论现象为"历史悖论"。他指出："实际上，人类社会正是在这种历史悖论中不断前进的。如果一定要总结所谓人类社会发展规律的话，那末，历史悖论或庶几近之。"②与卢梭的知觉相比较，这个见解值得重视的是把社会在让传统付出"代价"中赢得自己的进步看成是一种规律，并以积极的态度和情绪对付出"社会代价"加以肯定。

中国改革开放30年来，发展和建设的模式多是以悖论的方式展现其巨大的社会效益的，总体性征就是一边取得辉煌成就，一边又带来诸多的问题，使人们普遍感到为发展和繁荣所付出的"社会代价"。用道德悖论的分析方法来看，"辉煌成就"与"诸多问题"的矛盾就是客观存在的道德悖论现象，关于"社会代价"的"困惑"就是发生在思维活动中的道德悖论知觉。20世纪80年代起一度关于"代价论"和"滑坡论"的争论，不

① ［英］约翰·伯瑞：《进步的观念》，范祥涛译，上海：三联书店2005年版，第124页。

② 黄留珠：《汉武悖论现象透视》，《人文杂志》2000年第2期。

能不说正是关于道德悖论知觉的一种历史记录。这从反面给我们以提示：建立道德悖论的理论和学说，以理性分析和积极主张的学术眼光回答思想史上和现实社会中的种种"困惑"，剖析当代中国社会发展进程中客观存在的道德悖论问题，是一个非常有意义的重大课题。

五、结论

从以上分析和阐述中可以看出，道德悖论研究是有其特定的视界的，对其准确理解和把握既不可拘泥于逻辑悖论的边界之内，也不可越过自己的学理边界，否则就会造成包括"什么是道德悖论"在内的学理性混乱，妨害和误导这一重要研究领域的发展势头，冲淡和削弱其理论价值和实践意义。

关于逻辑悖论研究的价值和意义，有的学者认为："随着悖论研究的不断深入，我们越来越意识到，悖论问题并不仅仅局限于数学和逻辑学领域，它的影响已经涉及到了人类认识和思维的最深层次。它无疑会触动人类活动，会影响到我们的思维方式和思维角度。"[1]道德悖论现象研究的价值和意义是否会如同这位学者所断言的这样，即"其价值和意义不在其本身"，目前我们尚不敢妄加评论，但有一点是可以肯定的：道德悖论现象研究会有助于反思道德教育（教化）和道德建设的模式及其真理性和可行性，由此而引发伦理思维和道德实践上的方法论变革与创新。确立这个目标，探索实现这个目标的路径，我们还任重道远。

---

① 齐界：《悖论研究的现代哲学意义》，《延边大学学报》(社会科学版)1995年第2期。

道德悖论研究需要拓展三个认知路向[*]

所谓道德悖论，指的是某种道德活动或行为同时出现善与恶两种截然不同、自相矛盾的结果，它是一种客观事实，而不是目前逻辑悖论研究者所说的"理论事实或状况"[①]，"某些知识领域中的一种论证"[②]。道德悖论研究是中国学界近几年的一件新鲜事，其理论与现实意义正逐渐得到一些有识之士的肯定，但目前尚处在起步阶段，迫切需要拓展和推动。为此，厘清具有方法论意义的认知路向是十分必要的。

一、经典逻辑悖论的道德悖论内核

一些人惯于称逻辑学史上一些逻辑悖论为经典悖论，如"说谎者悖论""强盗杀人悖论"[③]等。为什么这些悖论被称为经典悖论？逻辑悖论研究者一般认为，是因为它们严格符合或明显不符合悖论构成的三要素，按照张建军的学说主张："公认正确的背景知识""严密无误的逻辑推导"

---

* 原载《安徽师范大学学报》(人文社会科学版)2007年第5期。

① 张建军:《逻辑悖论研究引论》,南京:南京大学出版社2002年版,第8页。

② 张清宇:《逻辑哲学九章》,南京:江苏人民出版社2004年版,第194页。

③ 强盗头子下决心要杀掉商人。他将商人绑在柱子上,问:"你说,我是不是要杀你? 你说对了,我就放你;说错了,我就把你杀掉。"商人为了自救,说:"你肯定是要杀我的。"

"可以建立矛盾等价式"①。但仅作如是观又似乎不够，因为这种分析意见关注的只是经典悖论的形式，并没有揭示经典悖论所反映的特定的社会性矛盾及其深层的社会内涵。

在伦理学视野里，史上大凡被称为经典的悖论，其反映对象一般都是特定的社会性矛盾，因而都相应具有深刻的社会内涵，这样的社会性矛盾及其社会内涵一般都具有道德内涵或本来就是"道德难题"或"道德冲突"。所谓"公认正确的背景知识"，其实多为"公认正确"的道德知识和道德标准，而"可以建立矛盾等价式"其实就是善恶对立的"道德难题"或"道德冲突"。

只要我们仔细分析一下"说谎者悖论""强盗杀人悖论""萨维尔村理发师悖论"等的构成就不难发现，一定的道德观念和标准、特有的"道德难题"或"道德冲突"及其"道德术语"，正是构成这些经典悖论的本质方面。换言之，那些经典悖论不是逻辑学家们凭空"构想"出来的，而是社会实际生活中"经典"的"道德难题"或"道德冲突"在他们头脑的反映——实际生活中发生"经典"悖论，才有理论思维情境中建构的经典悖论。所谓"公认正确的背景知识""严密无误的逻辑推导""可以建立矛盾等价式"，包括反映它们的符号，都不过是经典悖论的表达形式而已。

如此看来，那些以特定的社会性矛盾为对象的经典悖论的形成，需要两个必要条件：一是严格的符合悖论构成的三要素，二是鲜明的道德内涵和价值冲突。前者是构成悖论的形式（一般可用抽象符号及其公式来表示），后者是构成悖论的内容（可用伦理学的方法来分析，不能用抽象符号来标识），两者统一才是构成悖论的内在机理，也是悖论的完整形态。由此来看，我们能否提出这样一个问题：运用伦理学的方法分析逻辑悖论的道德内涵特别是内含的"道德难题"和"价值冲突"，并在此前提下探索相应的"解悖"方案，是逻辑悖论研究的责无旁贷的学科使命和主要的社会功能。

经典悖论之所以具有道德内涵以至于本质上就是道德悖论，是由道德

---

① 张建军：《逻辑悖论研究引论》，南京：南京大学出版社2002年版，第7页。

文明生成和发展的社会物质基础及其特殊方式决定的。道德文明生成和发展的社会物质基础是特定的利益关系，特殊方式是道德的"广泛的渗透性"，这就使得凡是发生利益关系的时空都"渗透"道德问题，道德无时不有、无处不在。而人作为现实的社会关系的存在物主体其实就是现实的利益关系的存在物主体，这种生存状态决定了每个人都不可避免地会随时随地相遇实际的道德问题，并以一定的道德知识和标准做出判断和取舍，而当遇到"道德难题"或"道德冲突"感到无所适从时，悖论也就出现了。就是说，富含道德意义的"经典"悖论多是存在于现实生活中的，离普通的人群最近，经过逻辑学家的概括和抽象而多易引人关注、发人深思、广为流传，具有普知和普适的价值意义。诸如"我说的这句话是谎话""强盗逻辑"等，许多中国人早在上小学的时候就知晓的"狼来了""鹬蚌相争"之类的寓言故事。从观念形态的特征来看，这些悖论（数理逻辑悖论除外）和寓言故事本是一个家族，都以实际生活中发生的"道德问题"（"道德难题"或"道德冲突"）为对象，具有"文以载道"的道德教育价值。悖论是关于"道德问题"（"道德难题"或"道德冲突"）的"醒世恒言"，寓言故事是关于"道德问题"（"道德难题"或"道德冲突"）的文学作品。长期以来，中华民族重视发挥这些寓言故事的"道德教科书"的作用，而忽视发挥悖论的"道德教科书"的作用。从"文以载道"之于道德教育和道德文化建设的社会功能看，不能不说，这是中华民族在伦理关系和道德生活中长期缺乏"悖论意识"和"解悖素养"的一个重要原因。

实际上，除了历史上那些经典悖论以外，凡是以社会性矛盾为对象的悖论包括所谓"拟化（拟似）悖论""佯悖论""半截子悖论"等，一般也都具有道德内涵或本身就是道德悖论。

"萨维尔村理发师的悖论"，逻辑悖论研究者称其为"拟化（拟似）悖论"，因为它不具备"公认正确的背景知识"。其实，这是一种误解，而其原因就在于没有运用伦理分析的方法。不难想见，"他只给村子里自己不刮脸的人刮脸"这一悖论的形成是"替他人着想"，而这正是典型的"道德知识"和道德意识——"公认正确的背景知识"，只不过它是以"潜台词"的方式隐蔽在悖论语型背后，不能像"我说的这句话是谎话"那样让人一目了然罢了。由此我们能否推论这样一个结论：在悖论家族中或许存在"拟化（拟似）悖论""佯悖论""半截子悖论"的类型，但在以社会性矛盾为对象的悖论中并不存在"拟化（拟似）悖论""佯悖论""半截子悖论"，后者之所以被视为"拟化（拟似）悖论""佯悖论""半截子悖论"，主要可能是因为它们的三要素结构不是那么"经典"或"规范"，因而悖论的认知价值不是那么凸显，不易引起逻辑学家的关注和追问。因此，揭示以社会性矛盾为对象的悖论的道德内涵或其本来的道德悖论面貌，是需要运用伦理学的方法的。

这里需要特别说明的是，我们强调要用伦理学的方法揭示和说明悖论的道德内涵，并非主张逻辑悖论研究要"道德化"，更不是要主张泛道德逻辑，以道德悖论和道义悖论[①]研究替代逻辑悖论研究，而是主张逻辑悖论研究要有"伦理意识"，牵手道德，关涉悖论的"道德性"和道德悖论问题。

二、道德文明发展进步史与道德悖论现象的逻辑关系

人们一直在用文本思想史解说人类道德文明发展进步的历史轨迹，这实际上是一种"史学性错误"。人类道德文明发展进步的历史轨迹，既不是道德文本纪录和叙述的思想史，也不是社会生活中实际存在过的世俗经验史，而是如同恩格斯所说的文本思想与世俗经验交互作用产生的"平行四边形"的对角线。

这种历史轨迹演绎的实际情况是：文本思想在其"世俗"化的过程中一方面部分地实现了它的价值诉求，提升了世俗经验的文化品质，另一方

---

①在笔者看来，道义逻辑悖论或道义悖论近些年来之所以引起学界的关注，并凸显其现代道义悖论的当代逻辑功能和认知意义，正是一些逻辑学家伦理意识觉醒、关注现代社会道德危机及道德悖论现象丛生、主动牵手道德的表现。对此，王习胜在《道德悖论与道义悖论——关涉伦理理论的两类悖论研究述要》（《哲学动态》2007年第7期）中，从逻辑学的角度对此多有涉论。

面又部分地丢失了它的价值诉求，被世俗经验所改造。用逻辑悖论的方法看，这一历史轨迹就是人类不断蹒跚地走出道德悖论建构的"奇异的循环"的轨迹，是道德悖论演绎的结果。如此来认识这一历史现象，首先要正确理解道德悖论的本质特性。道德悖论虽然与思维逻辑"混乱"有关，但本质上不是思维逻辑悖论，它属于"合理行为悖论"[1]。这个"理"，即特定历史时代的道德文本思想及由此派生的道德规则和由道德规则指导的行为，遵循这种"理"却同时出现善与恶两种截然不同的结果，这就是道德悖论。通俗地说，道德悖论本质上就是"讲道德"的结果既"合理"地"讲了道德"，又"合理"地"没（不）讲道德"——既"合理"地走向善，又"合理"地走向恶。

其次，正确理解道德悖论"矛盾等价式"的"等价"。道德悖论的"矛盾等价式"中的善与恶本质上并非"等价"的，所谓"等价"只能是指善与恶"同时存在"，不是指"等量存在"，不是同时存在等量的善与恶，更不能理解为善就是恶，恶就是善。由此看来，用逻辑悖论的方法分析和说明人类道德发展进步的历史轨迹，就是关于道德悖论的"解悖"轨迹，就是"矛盾等价式"中的善占据优势并"遮掩"恶的演进轨迹。

这就表明，分析和说明道德发展进步的历史轨迹，进而把握道德发展进步的客观规律，必须以承认道德悖论的普遍存在为前提，同时也表明，逻辑悖论研究对于拓展道德悖论研究是具有某种方法论意义的。

在西方思想史上，一些思想家曾感触到这一客观规律，如卢梭、康德等，其思想分析过程多运用了逻辑悖论的方法，但又多缺乏"道德悖论方法论"的自觉，最终多与这一客观规律擦肩而过，留下了不无遗憾的历史篇章，因而受到同时代或后来思想家的批评。后者，有些学者不仅同样缺乏"道德悖论方法论"的自觉，而且根本不赞成道德悖论现象与道德文明发展进步之间存在某种逻辑关系的客观规律。

在中华民族的道德文明发展史上，道德悖论现象的存在比起西方文明史来有过之而无不及（"矛盾"只是一个典型例证），这与中国传统儒学

---

[1] 张建军：《逻辑悖论研究引论》，南京：南京大学出版社2002年版，第221页。

伦理思想体系的特性有关，而这一特性的形成又是由中国封建社会的结构模式决定的。从社会发展的整体的客观要求看，普遍分散的小农经济必然要求以高度集权的专制政治与其相适应，根源于小农经济基础之上的"各人自扫门前雪，休管他人瓦上霜"的小农意识必然要求以强调"推己及人"为基本特性的儒学伦理思想与其相适应。以"推己及人"为基本特性的儒学伦理思想，客观上必然要求以"人性善"为其立论的逻辑前提，这就必然会使得儒学伦理思想带有抽象义务论的性质，假说倾向突出，内含思维逻辑与生活逻辑严重脱节的矛盾。孔子所说的"己欲立而立人，己欲达而达人"①"己所不欲，勿施于人"②"一日克己复礼，天下归仁焉"③等，都是反映这种特性的典型言论。其实，人性本无所谓善与恶，"立己"与"达己"的个人欲望和要求本身也不是恶，"立己"和"达己"的同时并无"立人""达人"的愿望和举动也不能简单地视其为恶，真正的恶是为了"立己"和"达己"而损害他人和社会。"矛盾"的矛盾就在于："立己""达己"是目的，体现的是所谓的"人性恶"，"立人""达人"是手段，借助的是所谓的"人性善"。"人性恶"是真实的，"人性善"是假说的；"卖矛又卖盾者"的言说实际上就是在用假说的"人性善"作为道德手段掩盖真实的"人性恶"的利己目的，如此把两个不具有内在统一性特质的方面统一于一体，自然也就不能"自圆其说"了。

用诸如此类的脱离真实人性和实际生活的假说体系指导人们"推己及人"，进行道德修身和选择道德行为是不妥的。它在社会整体意义上制造的道德悖论可以概要地表述为：一方面造就了一代代以国家民族大业为重的仁人君子和文化精英，另一方面又培育了一批批善于投机钻营的伪善君子和势利小人。其悖论构成机理可以简要地分析为：因为道德价值标准和行为规范是假说，就难免会脱离道德生活的实际情境，"合理的行为"自然也就会难免出现"事与愿违""适得其反"的不合理的情况；因为是假

---

① 《论语·雍也》。
② 《论语·颜渊》。
③ 《论语·颜渊》。

说，就难免会脱离个人品质的实际水准，"合理的行为"自然也就会难免因"力不从心"而出现口是心非、言行不一的情况，于是出现道德悖论。"自相矛盾"这一早期经典悖论的认识论意义在于：不仅深刻地揭露了"人性善"假说体系是产生道德悖论的伦理文化根源，而且也直白地讽刺了这类道德悖论背后隐藏的人的伪善品性。

中国近三十年来的改革与发展，在取得辉煌成就的同时又出现了一系列的问题。就社会和人的道德与精神生活而言，在发生明显进步的同时又出现一些颓废和堕落，并由此而给人们带来诸多的困惑和困扰，产生一些社会不和谐因素。对此，从20世纪80年代开始，学界一些人就用"代价论"即牺牲道德来赢得经济发展的思维模式加以解读，引导舆论充分肯定我们取得的成就，正确看待存在的问题，试图以此来抚平人的心态。然而事实证明，"代价论"并不能真正解决道德困惑或困扰的问题。假如我们用道德悖论（逻辑悖论）的方法解读，所谓"代价论"就不攻自破、不复存在了！然而，我们显然还缺乏这方面的自觉意识和理解能力。

人类社会的发展和进步总是以破解和扬弃传统价值体系的方式推进的，在取得文明进步的同时总会带来一些问题甚至是严重的问题，"纯粹"意义上的发展和进步从来没有。中国社会需要普及逻辑悖论尤其是道德悖论知识。

概言之，中国人需要接受悖论思维教育，在社会历史观和方法论的结构层面逐渐具备悖论素养，以学会用悖论的方法观察社会和人生，评判社会发展进程中的得与失。就是说，用悖论的方法揭示道德悖论普遍存在这一历史现象和道德发展进步的客观规律是十分必要的，它必将有助于帮助我们科学地反思中国传统的伦理文化，正确看待当代中国改革开放所取得的成就和产生的问题，提升整个民族的思维品质和实践能力，促进和谐心态的养成与和谐社会的构建。这是一项带有"思想革命"性质的思维范式更新和道德教育创新的哲学伦理学事业，任重而道远。

三、道德悖论现象研究需要正确借用逻辑悖论的方法

从上述两个认知路向的简要分析中可以看出，在道德发展进步的历史过程中，道德悖论是普遍存在的，认识和把握道德发展进步的规律需要逻辑悖论研究提供方法论指导，包括可操作的"解悖"方案的研究和提出。这实际上是人类思想史上自从悖论的客观存在被人们发现以来道德世界一直在发出的呼唤。

这种呼唤要求回答的问题实质就是：一个"讲道德"的人，按照道德要求合乎逻辑地进行"思考"和"说话"，并且采取了自以为"合理的行为"，但结果却并不一定就合乎逻辑地"讲"了道德，不仅如此，他还甚至会合乎逻辑地做了"不讲道德"的"缺德"的事情，这是为什么？一个重视道德提倡和道德建设的社会，遵循现实社会关系的客观要求合乎逻辑地建构和倡导一元或一元主导的思想道德体系，并为此还合乎逻辑地坚持组织相关的道德活动即社会意义上的"合理行为"，但结果却并不一定就合乎逻辑地赢得一元的或一元主导的伦理关系和社会风尚，不仅如此，它还甚至会合乎逻辑地导演出不少与道德建设初衷及其设定的目标背道而驰的结果，这又是为什么？在道德评价的视野里，应对道德世界的这种呼唤的实质就是：为什么一个"讲道德"的人，如果只是按照道德要求"讲话"和"行动"却从来不顾及结果，那么他其实不一定就是一个道德高尚的人；一个大力推动道德建设的社会，如果只是按照道德体系的要求开展道德活动却从不涉问实际效果如何，那么它一定就能成为一个"礼仪之邦"？

毋庸讳言，回答和应对道德世界的这种呼唤，恪守传统伦理学的思维方法和知识体系是没有出路的，需要诉诸逻辑悖论研究。传统逻辑学惯于在语义、语型、语用即"思维"与"说话"的层面上研究悖论问题。这自然重要，因为"思维"和"说话"不合逻辑，行动就很难合乎逻辑，行动不合逻辑，结果自然也就不会合乎逻辑。但这并不等于说，"思维"和

"说话"合乎逻辑，行动及其结果就一定合乎逻辑了。实际情况是，因为从"思维"和"说话"到行动的过程以及行动本身的演进过程，会有许多不合逻辑的可变因素的干扰，最终往往会使行动偏离原有的逻辑方向，产生悖论结果。从这点看，逻辑悖论研究者只是把悖论看作是人类的"思维现象"，在思维领域内做文章是不够的，如果延伸到道德悖论研究的领域，那就不仅支持了道德悖论研究和伦理学的学科建设，也为自己拓宽了发展空间，赢得了新的发展机遇。因此笔者以为，逻辑悖论研究乃至整个的逻辑研究需要进行学科方法论的创新。

逻辑悖论研究应当以积极的姿态应对这种呼唤。而要如此，最重要的就是要依据思维与存在的辩证关系原理揭示悖论与实际道德生活的逻辑关系，把逻辑悖论作为一种理论方法用来考量现实生活中的道德悖论问题，并在此基础上引导人们思考"解悖"的现实方案。当代英国哲人罗伊·索伦森曾以《悖论简史——哲学和心灵的迷宫》一书叙述了三千年的哲学史，他正确地指出："悖论的任何一个好答案都不是依于争辩之上的，而可能是依于我们所看到的东西或者我们的常识。"①这个见解对于逻辑悖论研究来说是具有学科方法论意义的。恩格斯说："在社会历史领域内进行活动的，是具有意识的、经过思虑或凭激情行动的、追求某种目的的人；任何事情的发生都不是没有自觉的意图，没有预期的目的的。"②逻辑悖论研究的"意图"和"目的"是什么？当然是为了证明科学思维的重要性和必要性，为此无疑需要创设和运用相关符号及其公式来"方便"地证明思维合乎逻辑的重要性，直至为此而展开必要的"争辩"。但是，如果进一步问"证明科学思维的重要性和必要性"的"意图"和"目的"又是什么呢？逻辑悖论研究者们是很少考虑这一问题的。

当然，这样发问并不是要主张一切社会科学研究者都应当在"终极"的意义上来确立自己的"意图"和"目的"，而是应当强调社会科学研究

---

① [英]罗伊·索伦森：《悖论简史——哲学和心灵的迷宫》，贾红雨译，北京：北京大学出版社2007年版，第6页。

②《马克思恩格斯选集》第4卷，北京：人民出版社1995年版，第247页。

应当尽可能地贴近其"对象"和"源泉",为社会的文明进步提供方法论的指导。就与道德悖论相关的逻辑悖论研究而言,它的宗旨显然主要不应当是证明科学思维的重要性和必要性,而在于证明指导科学思维及在科学思维指导下进行实践的重要性和必要性。否则,逻辑悖论研究充其量只能满足逻辑学家们的专业兴趣,很难成为指导科学思维和实践的方法论。在我看来,道德悖论研究的方法论意义应集中体现在以悖论的方法考察道德世界,揭示道德悖论所包容和隐藏的深刻的社会内涵,尤其是要分析其中深刻的"道德难题"和"道德冲突"。有的学者认为,"悖论研究具有极其重要的方法论意义",但同时又将这种意义局限在"促进逻辑、数学、语义学、哲学等各种学科的发展",忽视悖论研究对于指导社会实践的方法论意义。张建军提出的关于"合理行为悖论——逻辑悖论通向实践之桥"的意见,正指出了逻辑悖论研究这一方法论的理路,是值得重视的,但这种意见最终能否形成学界的共识和治学风尚,现在还不得而知。

综上所述,拓展道德悖论问题的研究势在必行,但在认知路向上需要伦理学实行某种意义上的方法变革,更需要逻辑悖论研究拓展自己的视野以提供方法论支持。

逻辑悖论对于道德悖论研究的方法阈限*

近几年，逻辑悖论方法论对于道德悖论现象研究的启发性成效已初见端倪。一些研究者就道德悖论现象的含义、性征、成因及研究道德悖论的价值与意义等问题，发表了不少有价值的原创性看法。对此，逻辑学界给予高度关注，不少人给予肯定，同时又指出道德悖论不是严格意义上的逻辑悖论，为维护逻辑悖论的"纯洁性"而主张"清理门户"（虽然没有如此明说但其意向是很清楚的）。①作为道德悖论较早的研究人员之一，笔者深感那些十分友善的肯定意见有助于推动道德悖论研究的发展，同时又觉得对道德悖论研究采取"清理门户"的态度是不明智的，不仅有碍于道德悖论研究的拓展，也不利于逻辑悖论研究的深入。这涉及逻辑悖论研究对于道德悖论研究的方法阈限问题。

一、理解和把握方法的方法理路

在科学研究领域，任何一种学科方法相对于其他学科的研究活动来

---

* 原文题目为"关于道德悖论研究的方法问题——兼谈逻辑悖论对于道德悖论研究的方法阈限"，原载《中共南京市委党校学报》2009年第1期，中国人民大学书报资料中心《伦理学》2009年第6期全文转载。收录此处，对结构作了较大调整，补充了较多的内容。

① 参见刘叶涛：《论"道德悖论"作为一种悖论》，《安徽师范大学学报》（人文社会科学版）2008年第3期。

说，都具有个别与一般、有限与无限相统一的功用，"一般"与"无限"使功用具有普适性，可以为别的学科所"借用"，因而发生跨学科的效应。这有助于推动原生学科的丰富和发展，诱发和促使新学科或新领域的生成，在科学技术高速发展的现当代更是这样，因此不同学科之间的方法"借用"是应当大力提倡的。然而，应当注意的是，学科方法的功用表现出的"个别"和"有限"的特点，又使得不同学科之间的方法"借用"本身也有一个方法问题，如果看不到这一点，就不仅会有碍于某种学科方法的跨学科影响，甚至还会限制其他学科的发展，产生负面效应。因此，学科人在认知自己学科的方法被别个学科采用时，是需要注意自己的认知方法的，这也是学科人应当具有的胸怀。不作如是观，就可能会造成学科之间的门户之见，是不利于科学研究和学科建设的。

为了进一步说明问题，有必要探讨一下方法的结构。任何一种方法在结构上都是形式与功用的统一。在一般情况下，不同学科之间的方法"借用"，"借"的是方法的形式，"用"的是方法的功用，后者反映的是方法的本质，是建立不同学科之间内在逻辑联系的纽带。因此，学科人在运用和评论不同学科之间的方法"借用"时应当看到，方法的"借用"不是关于方法的整体套用，更不是对方法的简单移植，而是"借"方法之"貌"而"用"方法之"神"。哲学是关于世界观和方法论的科学，一切科学研究都离不开哲学方法论的指导（借用），如果被指导的学科因此而被称为"某某哲学"，那我们就回到19世纪甚至其以前的时代了。社会主义市场经济作为经济运作的一种方式，我们实际上是"借用"了资本主义促进经济建设与发展的"方法"之功用，如果因此就把我们的市场经济归于"一种特殊的资本主义经济"，岂不成了一种谬误？其实，具体的方法之"借用"也是这样。如菜刀（工具方法），可以用来切菜、切瓜，可以用来宰鸡，还可以用来裁纸，其所以如此，皆因其"貌"在"刀"而其"神"却在"切"。在这里，"借刀"全在借刀的"切"之"神"即刀之功用。世上的刀有很多种，但其功用却都在"切"，正是"切"使刀具有广阔运用领域，同时又使刀作为一种工具方法而存在方法的阈限。

二、逻辑悖论之于道德悖论的方法理路

张建军教授认为，严格意义上的逻辑悖论应具备三个结构要素，即"公认正确的背景知识""严密无误的逻辑推导""可以建立矛盾等价式"。张先生这一学说观点，在逻辑学界具有相当高的认同性，它对于道德悖论研究的方法论意义是毋庸置疑的。这些年来，道德悖论现象研究取得一些初步成果，正是得益于这一方法论的启示。今后，道德悖论研究的拓展和深入无疑仍要坚持张先生提出的这一方法论原则。

道德悖论研究借用逻辑悖论的方法，无疑是借用结构"三要素"的传"神"之功用，不是借用结构"三要素"的严格的思维形式。从悖论构成形式之"貌"来看，逻辑悖论与道德悖论似乎没有什么差别，都是合乎逻辑的"正确的错误"，但是两者"正确的错误"之"神"——内涵不一样。一般逻辑悖论是"正确的思想错误"，道德悖论是"正确的行为错误"，本质不是"悖"，而是"悖行"——因为做对了，所以做错了，肯定行为选择之善，就得同时肯定行为选择之恶，反之亦是；用"矛盾等价式"来表达就是：A=非A，非A=A。就是说，道德悖论不是"想"对亦"想"错了，也不是"说"对亦"说"错了，而是"做"对亦"做"错了。或许有人会问：既如此，为什么不称其为"道德悖行"而称其为"道德悖论"呢？这个问题虽不重要，但加以说明也是必要的："道德悖行"作为社会和人进行道德价值选择和实现过程中善与恶同显同在的"自相矛盾"的普遍现象，只有经过理性的思辨才能发现，这种思辨就是有关道德价值的评论（即道德评价）；我们仅在这种意义上称"道德悖行"为道德悖论。换言之，"道德悖行"的自在状态是"实践理性"的产物，而其学理叙述却是思辨理性使然——依据"公认正确的背景知识""严密无误的逻辑推导""可以建立矛盾等价式"的方法，称其为道德悖论。道德悖论本质上属于实践的逻辑悖论，一般逻辑悖论对于道德悖论的研究只具有方法论的借用意义，并不具有存在论的界定意义。

　　道德悖论研究运用逻辑悖论的建构方法，首先就应当看到，惟有具备逻辑悖论结构三个要素的道德矛盾现象才能被称为道德悖论。在这种意义上，说"道德悖论是一种特殊的逻辑悖论"，将其归于"逻辑悖论家族"，在"家族"之中审定其是"严格"的还是"拟似"的悖论，是"广义"的还是"狭义"的悖论，都是无可非议的。但是，若因此而将道德悖论限制在逻辑悖论研究的视界之内，或者将其排斥在逻辑悖论研究的视界之外，又是不正确的。

　　一些人之所以在学理层面上苛求和误解道德悖论及其研究，以至于认为道德悖论现象是一个虚假的命题，[1]与没有注意这个首要方法是很有关系的。在这个问题上，笔者一开始就认为，道德悖论是主体（社会和人）在道德价值选择与实现的过程中出现的一种特殊的逻辑悖论。就是说，应当在"实践理性"和道德实践的意义上理解和界说道德悖论，道德悖论属于实践逻辑范畴，虽然我们是借用逻辑悖论研究的方法发现了它，但它本质上并不属于逻辑悖论范畴。运用道德术语叙述和表达它的性状就是：选择和实现道德价值的过程同现同在善与恶截然不同的两种结果——因为选择和实现了善，故而也选择和实现了恶。茅于轼的《中国人的道德前景》列举了道德悖论存在的三类情况，分析和说明了道德悖论存在的真实性状[2]。

　　在历史唯物主义的方法论视野里，道德悖论是不依人的意志为转移的一种普遍的客观存在，在社会改革时期更是这样。在这样的历史时期，道德悖论现象的出现会因新旧道德观念发生矛盾和冲突、外来道德文化的进入而显得更为复杂，势必造成社会的"道德失范"和人们的"道德困惑"。这正是研究道德悖论的现实必要性和意义之所在。

　　道德与经济关系及"竖立"在经济关系基础之上的上层建筑包括观念的上层建筑之间是一种内在互动的逻辑关系，这种内在互动的逻辑关系在

---

　　① 参见周德海：《论道德悖论与新道德体系的构建》，《理论建设》2008年第2期。
　　② 笔者在《道德悖论及其研究之我见》（《理论建设》2008年第4期）一文中，对此作了介绍，并反驳了关于道德悖论是一个"虚假的命题"的批评意见。

社会历史的过程中决定了一定的道德只有在"相适应"于一定的经济、政治、法制和其他文化的情况下才能具有生命力，才能得到社会的维护和倡导，从而发挥应有的社会作用。而一定的道德作为一定的社会意识形态和价值形态，相对于变革和发展中的社会历史来说又总是表现出滞后的固有本性，在道德评价的意义上顽强地充当着评论一切新道德新观念的价值标准，即所谓"公认正确的（道德）背景知识"。所以，当人们在发生变革和调整的"生产和交换的经济关系"中"获得自己的伦理观念"①时，就会在"公认正确的（道德）背景知识"中合乎逻辑地"推论"出各种道德悖论来。面对各种道德悖论，一些人会依据各自理解的道德价值观念和标准做出不同的选择，于是就会出现"道德失范"；而不愿或不会选择者自然就会陷入"道德困惑"，在"奇异的循环"中蹒跚，淡化对道德价值的信念信仰和道德建设的信心。

在这样的历史时期，唯有借用逻辑悖论的方法观察和分析，才能真正理解和把握社会道德现象世界的复杂矛盾，构建客观反映道德现象世界真实情况的道德哲学和伦理学，并由此出发提出道德文化建设的发展战略和可行方案。在我看来，道德悖论研究与逻辑悖论研究的方法差异更多地表现在"解悖方法"上。在逻辑悖论研究发展史上，如何"解悖"一直是引人入胜、令人流连忘返的重要领域，这是合乎人作为"实践的动物"的生存本性的。人，不能生活在一种"说不清道不明"的不可知世界里，也不能生活在一种仅存可知却不能可变的世界里。研究道德悖论的最终目的，是为了排解道德悖论给社会和人的发展造成的困扰。

由上不难看出，如果仅在一般逻辑悖论的视界里研究道德悖论，将道德悖论归于一般逻辑悖论的范畴，那就无异于将道德悖论研究限定在纯粹思维领域内，削弱以至消解道德悖论研究的现实必要性和意义。

---

① 《马克思恩格斯选集》第3卷，北京：人民出版社1995年版，第434页。

三、道德悖论"解悖"的特点不同于逻辑悖论

悖论问题是困扰学术界两千多年的问题，是哲学家、逻辑学家致力解决的大难题，难就难在悖论的消解，即所谓"解悖"的问题。不管是罗素的简单类型论和分支类型论、塔尔斯基的语义层次理论，还是鲍契瓦的三值逻辑、克里普克的真值间隙论等，乃至于近年来西方又涌现出的"语境迟钝""语境敏感""亚相容逻辑"三大解悖方案，[①]在令人纠结的"解悖"问题面前都显露出人类逻辑智慧的缺陷。其所以如此，皆因逻辑悖论作为思维活动领域的"纯粹规则"问题，包容太多的主观元素和成分，在逻辑学家们中易于出现见仁见智的分歧意见，不可能在"规则"的意义上获得"纯粹"的意见。这是逻辑悖论"解悖"的基本特点。道德悖论是"解悖"问题则不然，它具有与逻辑悖论"解悖"的多方面不同特点。

其一，"解悖"的普遍性和普适性。由于受传统价值理念的制约、选择和实现价值过程中的主体条件和具体情境的多重影响，道德悖论的形成是"不依人的意志为转移的"，具有普遍性的特点。这使得道德悖论现象的"解悖"问题，成为每个历史时代人们关注的社会问题，在社会变革年代甚至会因"道德失范"和"道德困惑"的普遍存在而成为社会的"热点问题"。同时，这也就决定了每个社会和每个人都应当确立"解悖意识"，培养"解悖能力"，因而也就在"解悖素养"的意义上决定了每个社会和每个人的文明水准和道德发展能力。而一般逻辑悖论，包括"不可陷之盾与无不陷之矛不可同世而立"那种典型的"自相矛盾"，其形成并不具有必然性和普遍性，所以不具有普遍和普及的意义，自古以来其"解悖"任务和兴趣实际上多属于逻辑学家们面对的问题。实际生活中的人们对逻辑悖论的"解悖"问题不大问津，也问津不了。

其二，"解悖"的全程性。一般逻辑悖论的"解悖"是在悖论出现之后，亦即犯了"正确的思想错误"之后，面对的是"释疑解难""排解矛

---

① 参见张建军、黄展骥：《矛盾与悖论新论》，石家庄：河北教育出版社1998年版，第206—223页。

盾""总结教训"的任务，其价值和意义主要属于认识论范畴。而道德悖论的"解悖"任务却主要是在悖论预测、悖论形成和悖论显现的全过程之中，悖论出现之后的"解悖"任务，虽也具有"释疑解困（难）"的功用，但主要是为了总结经验、扬长避短，"解悖"的价值和意义主要属于实践论范畴。一般逻辑悖论的"解悖"，任务一旦完成也就大功告成，偃旗息鼓，而道德悖论的"解悖"则是人类在推动道德文明发展和进步的历史进程中、每个人一生的旅程中，都必须始终面对的重要的道德实践课题。这样的课题，社会即使到了马克思主义创始人预测的共产主义社会也存在，人即使到了或临近生命的终点也存在①。

其三，"解悖"的实践性。一般逻辑悖论多属于语义或语用中出现的"自相矛盾"现象，其"解悖"工作基本上属于"动脑筋"的思维活动，凭借思辨的逻辑力量走出"奇异的循环"的怪圈。而道德悖论的"解悖"既是思维活动又是实践活动，走出其"奇异的循环"需要把思辨能力与实践智慧②统一起来。换言之，在一般逻辑悖论的"解悖"中，人们可以通过逻辑分析和推演的方法消除形式上的"自相矛盾"，但在"实践理性"建构的道德经验世界里却无论如何也做不到这一点。因为在道德经验的世界里，人们面对的"自相矛盾"既是思维的对象，又是必须要改变的事实。

其四，"解悖"的多学科性。一般逻辑悖论的"解悖"，人们运用的是逻辑学的形式逻辑的方法，包括运用现代符号逻辑的方法。而道德悖论的"解悖"方法，不论是在认识论还是在实践论的意义上都涉及诸多学科，除了逻辑学和伦理学以外，还涉及哲学史学（如康德关于"二律背反"的命题，卢梭关于"人类已经老了，但人依然还是个孩子"的命题，恩格斯

① 近现代以来，安乐死之所以会存有争议，就是因为这种"死法"内含深刻的道德悖论问题，与每个人的价值和人生价值密切相关。

② 可称这样的实践智慧为道德智慧，其基本内涵是道德经验和道德能力，即主体在进行价值选择和实现的过程中把意义判断与事实判断统一起来的经验和能力。可参见拙文《关于伦理道德与智慧》（《哲学动态》2003年第2期）、《道德价值实现：假设、悖论与智慧》（《安徽师范大学学报》人文社会科学版2005年第5期）、《道德能力刍议》（《理论与现代化》2007年第3期）、《道德经验刍议》（《伦理学研究》2008年第2期）等。

关于"在黑格尔那里，恶是历史发展的动力借以表现的形式"的命题等），社会学（如当代社会学家关注的"社会进步与社会代价的反差"等），经济学（如亚当·斯密关于"经济人"与"道德人"的假说等），法学（如"不道德选择的合法性问题"），等等。在这种意义上我们甚至可以说，如何认识和把握道德悖论的"解悖"方法，是一个关涉人文社会科学所有学科的方法创新的学术话题。

道德悖论的前期模态与实践本质*

在"纯粹理性"的指示下，人可以通过假说和预设的形上思维消除一切形式的矛盾，获得"自圆其说"的满意答案，但在"实践理性"的经验世界里，任何人无论如何也做不到这一点。这是因为，经验世界里一切矛盾都不是思维的"理论事实"或"思想事实"，而是需要"面对"的客观事实。

同理，人们在"纯粹理性"的视域想要通过假说和推理彻底消除逻辑悖论的矛盾是可能的，或至少是有希望的，但在"实践理性"的道德生活的经验世界，想要通过假说和推理彻底消除道德悖论现象却是不可能的，因而是不可行的。面对道德悖论现象普遍存在的客观事实，人类只能在相对和有限的意义上发展和运用自己的智慧，提出最佳的"解悖"方案，由此走出"奇异的循环"，推动道德的建设与进步，建设道德生活，做道德人。这就需要揭示道德悖论现象的本质，而要如此，又必须梳理和说明其前期模态。

---

* 原文题目为"道德悖论的本质与模态"，刊于《光明日报》（理论周刊）2008 年 9 月 2 日。收录此处，在保留原文逻辑思路的基础上对内容作了重要的补充和调整。

一、道德悖论现象的前期模态

道德悖论现象作为"实践理性"展现过程中存在的自相矛盾与道德价值选择和实现的问题直接相关，在这种意义上我们完全可以说，人们是否和怎样选择、实现道德价值就会面对怎样的道德悖论，选择（包括不选择）和实现的标准与方式决定了道德悖论现象发生的前期模态。

分析和说明道德悖论现象形成的前期模态，需要将"同时出现"的单纯的时间节点概念拓展为"选择—实现"的过程概念，同时将"善果与恶果并存的自相矛盾"抽象为"善与恶并存的自相矛盾"。用过程观念分析道德悖论形成的前期模态，它大体有如下三种较为典型的结构模态。

（一）不当选择的前期模态

这种模态的形成有两种不同的情况。一种是出于善意的不当选择，即动机适当而选择的标准和方式不当。这就是人们通常所说的"好心办坏事"。这是一种司空见惯的模态。如家庭道德教育的溺爱选择在其价值实现过程中出现的道德悖论，即俗语所说的"惯子不孝""肥田收瘪稻"。溺爱的结果多适得其反，虽然有爱之所得，但也有爱之所失，所失之处就是走向爱的反面。这种前期模态演变的道德悖论现象结果，是因教育者选择道德教育的价值标准和行为方式违背了道德教育的原则要求和未成年人思想品德养成的规律使然。与溺爱相反的不当选择便是虐爱，"棍棒底下出孝子"便属于这类。它所产生的悖论现象一般不被人们注意，人们关注的多是这种家庭道德教育"成功"即"出孝子"和"出人才"的这一面，而忽视其不能让受教育者充分感受家庭温暖和父母关爱、压抑受教育者身心健康和发育成长的客观需求。在溺爱环境里长大的受教育者的人格，其易于存有缺陷。再如国家补偿和社会救助活动，组织者的善意和善举是毋庸置疑的，但如果选择和实现的标准与方式不当，就会在收到应有的公益效果的同时出现不应有的"适得其反"的结果①。

因此，给不当选择产生道德悖论现象进行"解悖"，基本思路应是"按照规律和规则办事"，增强人们的规律和规则意识，提高人们"按照规律和规则办事"的意识和能力。如国家补偿和社会救助的善举，应当有相应的约束规则跟进，保障善举能够发挥最大的应有效益，结出最大的善果，避免发生不应有的负面效应，抵制和杜绝恶果特别是不该有的恶果的出现。

另一种不当选择，是出于恶意的不当选择，即动机不当而选择的标准和方式适当，出现"坏心办好事"或"搬起石头砸了自己的脚"的悖论事实。在道德价值选择和实现的过程中，这种模态的道德悖论现象并不多见，但其给人的"悖论感觉"却十分强烈。

上述两种不当选择模态，虽然存在性质上的差异，但共同之处都是"事与愿违"。

（二）两难选择的前期模态

描述这种模态的性征，莫过于"投鼠忌器""进退两难""无所适从"等。与上述模态不同的是，这种模态的成因不是主体选择某种道德标准和行为方式所致，而是主体面对难以选择道德标准和行为方式的"困境"所致，其悖论情境特别明显。如果说上述的悖论模态属于临境不知的选择所致，给主体的感觉是"不知所以"，那么这种悖论模态则属于临境自知的两难选择，给主体的感觉是"不知所措"，由于是基于既定的道德标准和行为方式的价值比较和冲突，所以善与恶自相矛盾的悖论感觉特别强烈。

认识和把握这种模态有着特别重要的理论意义和实践价值。有学者称其为"伦理学中的难题"，认为"伦理学中的难题，从某种意义上讲，往往并不在于对道德的作用与地位的体认，而在于道德原则的应用；特别是

---

①《玉溪日报晨刊》2012年7月15日第13版以《国内部分农民因拆迁一夜暴富后无度挥霍返贫》为题报道：村民们原本种菜为生，虽谈不上富裕，但小村宁静祥和。前几年，村民们因拆迁补偿而富起来后，村里的祥和被打破了，不少人终日无所事事，有的靠打麻将度日，有的甚至染上了毒瘾，村里的各种矛盾也多了，很多人因无度挥霍而返贫。

当出现两难（道德悖论）之时，也就是说在同一事例上发生了不同的道德规则相互冲突的情形之时，人们应当采取何种态度，应怎样根据不同的因素与机率进行权衡"[①]。

在实际的道德生活中，人们给这种模态即将出现的道德悖论实行"解悖"，除了依照既定标准和方式选择"两难"中之一"难"之外，通常是选择不选择。后者又有两种不同情况，一种是选择放弃，对"两难境地"采取视而不见的回避态度。另一种是选择变革，即更新既定的道德价值标准和行为方式，另辟"解悖"的方法论路径，这种选择是一种挑战和机遇，以社会为主体的选择更是这样。中国改革开放三十年来，随着经济体制改革而出现新旧道德的价值冲突，这种价值冲突在一些人心理上的反应就是"不知所措"的"道德困惑"，它是典型的"两难选择"的道德悖论的前期性模态。面对这种悖论情境采取视而不见的回避态度，不论是社会还是个人都是不明智的，不可能走出"道德困惑"的"两难境地"；理智的态度应当是选择变革和更新，在积极提升道德智慧和能力的过程中寻求最佳的"解悖"方案，以促进社会和人的道德进步。

（三）无意选择的前期模态

这种选择多属于社会选择范畴，选择本身与道德上的善与恶一般没有直接联系，但在"行"的过程中却会同时出现善与恶自相矛盾的悖论问题。如个人主义，推崇一切价值都是以人为中心，信奉个人本身具有至高无上的价值，包括"一事当前，先替自己打算"，对其简单地作善或恶的评价其实是"历史的误会"。但是，个人主义立论的逻辑基础"人的本质自私论"是一种内含善与恶的"悖论基因"，所以在"行"的实践过程中其张力必然合乎逻辑地演绎出自相矛盾的道德悖论来。

道德价值是以广泛渗透的方式生成和不断发展进步的，所谓"纯粹道德"或"真正道德"其实并不存在，不论是社会之"道"还是个人之"德"都是如此。道德价值的实现在更多的情况下并非依靠"纯粹"的道

[①] 甘绍平:《应用伦理学的特点与方法》,《哲学动态》1999年第12期。

德行为的选择和付诸实际行动，而是凭借社会生产和社会生活中的各种形式和途径，尤其是经济活动和政治法制建设的途径。这就使得一些非道德行为选择和价值实现的过程与结果都会富含道德的价值要素，具有善和（或）恶的价值趋向，因而成为道德评价的对象。如果"非道德行为选择和价值实现"的过程与结果同时出现善与恶的"自相矛盾"现象，在道德评价上就会顺理成章地被人们摄入道德悖论研究的视域。这是自古以来人们总是习惯于从道德上对社会经济、政治和法制发表"见仁见智"之意见①的缘由所在。

国家发展和社会管理上的一些宏观意义上的方针和决策，本身虽或许属于无道德意识的选择，但也因其内含某种"悖论基因"而在实践中会演绎出善恶同生同在的道德悖论来。如"让一部分人先富起来"就同时内含"让一部分相对贫困下去"的"悖论基因"，在推行和执行的过程中势必会发生或扩大贫富差距的"自相矛盾"来。当代中国人对贫富差距及由此引发的社会矛盾多十分关注，皆因这种自相矛盾含有道德上的善与恶的冲突。

这种关注实则隐含一种历史启示：为无意选择的前期模态"解悖"，正是确立新的政策和做出新的决策、谋求新的发展的一种机遇，也是创新伦理学理论以推动道德发展进步的一次机遇。

二、道德悖论的实践本质及逻辑表达式

道德悖论现象是道德实践中提出的问题，这决定必须运用实践唯物主义的方法考察它的本质特性及逻辑表达式。

马克思和恩格斯创立唯物史观一开始便指出它的实践本性："它不是在每个时代中寻找某种范畴，而是始终站在现实历史的基础上，不是从观

①此类"见仁见智"的评价意见，一般并不涉及经济、政治和法制本身的专业知识与学术问题，而只关涉它们的实践活动所展现的"善（好）"与"恶（坏）"的结果。

念出发来解释实践，而是从物质实践出发来解释各种观念形态"①它主张"人的思维是否具有客观的［gegenständliche］真理性，这不是一个理论的问题，而是一个实践的问题。人应该在实践中证明自己思维的真理性"②。因为"社会生活在本质上是实践的。凡是把理论诱入神秘主义的神秘东西，都能在人的实践中以及对这种实践的理解中得到合理的解决"③。

道德根源于一定的"生产和交换的经济关系"，反映经济基础及"竖立其上"的整个上层建筑之建设的客观要求，不论是作为社会的特殊意识形态和价值形态，还是作为人的特殊的精神生活方式，本质上都是实践的。所谓"讲道德"其实从来不是"讲"道德，而是"做"道德，离开道德选择和实践的"做"也就无所谓道德的存在。人类发现和发明了道德，只是为了"做"，而不是为了"讲"；"讲"是为了"做"，为了"做"才"讲"；为了"做"，不仅要"讲"，而且还要研究。所以，对道德悖论现象的实践本质熟视无睹或避而不谈，甚至有意加以粉饰和遮蔽，是违背历史唯物主义的态度。

什么是道德实践？这是揭示道德悖论本质特性首先要解决的一个问题。中国道德哲学和伦理学目前尚没有道德实践的概念，因而也就没有关于道德实践的界说，没有揭示其实践本质特性的理论或学说。

道德实践，可以被理解为主体选择和实现道德价值的行为和与此相关的道德行动。这里所说的主体既指个体也指社会，不论是个体还是社会，道德实践都是一个"家族相似"的实践问题群，论域至少应当包括"道德实践前提""道德实践过程""道德实践结果"等问题。上文分析的"不知所措""投鼠忌器""进退两难"等，都是"道德实践前提"意义上的道德实践问题。不论是哪一种层面的道德实践，在分析其规律与特点的时候，都需要分析道德实践的内在关系，关涉道德实践与道德理论的逻辑。

列宁在分析"逻辑的范畴和人的实践"的关系时指出："对黑格尔来

---

① 《马克思恩格斯文集》第1卷，北京：人民出版社2009年版，第544页。

② 《马克思恩格斯文集》第1卷，北京：人民出版社2009年版，第503—504页。

③ 《马克思恩格斯文集》第1卷，北京：人民出版社2009年版，第505—506页。

说，行动、实践是逻辑的'推理'，逻辑的式。这是对的！当然，这并不是说逻辑的式把人的实践作为它自己的异在（=绝对唯心主义），而是相反，人的实践经过亿万次的重复，在人的意识中以逻辑的式固定下来。这些式正是（而且只是）由于亿万次的重复才有着先入之见的巩固性和公理的性质。"①列宁在肯定黑格尔关于行动和实践事实上存在一种合乎逻辑推理的"式"的同时，又指出这种"式"并不是逻辑的产物，而是逻辑对实践过程的反映，逻辑在反映和说明以往实践固有规律的同时又以不言而喻——"先入之见"的"公理"形式对后续的实践起着指导的作用。

列宁的这种逻辑思想及其分析方法，无疑是适用于对道德实践与道德理论的逻辑关系的分析的。在这个问题上，伦理学长期以来恪守的是这样一种"逻辑的式"，这就是：道德的理论根源于一定社会的经济关系——生产和交换关系，并借助一定社会的物质形态的上层建筑而演绎为一定的社会价值形态——道德价值观念、标准和行为规范，指导和干预社会和人的道德行动——道德实践。这自然没有问题。问题在于：道德实践与道德理论及其演绎的价值形态之间，除了被后者指导的逻辑关系以外，是否还有另外一层逻辑关系，如检验道德理论和道德价值体系的真理性和适应性？回答应当是肯定的。

在马克思主义哲学的真理观和实践论看来，实践是检验真理的标准。在马克思主义伦理学看来，对道德实践与道德理论及其演绎的价值体系的逻辑关系，也应当作如是观。一种伦理思想和道德的学说主张，如果在指导道德实践中是低效的、无效的，甚至是反效的，人们所要反思的首先应当是那些指导思想和主张的"逻辑问题"，而不是盲目地"加强"道德实践。否则，道德悖论现象可能会因此形成泛滥之势而又不能自知之明，只是祈求运用形式逻辑来"解悖"。

悖论作为形式逻辑的学科概念，人们常用的有修辞学和逻辑学意义上的两种。前者是指"狡黠的语言技巧"，以其"意料之外"的"悖性"语言艺术而产生令人深思的修辞效果。后者是指一种"理论事实"或"理论

---

① 《列宁全集》第55卷，北京：人民出版社2017年版，第186页。

状态"即逻辑悖论，实质是一种"自相矛盾"（承认A就得同时承认非A，反之亦是）的"正确的思想错误"。站在主体选择和实践的立场看，道德实践境况中出现的道德悖论现象，显然不是"狡黠的语言技巧"，也不是"正确的思想错误"，而是一种"正确选择的行为错误"。

这种"正确选择的行为错误"，是经由道德评价被发现的。离开道德评价，所谓道德悖论也就无从谈起。在这里，重要的是道德评价的标准，标准不同对道德悖论现象的认可与否就不会一样。

就是说，道德悖论现象既是一种善恶同在的"自相矛盾"的道德价值事实，也是一种关于这种价值事实的评价意见。就道德评价而言，重要的是"公认的道德背景知识"及其演绎的道德价值观念和评价标准。如救助了摔倒在公共生活场所的人是一种善果，但施救者却被反诬为肇事者也无疑是一种恶果，因此这样的见义勇为是一种道德悖论。有人之所以不赞成"这样的见义勇为是一种道德悖论"，就是因为其没有站在社会道德评价的立场上，或者所持的道德评价的观念和标准缺乏社会"公认"性①，不可用来指导和干预道德实践过程。

由此看来，如果说，逻辑悖论的"理论事实"或"理论状态"就是其本身和实质内涵的话，那么道德悖论的"意见事实"或"意见状态"却不是其本身的实质内涵，而是道德实践——道德价值选择和实现的过程与结果善恶"自相矛盾"的"价值事实"或"价值状态"。这就是道德悖论的实践"悖性"本质，也是道德悖论与一般逻辑悖论的根本区别之所在。

正是基于这种理解，笔者过去多以"道德悖论现象"指称道德悖论的"悖性"特征，认为道德悖论就是主体（社会和人）出于"利他"考虑所进行的道德行为选择与价值实现（"纯粹"道德实践）的过程，同时出现善果与恶果并存的一种"自相矛盾"的结果。结果者，现象也。它"属于

---

① 在历史唯物主义视野里，道德评价所采用的"公认的道德背景知识"及其演绎的道德价值观念和评价标准，都具有国情特质，不仅是历史范畴，也是民族范畴。中华民族自古以来都奉行知恩图报的道德观念和评价标准，在见义勇为的问题上，其实质就是视施救者和被救者在道德义务与道德权利对应关系上是平等的。在中国特色社会主义制度下，我们更应当作如是观，正视反诬施救者为肇事者为一种道德悖论现象之恶，需要从道德评价和法律惩罚上加以"解悖"。

道德实践范畴，其'正确的错误'不在'思'与'说'，而在'做'——不当的'选择'标准和'实现'方式"①。诚如有的学者指出的那样，逻辑悖论"作为一种理论事实或理论状况的'悖论'，其实是不能涵盖（道德悖论现象，引者注）实践层面之'行'或'做'的"②。由此，我们同时看出，道德悖论内含"事实"和"意见"两个基本层面，其"悖性"本质属于道德实践范畴。由此看来，若是因道德悖论被发现异于逻辑悖论建构方法而将其归于"特殊的逻辑悖论"或"作为一种逻辑悖论的道德悖论"，甚至据此加以拷问和甄别，那就离开提出道德悖论现象的本意了。

因此，为了准确理解和把握道德悖论的"实践悖性"本质，在学理的层面说明几种性质不同的矛盾是十分必要的。一种是形式逻辑的矛盾，它是"思维错误"即"不合逻辑"的结果。二是逻辑悖论的矛盾，它是"合乎逻辑"的"不合逻辑"的错误，即"自相矛盾"。三是"对立统一规律"的矛盾，指的是事物固有属性，是事物客观存在的内在本质，也是唯物辩证法的重要范畴。四是道德悖论现象的"自相矛盾"性征。在我们的日常用语和学术话语中，矛盾至少有这样四种性质不同的含义。有的学者认为，做这种区分是主张用逻辑悖论的"自相矛盾"方法来"修正"唯物辩证法，"指导中国共产党的实践"和"中国特色社会主义社会的建设与发展"。③这种批评是对我们关于道德悖论本质特性之看法的一种带有根本性的误解。

笔者在不断探究中渐渐发现，仅在"纯粹"的道德实践即道德价值选择和实现的意义上言说"正确选择的行为错误"导致"自相矛盾"的"价值事实"或"价值状态"，是不够的。它虽然抓住了道德悖论的本质方面，却难能用"逻辑的式"在结构模态上描述它的性状，因而就不能揭示道德悖论的全貌。

由上所述可以看出，道德悖论在逻辑结构上内含"现象（事实）"和

---

① 钱广荣：《把握道德悖论需要注意的学理性问题》，《道德与文明》2008年第6期。

② 王习胜：《"悖论"概念的几个层面》，《安徽师范大学学报》（人文社会科学版）2009年第4期。

③ 参见马佩：《岂能用逻辑悖论矛盾"修正"唯物辩证法的辩证矛盾——与钱广荣教授商榷》，《中州学刊》2011年第1期。

"（评价）意见"两个基本层面。作如是观，我们就可以这样来言说道德悖论的逻辑表达式：人们依据公认正确的道德观念和价值标准，对主体（社会与人）的行为选择和价值实现的结果进行道德评价，可以建构善恶同在的矛盾等价式的价值事实及其评价意见。

这种逻辑表达式就在主客观相统一，即"道德悖论现象"与"道德悖论意见"相统一，或"价值事实"与"评论意见"相统一的意义上，揭示了道德悖论的"悖性"本质和结构模态，同时也就厘清了道德悖论与逻辑悖论的边界。

这里仍然需要强调的是，道德评价是理解和把握道德悖论现象之本质特性的关键环节。陈波强调推理对于理解和把握悖论的重要性："推理的前提明显合理，推理过程合乎逻辑，推理的结果则是自相矛盾的命题或这样的命题的等价式。"[①]他所强调的"推理"，在理解和把握道德悖论"自相矛盾"的问题上就是道德评价。评价所用的道德价值观念和标准的公认性或统一性，就是"前提明显合理"。面对善恶同在的"自相矛盾"的道德悖论现象，人们的道德评价观念和标准如果缺乏公认性，前提既不明显，也不合理，意见必然就会见仁见智，看不到道德悖论之实践本质特性的客观存在了。

三、道德悖论的成因与道德文明样式

人在思维活动中可以借助逻辑消除一切矛盾，即使遇上不合逻辑的"自相矛盾"也可以借助逻辑悖论的建构方法"合乎逻辑地"加以淡化或消解，然而人在实践活动尤其是在道德实践活动中却无论如何也做不到这一点。

道德悖论的成因，在最抽象的意义上可以归于事物发展变化的结果客观上具有"一分为二"的两面性，归于"对立统一"的客观辩证法规律。然而，如此高度抽象的意见并不能真正说明道德悖论的必然性成因，也无

---

① 陈波：《逻辑哲学导论》，北京：中国人民大学出版社1993年版，第229—230页。

助于探究道德悖论"有限可解性"问题。

在"实践唯物主义"看来，社会现象因果之间的辩证关系反映社会实践过程的本质联系，某种社会现象作为结果出现必有其原因，同时又必定成为其后续结果出现的原因，结果和原因又都是具体而非抽象的。将道德悖论作为道德实践过程普遍存在的一种客观事实、一种善恶并存的自相矛盾的现象结果，对其必然性成因的理解和把握自然也应作如是观。如乐于助人出现道德悖论的一个重要原因，就是因为帮助了不该得到或没必要帮助的人（包括专门爱占他者便宜的懒汉和"自私鬼"），揭示了这种成因，就可以解读乐于助人本也是一种"道德学问"，应将此同"善于助人"一致起来，避免因不解"事与愿违""上当受骗"之因而怀疑乐于助人本身的道德价值和道德选择。有的人之所以将道德悖论归于"虚假的命题"，就是因为把乐于助人出现道德悖论的原因抽象化了，误以为研究者是在怀疑和贬低乐于助人的道德价值和道德选择，从而质疑道德悖论现象存在的客观事实。

道德行为选择与实践的始点和客观过程存在不易知、不易控的可变因素，这是道德悖论形成的直接原因。因为，这类因素会淡化乃至消解道德选择和实践的"善果"，并同时滋长和膨化"恶果"，由此而出现善恶同在的自相矛盾的价值事实。以施舍为例：面对的行乞者是否真的需要施舍，施舍者一般是"不假思索"也是难以做出正确判断的，于是就可能"上当受骗"，在以"善物"表达善意和实施善举的同时让不该得到"善物"的人得到恩惠。再以"彭宇案件"为例：他之所以"好心未得好报"，以至于给自己招惹了难以脱身的麻烦，皆因他的见义勇为出现了他始料未及的情况。长期以来，我们对这种善恶同在结果之成因的解读范式是"讲道德难免要做出牺牲"，而不能基于道德悖论的视角揭示它的成因及认识论意义，进而提出相应的应对策略。依照阿多诺批评康德的话来说，就是在"思考结构中省略了一个过程的因素"[①]。诚然，讲道德有时是难免要做出牺牲的，但问题在于这种"难免"是否必要，是否合乎讲道德的实践逻

[①]　[德]T.W.阿多诺：《道德哲学的问题》，谢地坤、王彤译，北京：人民出版社2007年版，第71页。

辑，如果不必要，不合逻辑，那么"牺牲"就是无谓的，就必然会成为主体此后规避道德选择与实践的一种原因。在讲道德的问题上，人之"变坏"和"背离道德"的原因并非一定是没有受到良好的道德教育或放松了道德学习与自我要求，而是往往与消极或非理性地从道德悖论现象中吸取"教训"很有关系。

从道德悖论的"意见"层面来分析，道德理性的非理性结构是道德悖论形成的根本原因。道德作为"实践理性"，不论是社会之"道"还是个人之"德"都是由情感理性和智慧理性两种理性要素构成的。亚里士多德把个人之"德"即人的德性"分为两类：一类是理智的，一类是伦理的。理智德性主要由教导而生成、由培养而增长，所以需要经验和时间。伦理德性则是由风俗习惯沿袭而来，因此把'习惯'（ethos）一词的拼写方法略加改动，就有了'伦理'这个名称"①。在道德选择和实践中，情感理性亦即亚里士多德说的"伦理德性"，是主体一种不假思索的"风俗习惯"和心理定势，充当由道德理性转化为道德行动和实践的先导因素和先驱力；智慧理性亦即亚里士多德说的"理智理性"，反映道德理性的真理性或真理度，应担当道德理性的主导因素和"理智"力量。两种理性要素的结构是否合乎"先导—主导"的逻辑结构，决定着道德理性在道德选择和价值实现的过程中是否"在场"或"在场"的理性水准。其结构如果不合乎"先导—主导"的逻辑程式，情感理性在发挥先导作用之后又占据主导地位，即所谓"感情用事"，智慧理性始终处于被轻视、忽视甚至被排斥的地位，发生道德悖论现象就出现必然之因、呈现必然之势了。

长期以来，道德评价领域一直存在"动机论""效果论""动机与效果统一论"等争论。其所以如此，根本的原因就在于没有看到或不承认道德的实践理性本来就存在非理性的结构性缺陷。从道德实践的视域来看，这种未及问题症结的争论除了最为抽象的逻辑意义外，并没有什么实际价值。拘泥于此反而掩饰了道德选择和实践出现悖论问题的真实原因。

道德理性的非理性结构之所以存在缺陷，在于人们惯用先在主义和绝

---

① 张志伟：《西方哲学十五讲》，北京：北京大学出版社2004年版，第113页。

对主义的抽象逻辑建构道德命题及命令形式，从而使得道德实践带有脱离社会现实和规避人生经验的浪漫特质，规避"生活世界"和"我"的立场与需要。在康德看来，道德律关注的并非某种事实"是否"发生的经验，而是某种事实"应否"发生的实践理性，这自然是正确的。但问题是，没有经验事实也就没有道德价值，"应否"发生的实践理性"能否"转变为道德价值的经验事实，若是不能转变，所谓实践理性就又回到"纯粹理性"那里了。由此看来，关于道德律的价值实现过程，最重要的是"能否"这个最重要的"中间环节"，舍此，一切道德命题即形同虚设。如"我为人人，（就会）人人为我"，"只要人人都献出一点爱，世界将变成美好的人间"等。这类浪漫的道德命题付诸实践过程之后，在展现其情感理性的同时势必会显露非理性的一面。因为事实情况是，不可能每个"我"都持有"我为人人"的情感和愿望，因此也就不可能有"人人为我"的道德选择和实践的事实存在。生活世界中的事实情况，必定是一部分"我"从"我为人人"的良知出发，另一部分不愿"为人人"的"我"享受这部分"我"的"为人人"的道德成果。同样之理，实际情况不可能是"人人都献出一点爱"，"只要人人都献出一点爱，世界将变成美好的人间"的结果，生活世界的事实情况必定是一部分不愿"献出一点爱"的人坐享另一部分人"献出一点爱"的道德成果。一言以蔽之，所谓"我为人人，人人为我""只要人人都献出一点爱，世界将变成美好的人间"，其实是立足于道德理想虚构的主观逻辑，并不符合道德的实践逻辑。按照这种逻辑建构的道德生活图景，存在于人的主观想象，它只是一种纯粹的观念意象而不可能是真实的现实图景，即浮离时间和空间而"存在"的"乌有之乡"——道德乌托邦。不难想见，硬是要把这种主观建构的"乌有之乡"安排在真实的"生活世界"，希冀它转变为现实，社会和人的道德实践和道德行为如果必定是"悖论"式的，人们对于道德的信念也必定随着乌托邦的破灭而失落。

诚然，社会和人不能没有对于理想的道德生活的追求，凭借"构想"的道德命题逻辑追求理想的道德生活是社会和人的天性，也是人的道德和精神生活之源，但社会和人所终归拥有的只能是属于"我"参与"构建"的现实的道德生活，其真实情况就是：人类在立足道德理性追求自己建构的道德命题逻辑及道德命令的浪漫之旅中，在拥有其善的同时必定也会接受（不论是否情愿）其"恶"。在这种意义上也可以说，道德悖论是人在轻视以至忽视真实的"生活世界"和"我"的必要立场与需要、浪漫地追求道德价值的必然结果。

1860年8月，叔本华将他的关于伦理学基本真理的体系的两篇应征论文，即《论意志自由》和《道德的基础》编辑出版时，在"第1版序言"中对哥本哈根丹麦皇家科学院没有给予其《道德的基础》褒奖作了极具学术性的申辩回应：不存在"无条件的形而上学"和"既定的形而上学"，试图据此在形而上学和伦理学的关系的意义上来讨论最一般的伦理学原则，是不可能的。①

传统的道德哲学和伦理学，多视替道德非理性的浪漫特质作本体论的论证和辩护为己任，推崇先验论的"绝对命令"和先在论的"约定主义"，其实际多具有遮蔽和掩饰道德理性存在的"结构性真理缺陷"，这就使得非理性的"实践理性"之逻辑张力演绎道德悖论的必然性成因在人们的认知结构中不仅没有被经常提醒，反而被长期强化了。这是以黑格尔哲学为代表的近代理性形而上学被解体、哲学开始面向生活世界的根本原因。就道德哲学而言，正如叔本华指出的那样："道德，鼓吹易，证明难。"②他所说的"证明难"，显然不是逻辑用语，不是说逻辑推理和证明难，而是说用实际行动证明不是容易的事情。阿多诺指出，空谈道德伦理无论在理论上还是在实践中都是行不通的，道德哲学应是与人们的社会实践密不可分的学问，他不赞成把"人性""上帝""同情"等抽象的善的概念视为道德伦理的基础。③康德的实践理性，仅是关于善的理性，并没有观照和揭

---

① 参见［德］叔本华：《伦理学的两个基本问题》，任立、孟庆时译，北京：商务印书馆1996年版，第6—7页。

② ［德］叔本华：《自然界中的意志》，任立、刘林译，北京：商务印书馆1997年版，第146页。

③ 参见［德］T.W.阿多诺：《道德哲学的问题》，谢地坤、王彤译，北京：人民出版社2007年版，第7—11页。

示与善同时出现的恶的"理性"。他的实践理性其实是片面的，并没有完整地真实反映道德实践的客观过程，这使他的实践理性存在脱离"实践"的非理性倾向。这样的实践理性给予人们关于自由选择的指导意见，后果往往是不自由的。对此，康德也有所察觉，却未得自由与必然关系之二律背反问题其解。阿多诺据此指出，这是一种"悖论"，因为康德的"自由是一种虚假的自然范畴"①。不过，阿多诺并没有就此展开分析，作进一步的研究，指出这种"悖论"现象本是道德实践自身"给定"的，具有普遍性和必然性。

后现代主义哲学，虽然与"晚期的、消费的或跨国的资本主义这个新动向息息相关"，存在一概否认崇尚神圣的传统精神和现代理性的片面性，②但其所发表的意见多以彻底暴露传统道德理性的"结构性理性缺陷"、重提道德命题及其命令形式乃至重构道德生活世界为己任，无疑是值得重视的。诸如胡塞尔关于"生活世界"的理论构想，麦金太尔的德性伦理思想，哈贝马斯的交往伦理和商谈道德学说，齐格蒙特·鲍曼的"生活在碎片之中——后现代道德"的道德生态描述，哈贝马斯关于在交往和商谈中把握和实现道德价值的伦理主张等，其思想体系最核心的合理要素都是强调"科学只能从问题开始"③。这对于我们认知传统道德哲学和伦理学存在的"结构性理性缺陷"，分析和理解道德悖论的成因及其认识论意义，都不乏启发意义。马丁·科恩认为，"伦理学关心的，是些重要的选择。而重要的选择，其实是两难问题。"在他看来，伦理学应当以解决"两难问题"为己任："伦理学之所为，在于困难的选择——也就是两难。"但是，伦理学却往往忽视自己应当承担的社会责任，因为"伦理学太容易错失真正的问题了"④。道德悖论的成因及其认识论意义就是一个"太容

---

① [德]T.W.阿多诺：《道德哲学的问题》，谢地坤、王彤译，北京：人民出版社2007年版，第113页。

② 参见[美]詹明信：《晚期资本主义的文化逻辑》，陈清侨译，北京：生活·读书·新知三联书店1987年版，第418—421页。

③ [英]波普尔：《科学知识进化论》，纪树立编译，北京：生活·读书·新知三联书店1978年版，第184页。

④ [英]马丁·科恩：《101个人生悖论》，陆丁译，北京：新华出版社2007年版，第4页。

易"被道德哲学和伦理学"错失"的"真正的问题"。

如果不能对道德悖论的必然成因及其存在的普遍性问题作如上所述的分析和把握，并在此前提下提出相应的"解悖"理路，那么就可能会误以为道德悖论存在具有绝对的"不可解性"而忽视了它的"有限可解性"。悖论是绝对的，不可能在绝对的意义上得到彻底解决，道德悖论的成因虽然具有必然性，但其"不可解性"却不是绝对的，而是相对的。研究道德悖论的目的，就是为了"有限解悖"。在道德选择和实践中，社会和人很难完全消除道德悖论，因为"有多少概念发生，就可以提出多少二律背反"①的现象。一味无视或避免道德悖论问题，可能反而会使我们远离道德。

恩格斯在给约瑟夫·布洛赫的信中描述社会发展轨迹呈现"自然历史过程"时指出："我们自己创造着我们的历史，但是第一，我们是在十分确定的前提和条件下创造的……但是第二，历史是这样创造的：最终的结果总是从许多单个的意志的相互冲突中产生出来的，而其中每一个意志，又是由于许多特殊的生活条件，才成为它所成为的那样。这样就有无数互相交错的力量，有无数个力的平行四边形，由此就产生出一个合力，即历史结果，而这个结果又可以看做一个作为整体的、不自觉地和不自主地起着作用的力量的产物。因为任何一个人的愿望都会受到任何另一个人的妨碍，而最后出现的结果就是谁都没有希望过的事物。所以到目前为止的历史总是像一种自然过程一样地进行，而且实质上也是服从于同一运动规律的。"②

恩格斯在这里基于唯物史观描述的"自然历史过程"，是我们科学认识和把握人类社会历史发展的总规律和轨迹的最高"范式"，具有普遍的方法论意义，同样适应考察道德悖论的成因，描述道德文明发展进步的规律和轨迹。

由上所述不难理解，人类正是在自觉或不自觉地正视自己道德实践中

---

① [德]黑格尔：《逻辑学》(上卷)，杨一之译，北京：商务印书馆1966年版，第200页。
② 《马克思恩格斯文集》第10卷，北京：人民出版社2009年版，第592—593页。

出现的道德悖论问题，适时提出和实施"解悖"方案的过程中推动道德文明的发展进步的，由此而彰显了道德文明发展进步的客观规律和"自然历史过程"轨迹，谱写了道德的文明样式。

逻辑悖论矛盾的误用与唯物辩证法矛盾的缺位*

《韩非子·难一》记载的"卖矛又卖盾"的矛盾是逻辑悖论意义上的"自相矛盾"，与作为唯物辩证法核心范畴的"对立统一"意义上的矛盾有着重要的不同，将前者用作后者实则是误用。这种误用长期以来一直没有引起人们应有的重视，由此而造成"自相矛盾"的逻辑悖论矛盾在唯物辩证法范畴体系中的缺位。

一、作为哲学范畴的三种"矛盾"

在哲学一级学科视阈，矛盾作为逻辑范畴被广泛应用在三个领域，即形式逻辑、辩证逻辑和悖论逻辑，内涵彼此不同。形式逻辑的矛盾，指的是违反了形式逻辑规则而出现的思维混乱，是一种不合乎逻辑的"思想错误"或"表达错误"。辩证逻辑的矛盾，反映的是事物内部所包含的既相互排斥又相互依存、在一定的条件下可以相互转化的客观关系。它是事物存在和发展的内在根据，是合乎逻辑的认知范式。悖论逻辑的矛盾，指的是构成事物矛盾双方的自相矛盾，《韩非子·难一》所说的"不可陷之盾与无不陷之矛不可同世而立"及其反面"不可陷之盾与无不陷之矛可同世

*原文题目为"逻辑悖论矛盾的误用与缺位"，原载《安徽师范大学学报》(人文社会科学版)2009年第4期，中国人民大学书报资料中心《逻辑》2010年第1期全文转载。

而立"，就是这样的悖论，它是合乎逻辑推导出现的结果。

张建军认为，严格意义上的逻辑悖论应具备三个结构要素：在"公认正确的背景知识"的引导下，"经过严密的逻辑推导"而建立起来的"矛盾等价式"（即"A=非A"和"非A=A"）。"自相矛盾"大体上是符合这三个结构要素的悖论的："公认正确的背景知识"，即"矛可攻盾，盾可挡矛"；"经过严密的逻辑推导"，即"以子（'物无不陷'）之矛陷子之盾"和"以子（'锐无不挡'）之盾挡子之矛"，均因不可能而"弗能应也"却又处在同一种叙述结构之中，于是"物无不陷"与"锐无不挡"同时成立，建立起了一种"矛盾等价式"。

进一步看，自相矛盾——逻辑悖论既不属于"纯粹理性"范畴的逻辑错误，也不是事物存在的客观现实和根据，而是主观见之于客观的"实践理性"的产物。它是主体（人和社会）在选择和实现价值的过程中，由于受到自己认知能力和行动经验的制约而出现的不能"自圆其说""自食其果"的自相矛盾情况。茅于轼曾描述过逻辑悖论的自相矛盾的形成过程。过去在宣传学雷锋的时候，电视上经常出现这样的报道：一位学雷锋的好心人义务为附近群众修理锅碗瓢盆，于是在他的面前排起了几十个人的长队，每个人手里拿着一个破损待修的器皿。电视台作这样的报道，目的是宣传那位学雷锋的好心人，观众的注意力也被他所吸引。但是如果没有那几十个人的长队，这种宣传就毫无意义了。可令人思考的是，这几十个人却完全不是来学雷锋做好事的，恰恰相反，他们是来占便宜的。用这种方式来教育大家为别人做好事，每培养出一名做好事的人，必然同时培养出几十名占便宜的人。过去人们以为宣传为别人做好事就可以改进社会风气，实在是极大的误解，因为这样培养出来的专门占别人便宜的人，将数十倍于为别人做好事的人。①

依照张建军提出的悖论认识原理，我们可以根据"助人为乐"这个公认正确的伦理观念和价值标准，合乎逻辑地推导出那位"学雷锋的好心人"在做善事的同时也做了恶事，他的行为就是一种特殊的矛盾——逻辑

---

① 参见茅于轼：《中国人的道德前景》，广州：暨南大学出版社1997年版，第5—6页。

悖论的矛盾。

道德广泛渗透式的生态形式，决定了主体（社会和人）的价值选择和实现一般都直接或间接地与道德价值选择和实现相关，都具有道德意义，都能成为道德评价的对象。所以，自相矛盾现象一般都具有道德悖论的性征，可以运用道德悖论的方法进行分析。茅于轼所描述的自相矛盾就是一种较为典型的道德悖论。

主体（社会和人）的认知能力和行动经验是有限与无限的统一，有限性是绝对的。这种认识和实践的规律，决定主体在进行价值选择和实现的过程中必然会人为地（自觉或不自觉地）制造自相矛盾，从而使得自己的行为过程同时出现"善"与"恶"的情况。就是说，在社会历史活动的视域里，不同于形式逻辑和辩证逻辑的逻辑悖论的矛盾，是一种与人类行为直接相关的普遍的客观存在，将其混同于唯物辩证法的矛盾而加以误用实在是一个不应有的逻辑错误。

形式逻辑的矛盾作为一种"思想错误"或"表达错误"，可以通过调整和改造思维加以纠正；辩证逻辑的矛盾是我们认识和把握世界的客观依据；而作为悖论逻辑的矛盾则既不是"思想错误"或"表达错误"（如果说是错误那也是"正确的错误"——因为"做对了"，所以"做错了"，反之亦是），也不是独立于人之外的客观存在，而是主观见之于客观的"实践理性"的产物。因此，解决"矛盾"不是一个"加以纠正"的问题，而是一个有限预测、有限避免、有限削弱、有限排解的问题，这也正是关注自相矛盾的意义所在。一般说来，社会和人所进行的任何一项选择都不可能立足于"纯粹之善（是）"，也不可能在"纯粹之善（是）"的意义上实现业已选择的价值目标，善恶同现同在是常见的事实。社会和人正是在扬善抑恶的"解悖"中获得自己的进步的，这是历史文明发展的实际轨迹，也就是恩格斯所描述的"平行四边形"的"对角线"。

就逻辑悖论的矛盾与辩证逻辑的矛盾相比较而言，前者作为一种"正确的错误"其存在是"不以人的意志为转移"的，其矛盾的双方相互排斥、相互依存，这种特性与后者没有什么不同，但前者的双方在任何条件下都不可能发生相互转化（不能说在"义务为附近群众修理锅碗瓢盆"的行为过程中，那位"学雷锋的好心人"转而变成专门来占便宜的人，反之，也不能说那些专门来占便宜的人转而变成那位"学雷锋的好心人"），这是逻辑悖论矛盾与唯物辩证法矛盾的一个重要区别。其所以如此，一是因为前者的双方（是、善、美与非、恶、丑）之间的对立是绝对的，相互依存（说明）的条件只是两者的不同形式，不是两者质的同一性；二是因为前者发生在一种行为选择和实现的"一个过程"或"一种过程"之中，而后者则存在于每一种事物发展的"整个过程"之中乃至事物发生质变之后的"整个过程"之外，因而具备"事过境迁"的各种可能条件。

由上可见，逻辑悖论的矛盾与唯物辩证法的矛盾的共同点仅在于双方各自的"不一致性"，但这种高度抽象的表达形式有什么实际的意义呢？不同事物之间和同一事物的不同方面都存在"不一致性"。两种矛盾相比较，最值得我们注意的不是它们的共同点，而是它们之间的差异，因为这种差异带有本质的界域性质，表明自相矛盾比矛盾具有更为复杂和深刻的社会内涵，因而对人类的文明进步更具有认识和实践的意义。

二、逻辑悖论矛盾误用导致其不应有的缺位

误用和忽略逻辑悖论矛盾的客观存在及其与唯物辩证法矛盾的本质性差异，必然导致前者在唯物辩证法的范畴体系中的缺位，造成一种不应有的"哲学误会"。

这种"误会"的危害首先是造成矛盾概念的混乱。除了"卖矛又卖盾"的自相矛盾，"鹬蚌相争，渔翁得利"这个寓言所"寓"之"言"的道德尴尬也是一种矛盾，但它显然也不是"对立统一"规律所言的矛盾。诸如"他俩闹矛盾了"之类日常用语所涉及的矛盾，也都与"对立统一"规律无关。更值得注意的是，"矛盾"的误用给马克思主义哲学的研究和普及带来一系列的麻烦。毛泽东使用的矛盾概念的含义并不一致。大概有三种情况：其一，在唯物辩证法的意义上使用。"事物的矛盾法则，即对

立统一法则，是唯物辩证法的最根本法则。"①其二，在差异、分歧和不一致的意义上使用。"我们的人民政府是真正代表人民利益的政府，为人民服务的政府，但是它同人民群众之间也有一定的矛盾。"②其三，在相反、相斥、对立、斗争（对抗）的意义上使用。"客观过程的发展是充满着矛盾和斗争的发展，人的认识运动的发展也是充满着矛盾和斗争的发展。"③这种概念使用的混乱，不仅遮蔽了"矛盾"的客观存在，也冲淡了作为唯物辩证法的矛盾的应有之义。它使人们的思维形成了这样的理解范式：在表达唯物辩证法思想的场合或应答唯物辩证法考试的时候，必定会在"对立统一"规律的意义上认可和表达矛盾，而一旦回到现实生活中就只在"矛盾"和"问题"的意义上言说矛盾了。在没有经过矛盾熏陶的庶人社会，人们无论如何也不可能在"对立统一"的意义上来理解和言说矛盾，相反，会自觉不自觉地联想到"卖矛又卖盾"的自相矛盾，以为"对立统一"规律所赋予和描述的就是客观世界的一种"自相矛盾"现象，或者是"问题"现象，试问：这样的"辩证法思想"能够得到真正的普及吗？

一个概念的使用，在理性和经验的不同领域存在如此反差，其消极影响是不言而喻的。

最值得我们注意的是，它使得普遍存在的作为"实践理性"的一种自相矛盾的现象在唯物辩证法的视野里消失了，被矛盾遮蔽、替代了，使得我们至今只能运用"对立统一"的规律描绘和说明世界，不能运用自相矛盾的逻辑悖论的方法，揭示和叙述社会和人生选择中客观上大量存在的悖论现象尤其是道德悖论现象，忽视开发自相矛盾研究的重要的科学认识和社会实践价值。就是说，逻辑悖论矛盾的误用必然会使得人们忽视其存在的客观性及其独特的性状，造成其在唯物辩证法体系中的缺位。

这种缺位，势必会导致人们的思想中"悖论意识"的缺位，不能用"悖论方法"认识和把握社会和人生的价值选择中出现的种种矛盾，把一

---

① 毛泽东：《毛泽东的五篇哲学著作》，北京：人民出版社1970年版，第35页。

② 毛泽东：《毛泽东的五篇哲学著作》，北京：人民出版社1970年版，第35页。

③ 毛泽东：《毛泽东的五篇哲学著作》，北京：人民出版社1970年版，第35页。

切矛盾都看成是"对立统一"使然，或者只是"问题"，等待着"对立统一"的"相互转化"和"问题"的解决，如果一时不能"转化"和解决，就会感到困惑、烦躁、郁闷，出现心理失衡，引发行为失范，甚至制造社会不和谐和社会动乱。实际上，社会和人的价值选择在多数情况下都会出现"不合逻辑"又"合乎逻辑"的悖论情况，惟有运用逻辑悖论包括道德悖论的方法看待这种现象，并寻求最佳的"解悖"路径，才是科学的方法和积极的态度。

比如，救援弱势群体的善举，在产生善果的同时也可能会在两个方向上造成恶果：可能帮助了不该帮助的懒汉夫，使之不劳而获；可能诱发不劳而获的依赖思想和懒汉情绪。这往往都是难免的。因此，在实施救援的同时应当动员受援者的自救意识和组织受援者的自救行为①。同样之理，一个人在进行道德价值选择和实现的问题上，也难免会犯"道德错误"，因此，应当具备"悖论意识"和"解悖能力"，把"讲道德""讲什么道德"与"怎样讲道德"结合起来，也就是要把意义判断与事实判断结合起来，以上文提及的"助人为乐"为例，就是要帮助那些应该得到帮助的人，否则就会产生自相矛盾，以至于适得其反。

三、误用与缺位的原因

逻辑悖论矛盾的误用起于何因何时，是一个相当复杂的问题。但有一点是可以肯定的："卖矛又卖盾"的矛盾缘于本土，而唯物辩证法的矛盾则是"舶来品"。"舶来"的"矛盾"只是借用了本土矛盾的语形，却没有承接本土矛盾的语义。为什么会出现这样的误用？

首先从语言学的角度来看。"对立统一"作为辩证法的核心概念是黑格尔创造的，马克思主义的经典作家对其进行改造之后使之成为唯物辩证法的核心范畴。"矛盾"一词在拉丁语系里为"contradiction"，意即逻辑上的不一致。矛盾在德文中有好几个词，含义也不相同，作为哲学术语为

---

① 这个理路在组织四川抗震救灾中得到充分展现,它表明我们的社会正在走向成熟。

"widerspruch"，是一个组合词，由"wider"和"spruch"构成，"wider"意为违反、违背，"spruch"意为格言、裁决，概言之"widerspruch"意为违背了传统和常识，核心意思是不合（形式）逻辑，与拉丁语矛盾的意思是一致的。矛盾与"对立统一"发生联系，是在黑格尔那里完成的。在德文中，"对立统一"也是一个词组，即"Einheit der Gegensaetze"。在黑格尔看来，"矛盾"是一个"对立统一体"，但"矛盾"并不等于就是"对立统一"，前者是用来描述事物的性状的，后者则是反映事物的概念。"对立统一"作为辩证法思想的一个概念，黑格尔主要是从"某物"与"他物"的普遍差异（对立）和联系的意义上说的。如他认为，一物"既是某物，又是他物"[①]，康德所说的"自在之物"其实是关联"他在之物"的"自在之物"，因此所谓的"自在之物"是不存在的。后来列宁在《哲学笔记》中对黑格尔的这一思想大加赞赏，称其"是非常深刻的"[②]。至此不难看出，矛盾当初"舶来"时被译为"自相矛盾"的矛盾，并将其等同于"对立统一"的概念，是一个语义的错误。

继续追问这种误用，可能与误用俄语的两个不同概念也有关系。中国的唯物辩证法文本当初是从苏联直接翻译过来的。在俄语中，哲学意义的"对立统一"和矛盾也是两个不同语词。前者强调的是相反面、对立面、对立物和对立现象的统一、一致、结合和联系，以及它们之间的一致性、共同性和不可分离性；后者则表示抵触、不同意见、反对意见、对抗行为以及利益的对立。

如果从本土文化传承的理路来分析，"卖矛又卖盾"的逻辑悖论矛盾在唯物辩证法中的误用与缺位，同中国文化尤其是道德文化的传统理念是有联系的。

中国道德文化的传统理念是崇尚和谐与权威，其真正的奠基者是孔子。《论语》讲"和"有八处，三种意思。一是恰当与适中，是针对"过"

---

① ［德］黑格尔：《逻辑学》（上卷），杨一之译，北京：商务印书馆1966年版，第112页。

② 《列宁全集》第38卷，北京：人民出版社1959年版，第110页。

与"不及"而言的，如"礼之用，和为贵"①。意思是说，"依礼"（治世）和"守礼"（做人）最重要的是要适中，恰到好处，不可出现偏差，更不可走极端。二是和睦与团结，是针对不"合群"或不当"合群"而言的，如"和无寡"②"君子和而不同，小人同而不和"③。前一句的意思是说，与人相处要注意讲和睦与团结，这样就不会使自己落于孤单；后一句的意思是说，君子与人相处注重和睦与团结，但并不与人苟同，小人恰恰相反，注重的是苟同而不是真正的和睦与团结。三是附和与随同，是针对盲从而言的，如"子与人歌而善，必使反之，而后和之"④。意思是说，孔子听人歌唱时如果感觉好，首先要反问自己好在何处，然后再附和。儒学道德文化"推己及人""为政以德"等其实都是其和谐理念推演出来的。不难看出，三种意思有一种内在的质的同一性，强调的是有差别的统一，这样的思想内核适应了掩饰和弱化封建专制的阶级差别和不平等的政治需要。所以，它在西汉初年被统治者推崇到"独尊"的地位，上升到封建国家意识形态的地位。孔子以后，在儒学著述家的文本里，"和"与"中""庸""合"等词义常发生融会和贯通，涵义也因此发生一些变化，但并没有偏离孔子所奠定的基本思想蕴涵。在西汉初年以后的历史发展中，具有绝对话语权的崇尚和谐的文化理念成为主流意识形态，成为封建教化的主要内容，与此同时，诸如"自相矛盾"之类"与众不同"的命题和学说都被视为异端邪说，自然就被打入另册了。

从强调有差别的统一来看，崇尚和谐的文化理念与"对立统一"的矛盾学说在内涵上是具有某种同质性的认同基础的。但是，"对立统一"的矛盾学说是在你死我活的革命战争——"对立"和"斗争"中"舶来"的（这一点，我们从毛泽东在《矛盾论》中使用"矛盾"概念的情况可以看得很清楚），当时的中国共产党人更多的是在这种意义上接受和运用唯物辩证法的矛盾学说，这就势必会使得矛盾"舶来"之后难以与崇尚和谐的

①《论语·学而》。
②《论语·季氏》。
③《论语·子路》。
④《论语·述而》。

中国传统的文化理念发生同质性的认同，只会依据"对立""排斥"借用"自相矛盾"的逻辑悖论的形貌特征。新中国成立后，由于一度受到"左"的思潮的干扰，坚持"无产阶级专政下的继续革命"的错误路线，片面和夸张地强调矛盾学说的"对立"与"斗争"，误用"矛盾"和导致"矛盾"缺位也就难以避免了。

四、逻辑悖论矛盾的补位与唯物辩证法的发展

唯物辩证法是关于自然、社会和人类思维的普遍规律的科学，本性开放，主张用发展和变化的观点看世界，因此它自身也应当是开放的，发展的。如果它自视为绝对真理，以君临城下的态度看待其他科学，那就是在封闭和禁锢自己，失却科学的世界观和方法论的意义了。将逻辑悖论的"自相矛盾"补位到唯物辩证法的范畴体系，是唯物辩证法当代发展的一个重要课题。我们可以从两种路向来分析和考察这种必要性和意义。

从学理上来分析，"自相矛盾"作为一种"实践理性"的产物，以悖论的方式存在是一种普遍的事实，在社会和人的价值选择与实现过程中具有某种必然性，唯物辩证法不应当回避这种客观存在，而应当将其摄入自己的视野，研发为特定的范畴。

从当代中国社会发展历史进程的实际情况看，需要从世界观和方法论的高度将逻辑悖论的"自相矛盾"现象引进唯物辩证法的范畴体系。改革开放30年来，我们在享用改革开放赢得的丰硕成果的同时，又感受到它带来的弊端。这些令人"困惑"的问题可以一言以蔽之：正是客观存在的"自相矛盾"及由其引发的思想混乱和心理干扰的表现。就是说，当代中国社会出现的许多矛盾其实是以悖论方式存在的"自相矛盾"，这就是社会选择所产生的"悖论现象"。认识、阐明和把握这类"矛盾"，仅依靠"对立统一"的矛盾学说是不能解决问题的，必须运用"自相矛盾——逻辑悖论矛盾"的方法，分清利弊得失并分析其成因，采取扬长避短的发展策略，才能在"解悖"中逐步走出"奇异的循环"，赢得新的发展。科学

发展观的提出和构建社会主义和谐社会，正是应对改革开放所产生的"自相矛盾"的科学的方法论和英明的决策，它们是我们党立足于当代中国社会发展的实际和客观要求，集中人民群众智慧的结晶，表明我们党在处理改革开放复杂问题的过程中正在提升自己的执政能力。在笔者看来，深入贯彻落实科学发展观和构建社会主义和谐社会，需要运用逻辑悖论的矛盾分析方法，包括道德悖论的分析方法来认识我们所面临的问题。

"自相矛盾"被确立为唯物辩证法的特定范畴后，唯物辩证法原有的矛盾范畴的内涵就发展和扩充为两层意思，一是"对立统一"，二是"自相矛盾"，前者是指导科学认识的方法论，后者是指导科学实践的方法论。这样，矛盾就发展为认识论和实践论相统一的范畴，从而也就使得矛盾成为辩证逻辑与悖论逻辑相统一的范畴。这正是实行逻辑悖论意义上的"自相矛盾"补位的理论价值和实践意义所在。

从长远看，实行这种补位，将有助于纠正用"一点论""一极论""纯善论"的方法认识和评价社会和人生的痼疾，养成自觉运用"两面方法"看社会和人生的"悖论素养"。这对于我们来说，或许是一次非常重要的思维方式上的"变革"。

道德悖论研究的实践转向问题[*]

道德悖论研究近几年引起学界越来越多的关注。有学者认为，道德悖论研究"不仅对道德哲学和逻辑哲学具有重大的理论意义，而且对我国社会的道德建设具有重大的实践价值"，同时又指出"'道德悖论'研究呼唤道德实践逻辑"，需要适时创新和发展"实践逻辑"。①这种意见很是中肯。这里，就道德悖论研究的实践转向问题发表几点看法。

一、逻辑研究的实践转向与道德悖论研究的兴起

人在思维活动中可以借助逻辑消除矛盾，即使遇上不合逻辑的"自相矛盾"也可以借助逻辑悖论的建构方法"合乎逻辑地"加以消解。然而，人在实践活动尤其是在道德实践活动中却无论如何也做不到这一点。因为道德作为实践理性既受预设之社会命令理性的引导和主体之价值取向理性的驱动，更受实践过程的各种不变和可变因素的制约。这些因素的整合效应，是逻辑研究转向实践和道德悖论兴起的内在动因。

逻辑研究的实践转向可以追溯到黑格尔。黑格尔之前，从亚里士多德

　＊原载《安徽师范大学学报》(人文社会科学版)2011年第4期。
　①孙显元：《"道德悖论"研究的现状及走向》，《安徽师范大学学报》(人文社会科学版)2009年第6期。

创建形式逻辑，到康德把认识与逻辑联系起来创建先验逻辑，逻辑多被视为思维科学的主观范畴。黑格尔在其创建的思辨逻辑体系中建立了逻辑与实践的关系，但他的"实践"是依据理论逻辑推理出来的，逻辑研究的实践转向是为了"派生"实践。列宁"推"了黑格尔的"天（国）"，恢复了他的"倒立的唯物主义"①的本来面貌，创建了唯物辩证法的逻辑理论。列宁在分析"逻辑的范畴和人的实践"的关系时指出："对黑格尔来说，行动、实践是逻辑的'推理'，逻辑的式。这是对的！当然，这并不是说逻辑的式把人的实践作为它自己的异在（＝绝对唯心主义），而是相反，人的实践经过亿万次的重复，在人的意识中以逻辑的式固定下来。这些式正是（而且只是）由于亿万次的重复才有着先入之见的巩固性和公理的性质。"②列宁在肯定黑格尔关于行动和实践事实上存在一种合乎逻辑推理的"式"的同时，又指出这种"式"并不是逻辑的产物，而是逻辑对实践过程的反映，逻辑在反映和说明以往实践固有规律的同时又以不言而喻——"先入之见"的"公理"形式对后续的实践起着指导的作用。

逻辑研究的实践转向起步于20世纪70年代，其标志是非形式逻辑研究在美国、加拿大等国相继兴起，特点就是强调逻辑要具有某些应用性和实践性。我们可以从"加贝和伍兹为《哲学逻辑手册》（第2版，2005）第13卷所写的首篇文章《逻辑的实践转向》与伍兹、约翰逊、加贝和奥尔巴赫为《论证和推理的逻辑手册：转向实践》所写的首篇文章《逻辑学和实践转向》"③中看得很清楚。据国内学者介绍，这一转向的起因是传统逻辑学教学受到学生的"抱怨"，遭遇"挫败"："传统的形式演绎逻辑并不能给学生提供分析和评估出现于日常讨论中的论辩的适合工具"，"无助于评估当今的社会政治问题"，不能达到选修逻辑学的学生"为的是改善他们的实际逻辑技能"④的目的。由此看出，当代逻辑研究的实践转向是逻辑研究史一个了不起的进步。

---

① 列宁：《哲学笔记》，北京：人民出版社1993年版，第85页。

② 《列宁全集》第55卷，北京：人民出版社1990年版，第186页。

③ 武宏志、周建武、唐坚：《非形式逻辑导论》，北京：人民出版社2009年版，第1页。

④ 武宏志、周建武、唐坚：《非形式逻辑导论》，北京：人民出版社2009年版，第16页。

如果说，近代逻辑研究的实践转向的动因是批判哲学对实践的反思，那么当代逻辑研究的实践转向的起因则是当代人类实践（日常伦理、生产交换、社会政治等）对逻辑变革的呼唤和要求。据逻辑研究实践转向的发轫者美国人卡亨回忆说，大学生希望老师能够给他们开设一门与他们听到、看到的各种论证相关的课程，这些论证的内容涉及种族、污染、贫困、性别、核战争、人口爆炸以及20世纪后半叶人类所面临的所有问题。①当代人类正是生活在这样一个因实践空前多样多变而普遍感到"违反逻辑"——"困惑"的变革时代，这一情势要求哲学社会科学要立足实践反思传统理性，力行与时俱进的理论创新，否则就要被"边缘化"，直至被抛出社会进步的视野。

道德悖论问题的提出及其研究的兴起，是当代中国社会改革与发展的实践对伦理思维发出的深层呼唤，它与当代西方逻辑研究的实践转向即非形式逻辑研究的兴起没有直接的学理性关联，但却在"不谋而合"中共同走上了一条创新之路。它是立足于真实的"生活世界"的发现，表达了当代中国知识分子运用唯物史观审思国家和民族振兴之途所遇挑战和机遇的伦理情怀。

当代中国社会改革开放的伟大实践取得了辉煌的成就，但同时又出现了不少严重的问题，表现在道德方面就是普遍的"道德失范"及由此引发的"道德困惑"。人们越来越感到，"失范"似乎并非就是"失德"，"困惑"也并非就是消沉，两者都呈现一种善与恶同在、积极与消极并存的自相矛盾的悖论性状，虽然"说不清，道不明"，却又能察觉其间既包容着落后腐朽的旧伦理旧道德，又孕育着新道德和新伦理的萌芽，而从中国改革发展和构建社会主义和谐社会的客观要求来看，对此又必须"说得清，道得明"。道德悖论研究正是在这样的情势下应运而生的，它所提出的本是一个关涉道德实践逻辑的重大问题，我们却一直为它的"逻辑属性"或"逻辑归属"问题所困扰。它亟待拓展和深入，适时地转向社会实践尤其是当代中国改革开放的社会实践。

---

① 参见武宏志、周建武、唐坚：《非形式逻辑导论》，北京：人民出版社2009年版，第22页。

道德悖论研究者获得这种自觉着实经过了一番艰难的探索。当初发现道德悖论现象及开展此方面研究，得益于逻辑悖论方法的启迪，在逻辑悖论建构方法的引导下陆续发表了一些研究道德悖论的文章。然而，有的学者以道德悖论不是"正宗"逻辑悖论为由，一直在发表各种商榷意见。这让他们不得不为道德悖论研究寻找学科意义上的生长点。正是在这样的探索之中，他们得到当代逻辑研究以非形式逻辑崛起为标志的实践转向的启示，得到学界前辈关于"'道德悖论'研究呼唤道德实践逻辑"的点拨，意识到道德悖论研究必须回到当初开发此项研究的立点和视点，适时地转向社会实践尤其是道德实践。惟有如此，才能发挥这项研究的理论和实践价值。

不难看到，道德悖论研究方兴未艾，可以借助当代逻辑研究的实践转向之势赢得其拓展的空间。

二、道德悖论研究实践转向的基本理路

第一，转向的立足点应是道德实践。一般而论，实践是检验真理的标准，社会实践提出的问题必须立足于实践来研究、说明和解决。道德悖论问题来自当代中国社会的道德实践，关于它的研究、说明和解决必须立足于道德实践，因此道德悖论研究的实践转向的立足点应当是道德实践。学界目前尚没有关于道德实践内涵的界说。所谓道德实践，可以理解为社会和人作为主体选择和实现道德价值或与道德价值相关的行为过程。作为一种特殊的逻辑问题，道德悖论研究与发展需要道德实践为其作"实验"，但是必须明确一个认识前提：这种实验恰恰是来自社会的道德实践，提出的问题需要道德悖论研究为其作"论证"。作如是观，就合乎逻辑地连带出这样一个问题：道德悖论研究实践转向不应再拘泥和纠缠于逻辑悖论的论证和推理方法，而应尊重和遵循道德实践的性状与规律。因为，任何实践的"逻辑的式"都不同于逻辑的"实践的式"，它不是逻辑推理和演绎的结果，而是在"亿万次"的实践中逐渐形成的、遵循实践活动的自身规

律"演绎"的结果。就是说，道德悖论研究的实践转向的立足点不能是道德悖论，更不能是逻辑悖论，而只能是道德实践；转向的视点不是要从"把人的实践作为它自己的异在"出发去探讨"属于道德悖论的实践"问题，而是要从道德实践出发探究"关于实践的道德悖论"问题。

第二，转向的目标应是建构道德实践逻辑。顾名思义，道德悖论研究的实践转向不是要将道德悖论作为一种特殊的逻辑悖论加以修剪和装饰，以使之更符合逻辑悖论的要求，或更像逻辑悖论，而是要使之转向实践，走进实践，最终构建道德实践逻辑，推动和引导社会和人在"合乎逻辑"的意义上开展道德实践活动。诚然，道德悖论研究的实践转向过程要用到逻辑悖论的推理原则，其成果也会丰富和发展逻辑悖论的理论，促动一次逻辑学的"革命"。但是，逻辑悖论研究即使出现了实践转向也是属于学科建设与发展的话题，而道德悖论研究的这种转向则属于社会道德建设与发展的任务，最终应是创建一种既不同于形式逻辑、悖论逻辑，也有别于非形式逻辑的全新逻辑——道德实践逻辑。这是目前道德悖论研究合乎逻辑的发展要求，也是道德悖论研究转向实践的真谛所在。

第三，转向需要明确两个前提性的逻辑问题。一是运用唯物辩证法的方法界说逻辑的自在属性。传统逻辑学把自己界定为"一门以推理形式为主要研究对象的科学"，理解逻辑限于主观范畴，这就在根本上限制了道德悖论研究的实践转向。辩证逻辑把逻辑分为客观逻辑和主观逻辑，认为客观逻辑指不依人的意志为转移的客观世界的内在联系，亦即事物自身的辩证法；主观逻辑指反映客观世界辩证联系的思维形式、规律，亦即思维自身的辩证法。这种界说视逻辑为规则又为规律，为主观范畴又为客观范畴，无疑是科学的，符合逻辑的本义。为此，应确立"逻辑既在思维和想象中，也在实践和生活中"的逻辑观。

二是调整逻辑语言。至今的逻辑学惯用的是形式语言，其抽象性（尤其是逻辑符号）令人对逻辑学望而却步，使之成为"非逻辑学者莫入"的学科领地。道德悖论研究的实践转向，不应照搬照用传统逻辑的形式语言（尤其是符号逻辑），而应广泛运用大众可以理解的自然语言。或许，在实践转向的过程中我们仍然需要运用理论逻辑的一些形式语言，以至于会提出一些新的形式语言，但这样做的目的应只是为了便于"论证"道德实践和创建道德实践逻辑。

三、道德悖论研究实践转向的主要视阈

道德悖论研究的实践转向需要解决一个"转向哪里"的问题。道德的广泛渗透性使得人类社会实践都内含道德价值和意义，带有"道德实践"的特性，因而都或多或少、或显或隐地存在道德悖论现象。在这种意义上可以说，人类所有的社会实践都是道德悖论研究之实践转向的视阈，然而这样看问题又过于宽泛和抽象了。从学理的角度来看，我们大体上可以从道德选择和非道德选择两个角度来探讨和说明道德悖论研究之实践转向的主要视阈问题。

转向非道德选择的"道德实践"。社会和人的行为选择及其付诸行动的实践，在很多情况下并不是直接从道德上考虑的，但其行为及其价值实现的过程和结果却富含道德价值，因而成为道德评价的对象，在有些情况下甚至成为道德上的"热门话题"。非道德选择表现在社会选择和重大方针政策的执行过程中，其内含和相伴的"道德实践"一般都会出现重大的善果与明显的"恶果"同在的"自相矛盾"，即道德悖论现象。

道德悖论现象需要运用包含道德实践逻辑在内的实践逻辑加以说明，以提高人们的认知水平和实践能力。不然，人们就会长期陷在不能自拔的"困惑"之中，产生多方面的思想混乱和社会心理问题，带来诸多消极影响。非道德选择发生在个体的身上，也会时而发生善恶同在的"自相矛盾"的道德悖论现象。

转向道德选择的道德实践。道德选择，是主体直接从善良动机出发并有明确的道德价值目标的行为选择。依据道德选择主体的不同，道德悖论研究的实践转向可以划分为社会选择和个体选择两种不同的视阈。从社会选择的视阈来看，道德悖论研究应转向道德教育、道德评价和公益活动等

道德实践活动，研究和说明其中的道德悖论现象，构建相关的道德实践逻辑。从个体选择的视阈来看，道德悖论研究应转向个体的道德行为选择和价值实现过程中的道德悖论现象，道德悖论研究兴起以来人们关注的焦点基本上就是在这个方面。道德悖论研究转向社会和个体的道德实践的目标，是要在分别描述道德悖论现象的基础上，分析和说明两者道德悖论现象形成的原因和规律，论证和构建两者的道德实践逻辑。依据道德选择的内容和目标来划分，道德悖论研究的实践转向有三大视阈，即公共生活、职业生活、家庭生活的道德实践逻辑。由于内容和目标不同，这三大道德实践领域内出现的道德悖论现象也有所不同，其论证和建构的道德实践逻辑也应显示出差别。做出这样的区分并分别加以研究，是道德悖论研究实践转向的基本任务，也是加强和改进中国特色社会主义道德建设的重大课题。

需要注意的是，道德的广泛渗透性使得道德选择的独立性是相对的，所以道德悖论研究转向道德选择也只能在相对独立的意义上来理解，在一般情况下应当把两大视阈联系和贯通起来。

基于实践逻辑的悖论成因分析与排解理路*

道德悖论现象形成的原因，可以从不同的角度展开分析。从历史文化传统的角度来分析，如前所说，与德性主义的伦理文化和道德文明传统有关。这里，我们基于道德实践逻辑本身来分析，并由此提出排解道德悖论现象的基本理路。

从道德悖论现象的实践境况来分析，可以从客观过程要素和主体素质两个方向展开。

一、道德实践逻辑的三种要素

道德实践过程，不论是个体的道德选择和价值实现，还是社会的道德建设，包括道德教育、道德宣传和道德评价，其过程是由三种逻辑要素构成的，这就是：要讲道德、讲什么道德、怎样讲道德。

要讲道德，属于道德实践的意义论范畴。自古以来，世界各国各民族都非常重视"要讲道德"，因为它是道德社会建设和道德人培育的认识论

---

* 原文题目为"道德悖论现象成因、评价及其学理边界"，原载《安庆师范学院学报》(社会科学版) 2009 年第 10 期，中国人民大学书报资料中心《伦理学》2010 年第 2 期全文转载。收录此处，对内容与结构作了较大幅度的修改、调整和补充。

前提。一个人出世后，从"认生"①开始就接受关于伦理与道德的教育，从牙牙学语开始就能接受语言和肢体信息的道德教育了，从上学开始就能接受书本知识和社会经验的道德教育了，直至走上独立的人生发展旅程所接受的规范化的道德教育，其主题一直都是做人"要讲道德"，理解和把握道德的价值和意义，"做道德人"的必然性和必要性。所谓道德是立国之本、做人之本这类"大道理"，皆由这个简单的意义命题而来。在一定的意义上可以说，任何一个国家和民族，"要讲道德"都是老少皆知的简单道理，尽管总会有一些人不讲道德。

讲什么道德，属于道德实践的知识论范畴。这可以从两个向度来分析和把握。一是关于道德价值观念和行为准则的知识形态。二是关于道德价值观念和行为准则的知识属性。在道德教育中，前者属于"传道"的内容，主要靠灌输。后者属于"解惑"的内容，主要靠理解和"澄清"。历史地看，道德知识的形态较为稳定，甚至语型的变化也不大，而其时代属性则多发生与时俱进的变化，有的甚至发生质的变化。中国先秦时期儒学创建的以"爱人"为核心的仁学道德知识体系，如仁、义、礼、智、信、孝、悌、忠、恕等，西方社会始于古希腊的"四主德"即智慧、公正、勇敢、节制等，在数千年的演变中大体上没有改变其作为道德知识的形态，以至于中国21世纪初颁发的《公民道德建设实施纲要》提出的20字道德规范中的"明礼诚信"还沿用了古汉语的语型，但其语义即实际内涵则时过境迁，变得丰富起来，有的性质也不可与过去同日而语。

怎样讲道德，属于道德实践的方法论范畴。它包含道德能力和道德经验两个基本方面。道德能力是由多种结构要素构成的。其一，择善能力，一般说来人们面临择善选择，都会有择善的意义取向，有的人之所以没有择善，可能与其"心有余而力不足"有关，这里的"力"，就是择善能力。"千里送鹅毛，礼轻情意重"之所以成为千古佳话，是因为当事人作了

---

① 中国民间自古以来有"认生"一说。婴儿长到三个月，便能够发现和分辨"熟人"和"生人"，此即所谓"认生"，意思是在伦理关系上分辨真与假或亲与疏，这时父母和其他亲人给予"认生"以肯定的态度，实则就是对孩子的一种伦理道德教育。

"力所能及"的选择。其二，事实判断能力。一个人面临需要抉择的伦理情境，择善与否本属于"要讲道德"的意义范畴，与"怎样讲道德"的方法并无直接关联，而是否有事实判断则不然，它与"怎样讲道德"的能力直接相关。看到有人在马路上摔倒，你选择见义勇为，结果被"碰瓷"了，不能说与不具备怎样见义勇为的能力不无关系。其三，把握道德行为过程的能力。一般说来，一种道德实践过程都有两种客观因素在影响道德价值的实现结果。一种是不变的客观因素，它是主体选择道德行为时就已经做出判断的因素。另一种是可变因素，它可能是主体择善时已经做出事实判断、后来又发生变化的客观因素，也可能不是，它是行为过程中出现的始料未及的新情况。对于道德价值实现而言，不变的因素和可变的因素都存在有利与否的差别。当不利因素出现并实际影响道德价值实现时，主体能否及时发现并驾驭，无疑也是一种"怎样讲道德"的能力。约瑟夫·弗莱彻认为，"在良心的实际问题中，境遇的变量应视为同规范的即'一般'的常量同等重要"，因此，需要"境遇改变规则和原则"的情况是经常发生的，而每当这种情况发生时作这样的"改变"十分必要。①其四，自我进行道德评价的能力，包括开展和接受两个方面。在道德实践过程中，自我道德评价两个方面的能力实则是一种道德监督能力。

"怎样讲道德"的经验或道德经验，作为"怎样讲道德"的逻辑要素，是一种道德实践观念、习惯和方式。面临利益关系的矛盾需要道德调整，有的人自然而然地选择了利他，有的人自然而然选择了利己，有的人自然而然选择了利人又利己或利己又利人，而旁观者协调这种利益关系，也能熟练地各行其道，化解利益各方矛盾，使之偃旗息鼓，化干戈为玉帛。这些，一般都是"怎样讲道德"的经验使然。"怎样讲道德"作为社会的道德经验，要复杂得多。它是一种社会风气，在观念层面上表现为道德心理，在行为方式上表现为风俗习惯。一个社会如果风气普遍不好，那可能就是遗落了传统的道德经验，或者新的社会经验尚未形成。

---

① 参见［美］约瑟夫·弗莱彻：《境遇伦理学》，程立显译．北京：中国社会科学出版社1989版，第18—19页。

不论是个体还是社会的道德实践，道德价值实现都是上述道德实践的三种逻辑要素相统一的过程。

二、三要素失衡必定出现道德悖论现象

在道德实践三种逻辑要素相统一的结构中，"要讲道德"是前提条件，"讲什么道德"是必要条件，"怎样讲道德"是关键环节。三要素失衡，尤其是缺少或缺失"怎样讲道德"这个关键环节，就势必会出现道德悖论现象。

没有"要讲道德"这个前提，亦即不讲道德，也就无所谓道德悖论现象发生。"讲什么道德"之所以是必要条件，是按照什么样的道德标准和行为准则选择道德行为的问题，涉及道德行动的内容和方向，体现道德价值的属性和当量。在唯物史观的视野里，"讲什么道德"的知识和标准，是历史范畴，也是国情范畴，即使是所谓的"底线道德"的标准，也是存在时代和国别差别的。

"要讲道德"的意义与"讲什么道德"的知识都是道德的可能价值形式，它们唯有经过"怎样讲道德"的关键环节才可能转化为道德价值事实。在这里，"怎样讲道德"发挥的作用是逻辑推演，决定着道德实践的最终结果。就是说，道德悖论现象的发生主要是"怎样讲道德"这一逻辑要素欠缺造成的。

在道德实践中，道德主体在"要讲道德"和"讲什么道德"的问题上关注的是合目的性的自我要求，而"怎样讲道德"则是道德实践过程合规律性的客观要求，它可能会与合目的性要求相一致，也可能不一致，道德悖论现象的发生正是目的性脱离规律性的结果。

人类参与和主导的任何社会实践活动，不论是物质的还是精神的，都有其自身的规律，遵循规律才能把握活动自由，获得最佳效益。那么，道德实践活动有没有其自身的规律可循呢？回答应当是肯定的。这是一个长期被人们忽视的重要问题。如果说，个体道德选择和价值实现意义上的道

德实践是否合乎规律于己于社会所产生的影响一般不会很大，那么在社会选择的意义上情况却大不一样了。

社会的道德实践，如道德教育、道德评价、道德宣传等，合目的性要求一般是经由国家管理和社会建设的领导集团发布和组织实施的，体现的都是他们的主观愿望。它是一种极为广泛而又复杂的系统工程，涉及所有的社会成员，因而也受每个人的关注，影响每个人的道德选择和价值实现意义上的道德实践。因此，在"怎样讲道德"的问题上，合目的性要求与合规律性要求相统一就显得特别重要。一个社会的领导集团的主观愿望，如果脱离了社会道德发展进步自身的客观规律，即合目的性要求脱离合规律性要求，那就不仅会使得道德实践收效有限，而且会在全社会道德生活的层面上引发普遍的道德悖论现象，动摇人们对道德价值的信念和社会道德建设的信心。

值得特别注意的是，在违背规律、不知"怎样讲道德"的情况下，如果只是为了"要讲道德"而讲道德，或一味地鼓动"要讲道德"，势必会诱发、纵容、掩饰种种不道德的现象发生。

人世间的许多不道德现象，正是不知道"怎样讲道德"而又"要讲道德"结的"苦果"。小说《金光大道》里的焦淑红，为了对一个懒汉讲道德，促使他悔过自新，变为自食其力的"道德人"，把自家的粮食都给了他，结果那懒汉因可以坐享其成反而变得更懒了。不能说焦淑红是一个不讲道德的人，在一定的意义上我们甚至可以说她是一位可敬可爱的道德模范。但是，她讲道德的后果却是"自相矛盾"的，在发扬乐于助人美德的同时，使懒汉变得更懒了。

三、排解道德悖论的基本理念与理路

道德悖论现象作为一种特殊的逻辑矛盾，其存在具有"不依人的意志为转移"的客观必然性，不可彻底消除，但却可以预防和排解，预防和排解都是有限和相对的，不是无限和绝对的。这是排解道德悖论现象首先应当确立的理念。以为道德悖论现象的发生不可避免而放弃排解的努力，不对；以为只要努力，就可以排除一切道德悖论现象，也不对。

道德悖论现象的排解与逻辑悖论的"解悖"有一些重要的不同。首先，逻辑悖论的排解一般是在悖论出现之后，属于"亡羊补牢"，道德悖论的排解却主要是在悖论预测、形成和显现过程之中，出现之后的排解则属于"答疑解难""总结经验"的任务了。其次，一般逻辑悖论作为语义或语用现象，其排解基本上属于单纯的思维活动，依靠思辨，而道德悖论的排解则既是认识活动又是实践活动，需要把思辨和实践智慧即经验与能力统一起来。最后，一般逻辑悖论的排解，多属于逻辑学学科范围内的事情，运用的是逻辑的方法，而道德悖论的排解则涉及伦理学、逻辑学、法学、政治学等学科的方法。

厘清排解道德悖论的理路，总的来说，需要在中肯分析道德悖论成因的基础上进行。就中国的情况而论，最重要的是要重构伦理思维范式，丰富和发展伦理思想体系，把"讲道德""讲什么道德"与"怎样讲道德"在价值论、知识论和方法论的意义上统一起来。因为，在传统的意义上，中国长期受德性主义的伦理文化和道德行为方式的影响，虽然也曾有"司马光砸缸"那种赞美"怎样讲道德"的道德故事，但主流的东西还是"孔融让梨"那样的美德佳话。

德性主义道德实践的逻辑前提是贬斥人的"利己心"。因此，正确看待"利己心"，对于当代中国人排解道德悖论现象是很有必要的。实际上，"利己心"并非人的天性，而是人在后天的社会生活中"自然而然"形成的。一个人活在世上，除了不劳而获的剥削者或采取不正当手段谋生的寄生虫，都必须要自食其力，关心自己的衣食住行，因而一事当前必然要先替自己打算。这本是人之常情，也是天经地义的。就是说，"利己心"本不属于道德范畴。"利己心"的善恶与否，只有在发生利益矛盾和冲突的特定的伦理情境中才表现出来，从而成为道德范畴。先人后己或人己兼顾，为善；反之则为恶。可见，"要讲道德"和"讲什么道德"与"利己心"并不是对立的。

　　而经验主义则不然。在它看来，"要讲道德"和"讲什么道德"，并不是人与生俱来的使命和责任。人之所以要讲道德，潜在意识和基本的立足点是为了"利己"，为了"利己"必须"利他"，这就是经验论的道德逻辑。经验论伦理学说及其建构的道德逻辑，归根到底是市场经济的产物，内含公平、公正这类体现现时代伦理精神的道德观念。从这点看，改造、丰富和发展德性主义，并将公平正义引进社会主义道德体系中，也是当代中国社会发展的必然要求。唯有如此，才能在道德价值选择和实现的意义上把"讲道德""讲什么道德"与"怎样讲道德"的价值论、知识论和方法论统一起来，预防和排解道德悖论。

　　"利己心"具有两面性，既可以引导人们向善——讲道德，也可能会诱导人们向恶——不讲道德，社会与人的正确选择应当是在承认和尊重利己心的前提下扬善避恶。

　　马克思说："对人类生活形式的思索，从而对这些形式的科学分析，总是采取同实际发展相反的道路。这种思索是从事后开始的，就是说，是从发展过程的完成的结果开始的。"①从道德上来看，中国改革开放三十多年来取得的辉煌成就和巨大进步，就是从尊重人的"利己心"起步的，虽然至今我们还没有这样看问题的意识，或没有这样看问题的勇气。农村实行家庭联产承包责任制，实行真正的按劳分配、多劳多得，极大地调动了农民的生产积极性，也让农民从中感悟到社会主义制度的优越性，在发展生产和增加财富的过程中受到关于集体主义、社会主义和爱国主义的教育。人们难道没有必要从这种变化中领悟"怎样讲道德"的道理吗？

---

　　①《马克思恩格斯文集》第5卷，北京：人民出版社2009年版，第93页。

浅析传统道德评价存在的"盲区"*
——兼谈道德悖论"解悖"的一个新视点

道德是依靠社会舆论、传统习惯和人们的内心信念进行善与恶的评价才得以生成、维系和不断走向进步的，在这种意义上我们完全可以说，没有道德评价也就无所谓道德。道德评价是人类道德实践活动的重要组成部分，人们对它一般有广义和狭义两种不同的理解。广义的道德评价，泛指一切以善或恶为评价用语的评价活动，它以一切具有善或恶的价值和意义的社会和人的思维现象和实际行动为对象，以广泛渗透的方式存在于人们的认知和评判活动之中。狭义的道德评价，特指对主体道德行为的评价。在中国，狭义的道德评价一直存在一种"盲区"，即忽视行为主体道德选择之后的道德价值实现过程。

一、反思传统道德评价的三种学说

在传统的意义上，人们在进行道德评价时关注的是主体选择道德行为的动机和效果，由此而形成三种不同的道德评价学说。一是动机论，核心主张是以主体行为选择的动机为评价的主要标准，动机如果是善良的，即使效果不好也要对行为给予积极的评价。二是效果论，偏重于看行为效

*原载《阜阳师范学院学报》(社会科学版)2009年第3期。

果，效果好则给予积极的评价，反之则加以否定。三是动机与效果统一论，既看行为动机又看行为效果，主张道德评价的标准既不可因动机不纯而无视好的效果，也不可因效果不好而无视善良的动机。

传统道德评价观的三种学说主张都有其合理的方面。动机论的合理性在于，它充分肯定人的任何行为选择和价值实现都是从既定的目的和动机出发的，道德选择和价值实现更是这样。恩格斯说："在社会历史领域内进行活动的，是具有意识的、经过思虑或凭激情行动的、追求某种目的的人；任何事情的发生都不是没有自觉的意图，没有预期的目的的。"[1]一般说来，行为的目的和动机明确，合乎道义要求，就会有好的效果，反之亦是。效果论的合理性在于充分肯定人的行为选择的价值和意义。只讲善良动机而不讲善良功效的道德行为，给予肯定究竟会有多少的积极作用？人们很少考虑这个问题，因为人们相信只要给动机以积极的评价和肯定就一定会激励更多的人去行善，其实这只是一种假设。实际情况是，"好心得不到好报"即没有好的结果的时候，行善的动机是最容易受到伤害的，久之还会使得行为主体对自己的善心和善行产生怀疑，以至于对道德的价值和功能也会发生动摇。即使不会出现这样的情况，也可能会给行为主体带来伤害。如未成年人与成年罪犯搏斗、自身不会游泳而跳入水中去救同伴、身体弱小而勇斗歹徒等行为，未成年人虽然有着良好的动机，但他们在心智和身体发育方面还很不健全，在行为判断与选择过程中缺乏理性思考，往往出现选择的行为方式超出他们本身的行为能力，最终不能达到应有的效果。以往我们的社会道德对见义勇为行为是持一律鼓励、称颂的态度，今天我们应当重新审视。人作为实践的社会存在物是价值主体，以"以我为轴心"的思维方式看世界，面对自然、社会和人生所选择的一切认识和实践活动（行为）都是从满足自己需要的价值思考和追求出发的，即使是"无缘无故"的"盲目"选择，其实也是抱有某种目的和动机的。人的实践本性在道德选择和价值追求中表现得尤其充分，面临特定的利益关系情境和伦理境遇，人所作的任何选择都会持有某种明确的目的和动

---

[1]《马克思恩格斯文集》第4卷，北京：人民出版社2009年版，第302页。

机，或者是为了追求某种善果，或者是为实现某种恶果。动机和效果统一论的合理性表现在，试图纠正动机论和效果论的片面性，从道德评价的角度引导人们从善良的动机出发追求良好的结果。

但是，二者的不合理性更为明显，而且是共同的，这就是：规避了对动机和效果不一致的实际情况进行评价，也就是说，忽视了对主体道德价值实现的过程进行分析和评价，使主体的行为过程成为道德评价的"盲区"。事实证明，主体行为选择的目的和动机明确，不一定就会产生预期的效果，两者既可能是一致的，也可能是不一致的，甚至是相悖的，即事如人意和事与愿违的情况都可能存在。同样之理，主体行为选择的目的和动机不端正，也不一定就没有好的效果，此即所谓"歪打正着""仇将恩报"等。而在道德现象世界，这类情况人们是司空见惯的。概言之，传统的道德评价，无论是动机论、效果论还是动机效果统一论，均无法揭示道德行为选择和价值实现过程的真实情况，难以真正引导人们认识和把握道德价值选择和实现的客观规律，展现道德评价的目的和功能。

二、把握"盲区"需要道德智慧

道德评价的目的和功能在于扬善惩恶，建设和维护优良的社会风尚，引导人们形成良好的道德品质。道德评价要达到这样的目的，实现这样的功能，不仅要指导人们适时地依据一定的道德价值标准进行正确的道德选择，给行为主体指明应当追求的道德价值目标和努力的方向，而且还要分析和评价主体实现道德价值的行为过程，给主体实现道德价值以客观真理性的评判和指导。后者对于实现道德评价的目的和发挥道德评价的功能尤为重要。因为主体的行为选择能不能实现其价值预期的目的，并不在于其动机是否纯正，态度是否坚定，而在于其在行为过程中能否适时察觉应对各种可变因素，调整自己的行为方式，甚至包括调整自己的行为方向和追求的价值目标，这就涉及行为过程中的道德智慧。

所谓道德智慧，相对于防止和"解悖"道德悖论现象而言，是指适时察觉和处置道德行为过程中出现的各种不确定的可变的因素以实现道德价值既选目标的经验和能力。人们"做事"，影响其"成事"的因素一般可以从两个方面来进行分析，一是"做事"的目的和态度，属于非智力因素的人生价值观范畴；二是"做事"的经验和能力，即"成事"的"本事"，属于智力因素的智能结构范畴，两者的有机结合方可"成事"。事实证明，仅凭正确的目的和满腔的热情而缺乏"做事"的"本事"，一般是不可能"成事"的。其实，"做人"的道理也是这样，就选择和实现某种道德价值的实际过程而言，不仅要有"做人"的"善心"和"善举"，也要有"做人"的"明智之举"，"明智之举"主要不是来自善良动机，而是来自道德经验和道德能力。这里需要特别分析和指明的是，对道德智慧的两个构成要素——道德经验和道德能力应当有一种大体准确的理解。道德经验大体可以被理解为一种伦理思维和道德行为的习惯，既与人接受道德教育的科学水准有关，也与人的人生阅历和积累有关。道德能力，即"做人"的能力，既表现为"纯粹做人"的能力，也包含与"做人"有关的"做事"的能力。如一位医生抱有救死扶伤的善心和爱心，真心诚意地想把患者的病治好，但他看病的技术能力有限，甚至对患者诊断有误，结果自然不会有好的疗效，与其"做人"的初衷相背离。

人的道德行为是在对客观事物认识的基础上，行为主体在一定的道德情境下，根据自己的道德认知做出道德判断，选择道德行为方式，将道德动机转化为道德现实的实践活动，这是一个动态的过程。一般来说，这一过程存在着诸多不确定因素，立足于道德智慧，我们可以从两个方向来进行分析和认识。一是行为对象的不确定性和可变性。在特定的利益关系和伦理境遇中，人们的道德行为选择和价值实现一般都会以具体的人为对象，如先人后己、助人为乐、见义勇为等，因此行为的选择及其价值实现势必会面对特定的人，这个"特定的人"的真实面貌就决定了选择是否正确，价值可否实现。《西游记》里的唐僧因大发善心救红孩儿、白骨精等而差点丢了性命，说的就是这个道理。再比如，一个人在街头看到一个乞丐，觉得他（她）怪可怜的，就想到"做人"应当表达同情弱者、乐善好施的"善心"，于是慷慨解囊，甚至倾其所有，殊不知这种"善举"所成之事既可能是做了"善事"，也可能是做了"恶事"（帮助了一个以乞讨为业乃至因此而发家致富的不劳而获者）。这类事与愿违、适得其反的结果，皆由不识道德行为的对象的真实面貌所致。二是行为环境因素的不确定性和可变性。一个人选择自己的道德行为，可以在自己的想象中消除价值实现过程中的一切矛盾，但一旦付诸实际行动，情况就可能会发生变化，如果不凭借自己的经验适时调整行动计划和方案，可能就难以达到预期的目的。"千里送鹅毛，礼轻情意重"，以鹅毛替代鹅，终于实现了"千里送鹅"的价值选择，赞美的就是一种应对行为过程发生变化的道德智慧。不妨设想一下，如果"千里送鹅"却两手空空，结果会是怎样呢？肯定不会有"情义重"的效果。总之，道德行为选择和价值实现过程中的不确定和可变的因素是客观存在的，如果不加以应变就会直接影响道德价值的实现，由此而产生道德悖论，即从善良动机出发在表明自己做"善事"的过程中却同时做了"恶事"。

因此，评价主体的道德行为选择和价值实现，不能只是关注动机和效果两个端点，而忽视价值实现过程的可变因素——传统的道德评价"盲区"及其诉求的道德智慧。偏重看动机的"动机论"、偏重看效果的"效果论"和动机效果兼评的所谓"统一论"，所评价的其实都是主体道德行为选择和价值实现的后果，都是"后果论"（所谓"动机论"不过是反思后果而已），都忽视了造成动机与效果不一致的客观原因，致使价值实现的过程成为道德评价的"盲区"。这就要求传统的道德评价需要实行理论创新，把"后果论"与"过程论"统一起来，并在此逻辑前提下突出"过程论"的评价。以传统美德中的"司马光砸缸"为例，这个脍炙人口的道德故事赞扬的是主人翁见义勇为的善心、善举和善果，而在行为过程中起关键作用的"砸缸"，则既是善举也是"智举"，整个过程实现了见义勇为与见义智为的统一。试想一下，如果不是选择"砸缸"这种"智举"，这个古老的道德故事还有什么道德评价和教育的意义呢？

进一步来分析，主张道德评价要把"后果论"与"过程论"统一起来并凸显"过程论"的认知价值，反映道德价值的本质要求。一种道德之所以是有价值的，首先是因为它反映了"生产和交换的经济关系"及"竖立其上"的上层建筑包括其他形态的观念上层建筑的客观要求，具有真理性。人类有史以来的道德文明样式尽管千差万别，不仅不同阶级有不同的道德文明，而且不同的历史时代也有不同的道德文明，但是有一点是共同的，这就是在"归根到底"的意义上建构起与特定时代的经济发展和整个社会的文明进步的客观关系。"知识就是力量"的"知识"无疑是关于真理的知识，"知识就是力量"的命题无疑应当包含道德知识即道德真理。就是说，道德之所以可以成为一种价值，一种力量，一种魅力，就在于它首先是真理，惟有以真理为基础的道德价值和行为准则，才能在其被选择和实现的过程中展现其价值。由此可以看出，在道德评价中忽视对主体行为过程进行评价，是不利于实现道德评价的目的、发挥道德评价的功能的，甚至会使道德评价流于表面形式，对人们的道德行为选择和价值实现产生误导。诚如梯利所言："那些对道德事实的匆忙和肤浅的判断是和所有别的'半瓶醋真理'一样危险的。"①

　　中国传统的道德评价之所以会存在上述的弊端，与儒学伦理文化注重"求诚"而轻视"求真"的本质特性是直接相关的。以孔孟为代表的传统的伦理思想体系和道德规则体系，以"人性善"为本体论的立论基础，以"推己及人"为基本的逻辑程序——"己所不欲，勿施于人""己欲立而立人，己欲达而达人""君子成人之美，不成人之恶"等，是一种建立在假说的本体论基础之上的道德假设体系。一味强调"为仁由己"，忽视对道德行为过程进行真理性的考察和思考，在道德行为选择和实现过程中对"应该如何讲道德"关注不多，使得人们长期无视个体和社会道德行为中"如何实现道德价值"的能力与智慧，使得主体在道德价值选择和实现过程中，常常会出现"帮倒忙""好心办坏事"的悖论现象。

　　总之，在传统儒学伦理思想和道德主张的指导下，人们选择自己的行为只要从"善心"出发就可以了，其结果不论是善还是恶或两者兼而有

---

① ［美］弗兰克·梯利：《伦理学概论》，何意译，北京：中国人民大学出版社1987年版，第16页。

之，在道德评价上都是给予积极肯定的。我们认为，从伦理文化来分析，这是导致传统道德评价长期存在一种"盲区"，不能实现"后果论"与"过程论"的有机统一的根本原因。

如前所述，人的道德行为选择由于受到多种不确定的和可变的因素的影响，其结果一般都会出现悖论现象，即善与恶同在的"自相矛盾"的现象。在传统的道德评价的指导下，人们的道德行为选择及价值实现的过程必然出现道德悖论的现象，是客观的、普遍存在的，却往往被人们所忽视，甚至发生错觉，动摇人们对道德价值及其选择与实现的信念和道德建设的信心。我们的道德评价如果包括乃至凸显"过程论"，给予行为过程的不确定和可变因素以应有的关注，那么无疑就会有效地防止、淡化、消解"恶果"的出现，扩大行为的"善果"，提升主体道德行为选择和价值实现的有效性。由此观之，研究传统道德评价的"盲区"并有针对性地提出"扫盲"的路径，也是一种"解悖"的新视点。

道德悖论现象之"恶"及其认识论意义*

笔者渐渐发现并在一些文章中指出，道德悖论是道德实践领域普遍存在的一种主客观相统一的"问题群"，内含道德悖论现象、道德悖论直觉、道德悖论感知、道德悖论解悖、道德悖论理论等层次。道德悖论现象是道德选择（包括富含道德价值却不是直接意义上的道德选择）和价值实现的过程中同时出现的善与恶自相矛盾的现象，它是道德悖论"问题群"的客观部分，也是整个道德悖论研究的逻辑起点。笔者还认为，人类的道德文明史实际上就是维护和张扬道德悖论现象之善、分解和利用道德悖论现象之"恶"的历史，纯粹的扬善或扬善驱恶的历史其实是不存在的。然而，在道德实践中人们至今所关注的多是道德悖论现象之善，对其"恶"的分解和利用却一直处于不自觉的状态，没有给予应有的重视。因此，分析道德悖论现象之"恶"及其认识论意义，不仅有助于拓展道德悖论研究，也有助于科学理解和把握社会和人的道德发展与进步的客观规律。

一、道德悖论现象之"恶"不同于道德谴责之恶

在道德生活中，"恶"历来是被用来指有害于社会和他人的不良动机和行为及其后果——恶念、恶行和恶果，如为了一己私利而生产经营假冒

---

*原载《合肥师范学院学报》2011年第1期。

伪劣商品坑害消费者、无端伤害他人身体和尊严等。因此，在任何历史时代和伦理情境中，人们对恶的谴责和批评都是"口诛笔伐"的，一般不会出现什么意见分歧，而对道德悖论现象之"恶"则不应作如是观，当人们对某种"恶"表现出莫衷一是的意见分歧时，这种"恶"可能就是道德悖论现象之"恶"，因为道德悖论现象之"恶"不一定就是公众道德谴责之恶。

道德悖论现象之"恶"具有"说不清道不明"的特征，因此有史以来人们对"恶"的评价通常是见仁见智，一直存在"动机论""效果论""动机与效果统一论"的学说分野。

这主要是因为，道德悖论现象之"恶"总是与善相伴随，是在选择和彰显社会道德标准的过程中与善同时出现的，而其"恶"的性质与恶多有不同，后者是无视和违反社会道德标准的恶果。例如：帮助了懒汉、懦夫和骗子，无疑是一种恶，甚至是一种罪，但与出于乐于助人的善心和出于"别有用心"甚至是"助纣为虐"的恶念相比较，性质显然不同。就是说，当人们视"恶"为恶时，其实并没有看到"恶"的本来面貌。换言之，"恶"在发现（评价）的意义上可能会是"见仁见智"的，但在发生（存在）论的意义上却是客观事实。它可能是恶，也可能是善，或孕育着某种新的善，因此仅用评价恶的标准评价"恶"是不合适的。事实证明，在实际的道德评价活动中，当人们对某种"恶"的评价因"说不清道不明"而出现"见仁见智"的争论的时候，所评价的"恶"很可能就是道德悖论现象之"恶"，对这种"恶"所持的态度和方法应当是具体分析，而不应如同对待"恶"那样一概加以否定和谴责。

关于"恶"的评价意见的分歧和争论，实质是不同的道德价值标准之间的矛盾和冲突，其中一方可能是需要理论研究给予梳理和支持的新的"伦理观念"。因此，关于"恶"的分歧和争论，在社会往往是预示社会道德发展与进步的某种征兆，在个人则往往预示提升个人品德以使之具有智慧内涵的某种机遇。在社会"生产和交换的经济关系"处于变革性发展的特殊时期，由于"伦理观念"发生着深刻的变化而将其梳理和提升到道德意识形态的加工尚需一个过程，出现所谓"道德失范"的困惑，所以社会和人在进行道德选择（包括富含道德价值却不是直接意义上的道德选择）和价值实现的过程中伴随着善同时出现的"恶"的现象会相当普遍。在这种情势之下，注意区分道德悖论现象之"恶"与道德谴责之恶之间的本质界限，因势利导关于"恶"的意见分歧和争论，并依此推动道德理论实行与时俱进的创新，为道德建设注入新的活力是至关重要的。这实际上是社会处于变革时期维护和推进道德进步的认识论前提和逻辑基础。

二、道德悖论现象之"恶"与"人必有私"之"恶"的相似性

确认"人必有私"之类人的自然欲望为"恶"并给予学理性的说明和高扬的代表人物，中国伦理思想史上当推先秦时期的荀子和明清之际的李贽。荀子依据"今之人性，生而有好利焉"，判定"人之性恶明矣，其善者伪也"。由此，他推论出制定社会之"礼"即政治、法律和道德规则的必要性。李贽说："夫私者，人之心也。人必有私，而后其心乃见；若无私，则无心矣。"据此，他认为"治田必力""治家必力"者，皆缘于其"私心"，无"私"则无"力"。①遗憾的是，李贽作为呼应资本主义萌芽的中国式的启蒙思想家，由于种种历史的偶然因素没有提出张扬和扼制"私"的社会理性，但我们可以不必去深究。在西方伦理思想史上，"人性恶"学说体系的真正奠基人物当推霍布斯，他称"人必有私"为"人的自然状态"，称其为"人的自然权利"，并从经验逻辑出发运用逻辑悖论的方法把尊重"人必有私"与尊重社会规则统一了起来。

视"人必有私"和"生而好利"的"人的自然状态"为"恶"，其学理上的荒谬性自不待说。道德之必然性和必要性历来是以一定的利益关系为基础和对象的，不存在利益关系的地方便没有道德存在的理由。"人的自然状态"的"人必有私"的心理正是社会和人发展与进步的一种内在动

---

① 参见张建业主编：《李贽文集》第3卷,北京:社会科学文献出版社2000年版,第626页。

因，本身并不是道德范畴，只有在发生利益关系需要调整而主体选择又不能兼顾甚至损害他方利益的情况下才可视其为恶，将此"恶"与恶混为一谈是没有道理的。但先哲所论有两点值得今人注意：其一，按照经验逻辑推导，如果任由"人必有私""生而好利"的"人的自然状态"自发地表现出来，在发生利益关系的情境下势必会侵害他方利益，即"争夺生而辞让亡"，直至出现"人对人是狼"的"战争"局面，结果走向反面，成为一种道德谴责意义上的真正的恶。可见，"人必有私"和"生而好利"的"人的自然状态"内含一种"悖论基因"——既可引导人走向善，也可引导人走向恶，这就决定了其实践张力必然会产生道德悖论现象。可见，"人必有私"之"恶"并非自身之恶或起点之恶，而是过程和结果之恶。其二，按照形式逻辑推导，社会在尊重个体"人必有私"和"生而好利"的"人的自然权利"的过程中，必须要有淡化和消解其"恶"所导演的普遍的道德悖论现象的机制，这样的机制应包含道德规则和法律规则，其使命仅在于限制人的不当私欲，告诫和引导个体在维护和实现自己的"自然权利"的时候须有尊重他人和社会的道德和法制意识。在这个问题上，荀子和霍布斯为各自的时代做出了重要的理论贡献。

由上可见，与从善心出发、遵循和彰显一定的道德标准一样，"人必有私""生而好利"之"恶"在价值实现的过程中也会出现善恶同在的道德悖论现象，所不同的是，前者是结果之"恶"，出发点是"善良意志"——"他人意识"和"社会意识"，逻辑推理演绎的"矛盾等价式"是"因为选择了善，所以也就选择了恶，反之亦是"；后者是起点之"恶"，出发点是"主观为自己"——"自我意识"或"利己意识"，逻辑推理演绎的"矛盾等价式"是"因为选择了'恶'，所以也就选择了善（即所谓'主观为自己，客观为他人'），反之亦是"。就是说，道德悖论现象之"恶"与"人必有私""自然权利"之"恶"虽然道德选择的标准、出发点和实践路径不同，但过程和结果都会显现道德悖论现象，即善（恶）与恶（善）同显同现的自相矛盾现象，两者并不存在本质的差别。

进而言之，社会和人的道德选择（包括富含道德价值却不是直接意义上的道德选择）和价值实现过程存在两种意义上的道德悖论现象；人类自古至今的道德发展和进步其实就是在这样两种道德悖论现象的模式中演进的，从道德文本出发或依照文本叙述的"纯粹理性"的道德发展和进步其实并不存在。社会道德发展与进步的文明程度，人在道德品质方面的成熟程度，在根本上取决于社会和人对道德悖论现象的理解和把握——包括对道德悖论现象之"恶"的理解和把握的水平。这种"实践理性"应当融汇在关于道德的相关理论体系和学说之中，融汇在社会道德舆论和道德教育之中，转变为人们的道德素质和素养。

三、道德悖论现象之"恶"的认识论意义

自古以来，一切道德文本和道德教育所传播的都是关于道德之善（真、美）的知识，但是社会和人的一切道德选择（包括富含道德价值却不是直接意义上的道德选择）和价值实现都是在善与恶（真与假、美与丑）俱在的现实社会里进行的。这就使得人们相遇道德悖论现象（善与恶的自相矛盾现象）成为必然之势，成为一切道德和精神生活的实际内容。若是无视文本和现实的这种差距，或虽然直面这种差距却不能给以科学的说明，必然会导致各种各样的"道德无用论"，在无休止的"道德困惑"中动摇人们的道德信念和信心，引发"道德冷漠症"。解决这个古老问题的基本理路，就是要揭示道德悖论现象之"恶"的认识论意义。

恩格斯在《路德维希·费尔巴哈和德国古典哲学的终结》中批评费尔巴哈"没有想到要研究道德上的恶所起的历史作用"，同时指出"在黑格尔那里，恶是历史发展的动力的表现形式"，这种"动力形式"一方面表现为"对陈旧的、日渐衰亡的、但为习惯所崇奉的秩序的叛逆"，另一方面表现为"人的恶劣的情欲——贪欲和权势欲"。[1]不难理解，这种精辟见解所揭示的"恶"，正是道德悖论现象之"恶"（包含结果之"恶"和起点之"恶"）；它们虽然是"恶"，却也都是推动社会和人的道德发展与进步

---

[1]《马克思恩格斯文集》第4卷,北京:人民出版社2009年版,第291页。

的巨大动力，因此也是合乎道义之善。恩格斯在这里所指出的主要是"恶"的实践论意义，尚未真正展开它的认识论意义。但是，他的杰出贡献为今人从理论上进一步揭示和把握道德悖论现象之"恶"的认识论意义开辟了极为重要的方法论路径。

历史证明，前一种"恶"的"动力形式"，主要表现为新生之善挑战和替代陈旧之恶的道义冲动和批判力量，多活跃在推翻旧制度或变革旧体制的特殊年代，当这种冲动和力量触及某些人或集团的既得利益时，就会被视为"恶"，背上"恶名"，受到抵抗和抵制、诋毁和嘲弄，干扰革命和变革的正当进程。同样，后一种"恶"——"人必有私"的"动力形式"，不论史上形而上学伦理学说对它持何种态度，它在历史发展的实际过程中"成了历史发展的杠杆"却都是毋庸置疑的客观事实。前一种"恶"之所以能够成为一种"动力形式"，与后一种"恶"的"动力形式"所提供的伦理支撑是密切相关的。虽然有史以来的变革不乏大公无私的仁人志士，但变革的主力军和真实的动力源泉却是在最广大的人民群众之中，在于他们对各自利益的关注，即"人必有私"。没有这样的"恶"，也就没有史上发生的一次次可歌可泣的伟大革命，没有30多年来中国改革开放和社会主义现代化建设的伟大实践！

道德悖论现象之"恶"的认识论意义，还表现在它所蕴含的对道德理论建设和道德实践的指导意义，这在今天依然是一个有待开发的道德现象世界的处女地。以上文提到的乐于助人为例，其"帮助了不该得到帮助的人"的"恶果"实际上提出了"如何帮助人"的道德认识论的课题。这一课题的拓展和深入，无疑会进一步涉及"应当帮助人""应当帮助什么样的人""应当怎样帮助人"之类属于道德智慧和道德能力的重大课题，不作如是拓展和深入，"乐于助人"这项道德标准必定会和者渐寡，难以普及。

总之，就推动道德发展和进步的认识论理路而言，道德悖论现象之"恶"研究的认识论意义集中表现在：依傍着"驱恶扬善"的传统的方法论路径，需要开辟一条"解'恶'求善"的方法论路径。

回应"虚假命题"批评的三点意见[*]

    周德海在《论道德悖论与新道德体系的构建》一文中，对正在兴起的道德悖论的客观存在及其研究提出了彻底否定性的批评意见，认为"'道德悖论'是一个虚假命题"，"实际上并不存在"。这不能不引起道德悖论研究者的关注。

    《论道德悖论与新道德体系的构建》首先让我们感到大惑不解的是，从其文脉的表达形式——"摘要"和"关键词"来看，主题是"新道德体系的构建"，与讨论道德悖论问题毫无关联，却为何要借助彻底否定道德悖论来破题呢？我们同时感到不能理解的是《论道德悖论与新道德体系的构建》的一系列的结构性命题，如："个人利益、团体利益、社会利益和人类利益"怎么能够"四者并重"呢？"坚持个人利益、团体利益、社会利益和人类利益四者并重的原则"究竟是什么样的"原则"？主张的"个人主义道德（或'合理个人主义道德'）""团体主义道德"究竟是什么样的道德？由"合理个人主义道德、团体主义道德、社会主义道德和人类主义道德四元互补的道德体系"究竟是什么样的道德体系？等等。一句话，我们不能理解《论道德悖论与新道德体系的构建》为何要刻意规避古今中外伦理思维的叙述范式和共识范畴，"构建"一个令人费解的"新道

---

    * 原文题目为"道德悖论及其研究之我见"，原载《理论建设》2008年第4期。此次收录对内容作了一些重要的调整和补充。

德体系"①。

但是，以上这些令人难得其解的问题，包括"在中国文化中，'道德'概念主要来源于老子的《道德经》"这类对中国伦理思想史学的常识性误读，虽然具有重要的学术争鸣意义，却属于另外一些话题，本文暂不拟专题讨论。这里，作为对"虚假命题"批评的回应，发表几点看法。

一、道德悖论研究的缘起与推动力

道德悖论研究缘于伦理学与逻辑学界致力理论创新的学者们的互动联盟，其直接的推动力是试图运用逻辑悖论的方法梳理当代中国社会出现的"道德失范"及由此引发的社会不和谐和"道德困惑"，应对后现代思潮的挑战，阐明当代中国道德建设与发展进步的应有理路。目前涉足道德悖论研究的人多为伦理学和逻辑学界的后起之秀，他们多是生在新社会长在红旗下的年轻人，改革开放以来始终关注着社会伦理秩序和道德生活的变化，把这种变化与国家民族的命运和自己的人生前途紧紧地联系在一起。只要读一读他们研究道德悖论现象方面的文章，就会深切地感触到这一点。

笔者直面道德悖论现象研究始于2002年，缘于"教然后知困"，至今已发表"一家之言"的论文十余篇，多数得到学界同仁的充分肯定，今年又有幸以"道德悖论现象研究"为题获得国家社会科学基金资助，备感鼓舞。

---

①这里有必要顺便指出两个学理性的问题：一是凡可称为"体系"的文化结构，其不同层次之间必定存在着质的同一性，《论道德悖论与新道德体系的构建》的"新道德体系"的四个层次之间，尤其是作为资本主义道德体系的核心的"个人主义道德"与"社会主义道德"之间，并不存在这种质的同一性。二是《论道德悖论与新道德体系的构建》混淆了"伦理思想体系"和"道德体系"两个不同的概念。伦理学人可以构建"一家之言"的伦理思想体系，却不能立足"一家之言"构建"新道德体系"，因为后者作为一种特殊的社会意识形态和价值形态属于观念的上层建筑，一般是由治者依据当时代经济政治结构及伦理思想研究的成果提炼、抉择和颁布的，如美国总统委员会颁布的行政道德体系、中共中央颁发的《公民道德建设实施纲要》提出的公民道德体系等。个中道理，如同我们可以对一种社会制度表达自己的思想，却不能构建这种制度一样。

正如王艳博士在《道德悖论研究述要与思考》一文中指出的那样：道德悖论研究兴起的"直接的推动力是对当代中国社会发展进程中出现的诸多'道德问题'的理性直觉"①。从道德悖论现象研究兴起的社会原因来看，这种看法无疑是中肯的。

改革开放 30 多年来，中国社会在取得辉煌成就的过程中出现了较为严重的"道德失范"（"失范"不可作"失德"解）及由此引发的社会不和谐与"道德困惑"，人们一方面享用着改革开放的丰硕成果，一方面又感受着历史发展进程中的诸多弊端和不足。这种"自相矛盾"的现象让很多人感到自己生活在一种"奇异的循环"之中而不能自拔。这种感觉就是由社会进行价值选择——改革和发展引发的可在道德上进行善恶评价产生的"悖论心境"。如何走出这种"怪圈"？作为理论探讨，学人们纷纷发表自己的看法。有的主张全面引进资本主义伦理文明观和道德体系，有的希冀通过大力继承和发扬优良的传统道德来解决问题，有的则拣起后现代主义伦理学的方法论，认为改革开放的社会选择势必要解构一切传统价值，以牺牲传统道德为代价，在精神生活领域散布一种"改革失败"的情绪。事实证明，这些意见都不能真正帮助当代中国人解脱"悖论心境"，在认识上走出"奇异的循环"。中国改革发展的历史进程，亟待人们以理性自觉看待社会存在的"道德问题"和不和谐因素。

这里有必要特别提及后现代主义伦理思潮在另一种意义上产生的对道德悖论研究兴起的推动力。19 世纪以来，国外后现代主义伦理思潮的代表作及对其评介的代表作被不断翻译介绍到国内，如美国理查德·罗蒂的《后哲学文化》（上海译文出版社 1992 年版）、英国齐格蒙特·鲍曼的《生活在碎片之中——论后现代道德》（学林出版社 2002 年版）和《后现代伦理学》（江苏人民出版社 2003 年版）、法国的让-弗朗索瓦·利奥塔的《后现代状况——关于知识的报告》（湖南美术出版社 1996 年版）、法国安托瓦纳·贡巴尼翁的《现代性的五个悖论》（商务印书馆 2005 年版）等。在当代国际思潮中后现代主义属于昙花一现的那一种，它的基本理论特征是反

---

① 王艳：《道德悖论研究述要与思考》，《道德与文明》2008 年第 2 期。

本质、反传统、反统一性、反二元论，强调个性和变化的绝对性，由此而使自己的理论也陷入自相矛盾、自我否定的悖论境地，如同安托瓦纳·贡巴尼翁尖刻地批评后现代文艺思潮那样，说它是"黑暗的明灯"。从哲学上看，后现代主义是一种绝对性的相对主义思潮，其理论的锋芒和价值仅在于冲击不合理的传统文化结构，不在于审读和重构新的文化。令人深思的是，后现代主义在国外已呈分化和销声匿迹之势态下为什么会被纷至沓来介绍到国内？原因就在于一些学人认为，中国传统伦理文化和道德体系需要后现代思潮的冲击。但我以为这是一种错觉，中国实行改革开放不久传统伦理文化和道德价值体系就处在一种受到冲击的态势之中，所谓"道德失范"和"道德困惑"的"道德问题"就是这种态势的反应；我们面临的亟待解决的问题是如何在历史唯物主义的指导之下，运用逻辑悖论的分析方法从理论上分析和阐明当代中国存在的"道德问题"，重建道德认知体系，并在这项伟大工程中同时培育我们民族的"悖论意识"。

道德悖论研究就是在这些动力因素构成的推动力作用之下渐成气候的。近几年来，为扶助和推动此项研究工作，一些重要刊物如《哲学研究》、《哲学动态》、《伦理学》（中国人民大学书报资料中心复印刊物）、《道德与文明》、《伦理学研究》等已发表和转载研究道德悖论的文章，《安徽师范大学学报》为推动这项有意义的学术探讨事业，还自2007年始开辟了"道德悖论研究"专栏。

二、道德悖论现象的真实性状及理解阈限

概念的理解阈限及其内涵界说，是一切科学研究活动的逻辑起点，人们在这个带有根本性的问题上如果存在分歧就不可能进行任何有益于科学研究的对话。违背这种"行规"往往与个人对于概念的"使用兴趣"有关。这种情况在目前道德悖论研究中同样存在，正如王习胜教授指出的那样："'道德悖论'虽然渐成学界的常用术语，但学者们对这一概念的界

定工作却不像对这个术语的使用那样兴趣强烈。"①《论道德悖论与新道德体系的构建》一文提出"'道德悖论'是一个虚假命题"的命题，显然也是出于作者个人对道德悖论概念的"使用兴趣"。这种"兴趣"使作者游离出我们关于道德悖论的理解阈限及其界说。

笔者自涉足道德悖论现象研究以来就一直遵守自设的理解阈限，其间虽有一些拓宽，但基本理路未变，这就是：道德悖论是主体（社会和人）在道德价值选择与实现的过程中出现的一种特殊的逻辑矛盾。《论道德悖论与新道德体系的构建》一文作者从其个人"使用兴趣"出发，批评笔者关于道德悖论研究所涉及的三个案例。为了说明问题，现将我对这三个案例的分析意见陈述如下：

关于"分苹果"的分析意见：甲乙两人分大小不一的两只苹果，实际上有不讲道德和讲道德的两种分法。不讲道德的分法势必会发生争斗，弱肉强食，社会将永远处于"人对人是狼"的"战争状态"。这当然行不通。

讲道德的分法有两种情况：第一种情况是两人都讲道德——"先人后己"，结果可能会有两种结果，一是分不成，或者出现《麦琪的礼物》那样的"道德尴尬"，失去分苹果"讲道德"的意义；或者出现"德者相让，旁人得利"的"道德失落"，同样失去"讲道德"的意义。二是分成了，但"先人后己"的道德精神实际上把两个人"分"成讲道德的和不讲道德的两种人，违背了"分苹果"讲道德的初衷。第二种情况是一人讲道德一人不讲道德。比如甲不讲道德，捷足先登拿了大的，于是就出现了"老实人吃亏"的不道德情况。这时如果乙心中不快，说："你怎么这么自私？应当先人后己呀！"那么甲就会依据道德原则反问道："如果是你先拿，拿大的还是拿小的？"乙自然也会依据同一道德原则回答道："当然拿小的。"这时甲就会振振有辞："既然如此，我拿大的有什么错呢！"这表明，第二种情况的讲道德，"先人后己"和"先己后人"是同时存在的，即讲道德和不讲道德是同时存在的，讲道德的让不讲道德的人占了便宜，甚至是纵

① 王习胜：《关于道德悖论属性的思考——从逻辑的观点看》，《安徽师范大学学报》（人文社会科学版）2007年第5期。

容和培养了不讲道德的人。如果一个社会是按照这种"分苹果"的方法来讲道德，那么讲道德的人得到的是精神，不讲道德的人得到的是物质；高尚者是物质上的贫穷者，不讲道德的人是物质上的富有者。一个社会如果这般讲道德，能够长久地讲道德吗？

关于"君子国"和"学雷锋"，《论道德悖论与新道德体系的构建》一文断章取义地批评了茅于轼在《中国人的道德前景》中的分析意见，为了说明问题，现完整摘录如下：

"由于君子国内不能实现人与人关系的均衡，从动态变化来看，它最终必定转变成'小人国'。因为君子国是最适宜于专门利己毫不顾人的'小人'们生长繁殖的环境。当'君子'们吵得不可开交时，'小人'跑来用使君子吃亏自己得利的办法解决了矛盾。长此以往，君子国将消亡，被'小人'国代替。"①试问，这种分析意见难道不合逻辑吗？②

过去在宣传学雷锋的时候，电视上经常出现这样的报道：一位学雷锋的好心人义务为附近群众修锅，于是在他的面前排起几十个人的长队，每个人手里拿着一个破锅待修。电视台作这样的报道，目的在宣传那位学雷锋的好心人，观众的注意力也被他所吸引。但是如果没有那几十个人的长队，这种宣传就毫无意义了。可令人思考的是，这几十个人却完全不是来学雷锋做好事的，恰恰相反，他们是来捡便宜的。用这种方式来教育大家为别人做好事，每培养出一名做好事的人，必然同时培养出几十名捡便宜的人。过去人们以为普及为别人做好事就可以改进社会风气，实在是极大的误解，因为这样培养出来的专门捡别人便宜的人，将数十倍于为别人做好事的人。这种逻辑推导所得出的结论显然是毋庸置疑的，《论道德悖论

---

① 茅于轼：《中国人的道德前景》，广州：暨南大学出版社1997年版，第3页。

② 《论道德悖论与新道德体系的构建》一文认为，"从逻辑上说，'君子国'之所以是'君子国'，在这个'君子国'里本来就没有'小人'，如果'君子国'里也有'小人'，那么它就不称其为'君子国'了。"按照这种推断，社会主义国家如果存有一点资本主义经济成份就不该称其为社会主义国家，一位道德榜样如果有一个缺点就不能称其为道德榜样了，这叫什么"逻辑"！再说，"君子国"里怎么没有"小人"呢？那些专门享用"君子"们谦让的成果、不劳而获的乞丐们不就是"小人"吗，为什么无视小说家的"虚构"呢？再说，用辩证逻辑的方法看，"君子"与"小人"本来就是相比较而存在的，没有"小人"哪来"君子"？没有"小人"谁来终止"君子"们因无休止的相互谦让而必然会发生的"道德尴尬"？

与新道德体系的构建》依据什么逻辑断言"'有道德'的人的行善，不可能助长那些'无道德'或'不道德'的人的恶"呢？

不妨再看一个有关家庭道德教育的道德悖论现象案例。

小时候，有一天妈妈拿来几个苹果，大小不同，"我"非常想要那个又红又大的苹果。不料弟弟抢先说出了"我"想说的话。妈妈听了，瞪了他一眼，责备他说："好孩子要学会把好东西让给别人，不能总想着自己。"于是，"我"灵机一动，改口说："妈妈，我想要那个最小的，把最大的留给弟弟吧。"妈妈听了非常高兴，把那个又红又大的苹果奖励给了"我"。从此，"我"学会了说谎。①

上述这些案例，并不一定就是道德生活中的真实事件，但其原型在道德生活中是司空见惯的。它们的共同性状就是：讲道德的过程同现同在善与恶两种截然不同的结果——因为选择了善故而也选择了恶，这种矛盾就是一种特殊的悖论逻辑矛盾——道德悖论。它是客观的，本质上属于善恶同在的"实践本性"，不是思维预设的"虚假命题"。

说其特殊，一是因为它不是形式逻辑矛盾，即不是一种思维上的逻辑错误；二是因为它不是辩证逻辑矛盾，即不是事物存在的客观形式和发展的内在动力；三是因为它不是一般悖论逻辑的矛盾，即不是思维活动中出现的自相矛盾，而是在道德行为选择过程中产生的自相矛盾，前期模态都蕴含善果与恶果将同时出现的"道德悖行""道德悖境""道德悖态"。称其为"道德悖论"，是描述它的自相矛盾状况的话语是经由道德认知和道德评价的思维活动而产生的"判断意见"，这种"判断意见"内含的逻辑程式合乎逻辑悖论三要素的结构要求，即"公认正确的背景知识""严密无误的逻辑推导""可以建立矛盾等价式"，因此能够满足"A=非A"和"非A=A"的解读要求。用伦理学的话语来叙述，道德悖论内含的结构要素就是："公认正确的背景知识"就是公认正确的伦理观念和道德标准，这是前提；"严密无误的逻辑推导"就是依据一定的伦理观念和道德标准进行某种道德选择的必然结果，这是中间环节，"可以建立矛盾等价式"

---

① 参见赵德明：《分苹果的故事》，《基础教育》2004年第10期。

就是肯定某种行为选择是善的同时必须肯定这种行为选择是恶的，反之亦是。

简言之，道德悖论就是基于共同的伦理观念和道德标准，合乎逻辑地推演出来的逻辑矛盾——道德价值实现意义上的自相矛盾。

需要特别注意的是，在上述道德悖论构筑的"怪圈"里讲道德，势必会"讲"成三种不同类型的人。

三、道德悖论现象无知的危害性及研究的必要性

道德悖论现象无知，即不知道或不承认道德悖论现象的客观存在，其危害性是十分明显的。一个人从善心或善意出发，选择合乎当代标准的善举，结果可能是善果与恶果并存，出现善恶相当甚至恶大于善的情况。这种情况的出现一般都会挫伤行善者的积极性，使之接受"反面教训"，动摇道德价值和道德进步的信念与信心，逐渐变成一个不热心行善的人，甚至诱发道德悲观主义，患上"道德冷漠症"。在现实生活中，这样的人是屡见不鲜的，他们本来并不是不讲道德的人，只是因为从"适得其反""好心不得好报"地"讲道德"的人的经历中，吸取了教训而"变坏"了。不难想见，在一个社会里，这种"变坏"的人多了，自然就会出现"道德失范""诚信缺失"的现象。这时候，如果依然看不到道德悖论现象的危害，只是盲目地"加强"道德教育和道德建设，热心于一种形式主义①的"道德繁荣"，那就可能会适得其反。

更值得注意的是，在道德发展与进步的问题上，一个民族、一个人不可能长期为一种道德悲观主义情绪所困扰，长期陷落在一种"奇异循环"的"怪圈"里，也不可能长期依靠形式主义的"道德繁荣"来调节社会生活，满足人的精神需求，否则，就会助长社会不良风气，引发普遍的社会不和谐，直至引发社会动乱。因此，研究道德悖论问题是十分必要的，其

---

① 道德教育和道德建设上的形式主义的基本特征是不注意传播道德知识和开展道德活动的实际效果，即不注意把道德的价值可能转变为道德的价值事实。

意义至少体现在四个方面。

首先，有助于从理论上厘清和阐明当代中国社会改革与发展过程中出现的"道德问题"，揭示社会和人进行道德价值选择、促进道德进步的客观规律，提高我们民族伦理思维品质和道德实践能力，推动中国传统伦理学的改革与发展。

其次，可以梳理中外思想史上的一些经典悖论的伦理意蕴和道德价值，促进哲学、伦理学和逻辑学等多学科的发展。《韩非子·难一》的"矛盾"，其实并非形式逻辑错误的矛盾，也不是辩证逻辑的矛盾，而是典型的道德悖论即自相矛盾，将其视为唯物辩证法的核心范畴实则是一种误读。西方逻辑学史涉猎的一系列的经典悖论，如说谎者悖论——"我说的这句话是谎话"、萨维尔村理发师的悖论——"我只给本村不给自己刮胡子的人刮胡子"等，其实也多是道德悖论，一般逻辑悖论研究关注的只是它们的思维形式而不注意它们的实质内容。对此，笔者曾在《道德悖论研究需要拓展三个认知路向》中作了分析，此处不赘。

再次，可以揭示和说明思想史上的一些"困惑"的真实原因，科学认识人类道德文明发展与进步的基本规律与轨迹。恩格斯在《费尔巴哈论》中指出"费尔巴哈没有想到要研究道德上的恶所起的历史作用"，同时充分肯定黑格尔运用辩证方法在人性善恶对立的研究上做出的成就，称赞黑格尔对"恶"所作进一步分析的贡献。恩格斯在这种分析的过程中揭示了这样一个客观真理：每一种新生的道德文明都会同时具有善与恶的两面性，道德文明发展史实际上就是一代代人类不断面对和排解新生的道德文明特别是"人性善恶对立"这样的两面性及由此形成的道德悖论的历史。

在中华民族伦理思想和道德文明发展史上，曾有过先秦时期人性善恶的争论，最终获胜的却是儒学"性善论"。儒学在西汉初年获得"独尊"的地位之后，"性善论"也因此成为整个封建社会伦理思想和道德价值学说的本体论前提和逻辑基础，人们关心个人得失的"利己之心"一直被当作社会不稳、天下大乱之源。就是说，中华民族伦理思想和道德文明发展史没有经历个人主义的逻辑环节。这决定当代中国人对人的"利己"的自

然本性的认识和把握，其实是需要"补课"的。

最后，看远一些，道德悖论研究的意义还不仅仅在于如上所说的道德悖论研究本身，还可能会从伦理思维和道德选择范式的角度，唤起当代中国人开启对传统思维范式的某种变革与创新，以应对中国社会改革与发展的客观要求。20世纪80年代初的思想解放运动及90年代初邓小平的南方谈话，唤醒了我们革旧图新的意识，推动了实行改革开放和发展社会主义市场经济的历史大潮，从而使得我们取得举世公认的辉煌成就。如今，改革的深入发展，社会主义和谐社会的构建，需要我们继续解放思想。而要如此，最重要的应当是要在全民族的意义上变革和转换思维方式，提升人们的思维品质，引导人们学会运用"两面看"的"悖论方法"看待社会发展所作的价值选择，防止以极端的思维方式和颓废或浮躁的心态看待社会发展过程中出现的"自相矛盾"的问题，自我误导地引发心理和社会的不和谐因素。

仁学经典思想的逻辑发展及其演绎的道德悖论*

历史上，凡是体现特定时代主流意识形态的伦理思想或伦理学说对于当时的社会发展和民族精神的形成都曾起过最为重要的指导作用，因此一般都会被后人视为本民族经典的伦理思想和道德传统。而当后世社会处于变革需要重建民族精神的特殊的发展时期，人们就会把推动进步的目光转向历史，希冀其有史而来的经典伦理思想和道德传统能够发挥"古为今用"的基础和支撑作用，破解变革时期社会发展面临的突出问题和矛盾。当代社会正处在变革性的特殊发展时期，面临需要化解诸多社会矛盾、构建和谐社会的重大战略任务，在人们的伦理信念和文化情绪中，儒家的仁学伦理思想就被视为这样的经典。

一、传承仁学经典思想需要运用"悖论方法"

"仁"的思想在孔子以前的一些著述中就可以看到，本属于表达父母与子女之间"亲亲"关系的道德情感范畴，内涵单一、叙述直白，对于后世并不具有什么经典意义。使"仁"成为一种"学"并渐渐具有经典意义的历史创建工程是在孔子那里竣工的，集中地体现在他的不朽的"述而不作"的《论语》之中。孔子以后，经过孟子、董仲舒、"二程"、朱熹、王

---

*原载《江海学刊》2008年第4期，中国人民大学书报资料中心《伦理学》2008年第11期全文转载。

阳明的推进和发展，仁学伦理形成相对稳定的结构模式，成为中国传统儒学文化体系的核心和中华民族传统精神的脊梁。

中国改革开放三十年，在取得辉煌成就的同时也出现了不少"道德失范"的问题及与此相关的社会不和谐因素，在传统伦理的视野里这些问题都违背了仁学伦理思想和道德精神。这些问题的危害可以一言以蔽之：干扰和妨碍了中国社会和人的持续发展与进步。在一些学者看来，要促进中国经济社会的有序发展和整个社会的文明进步，就必须拯救某些同胞的灵魂，而要如此就必须寻根问祖，重振中华民族的仁学伦理，为此，他们一直在孜孜不倦地追问和探求，精神可嘉。然而毋庸讳言，这种认识和实践很难得到广泛的社会认同，仁学经典伦理对于当代中国的文明建设似乎已经不是那么灵验了。这种状况让很多国人感到大惑不解，有的开始怀疑仁学经典伦理是否可以充当重建中华民族精神的优质资源。

在我看来，这种认识和心态是我们对仁学经典思想的逻辑发展及其在历史上曾演绎过的道德悖论一直未作中肯分析和把握的反映。我们这个民族，由于多种原因所致，至今尚未养成用"悖论方法"看问题的思维习惯，在传承优秀历史文化的问题上缺乏"悖论意识"和"解悖能力"。然而历史地看，仁学经典伦理思想及其培育的民族精神的真实情况是：在其逻辑发展的历史进程中合乎逻辑地演绎为道德悖论。这就要求我们今天传承仁学经典思想必须运用"悖论方法"，对其实行顺应当今社会发展的"解悖"性改造。不作如是观，它就会实际上继续被"边缘化"，甚至于会渐渐地"退出历史舞台"，被别的什么东西替代。

运用"悖论方法"看待和传承仁学经典伦理思想，不仅有助于揭示仁学经典思想的逻辑发展及其作为"实践精神"演绎的逻辑悖论，而且有助于全面了解儒学伦理思想和中华民族道德传统的基本精神，解读当代中国人普遍感触的"道德失范"和"道德困惑"及与此相关的社会不和谐问题，思考和建构以改革创新为核心的中华民族的现时代精神。

二、仁学经典思想的形成及其逻辑结构

孔子生活在由家族奴隶制向宗法封建制过渡的社会变革时期，由于奴隶制度的"礼崩乐坏"，奴隶制的家族关系也在很大程度上受到冲击，与其他社会关系一样处于"分崩离析"的分化状态中，社会在客观上呼唤改造和扩大原有的"亲亲"关系。这为孔子丰富和发展此前的仁的思想内涵，创建仁学经典思想体系提供了丰厚的社会土壤和极佳的历史机遇。

孔子创建的仁学经典思想体系内含三个由低级到高级的逻辑层面。第一个逻辑层面，是在肯定和继承仁的传统之意即在强调子女对父母的"孝"的重要性的基础上，明确赋予"亲亲"以"悌"的意义，并提出了"孝悌"为"仁之本"的重要思想。这种创建，丰富、发展和扩充了"亲亲"的内涵，使仁成为能够较为全面反映家庭伦理关系的道德标准，同时又在学理上建立了家庭"亲亲"之仁与社会"亲民"之仁之间的逻辑联系，并在总体上肯定和高扬了前者对于后者的奠基意义。应当看到，这是仁学经典思想在其逻辑发展过程中的一次历史性进步。第二个逻辑层面，是孔子在家庭伦理"孝悌"这个"仁之本"的基础上，提出了恭、宽、信、敏、惠、智、勇、忠、恕等伦理思想和道德标准体系，使仁学思想从家庭走向社会，由"家人"转向"他人"，即由"亲亲""爱亲"而扩展到"亲他人""爱他人""亲众人""爱众人"，实现了"亲亲伦理"与"人伦伦理"的统一。第三个逻辑层面，是孔子把他提出的人伦伦理之仁与传统的政治伦理之仁——周礼融合起来，用其仁学伦理思想改造传统的奴隶制周礼，赋予周礼以丰富的人伦伦理内涵。《论语》说"仁"105处，说"礼"74处，说"礼"之处多必说"仁"。如他说："人而不仁，如礼何？"[①]意思是说，为人而不能为仁，还谈什么为政而为仁呢？"克己复礼为仁。一日克己复礼，天下归仁焉。"[②]意思是说，克制自己的（过分）欲

---

① 《论语·八佾》。

② 《论语·颜渊》。

望，像周礼那样行政（政治之仁）就是仁人（为人之仁）了，一旦能够做到这一点，那就实现了政治之仁与人伦之仁的统一了——普天之下都推崇仁了。不难理解，这种语言逻辑所要表明的是，孔子要力图用他丰富和发展了的仁学伦理思想——"亲亲之仁"和"人伦之仁"，改造和丰富传统周礼——政治之仁。这是孔子仁学经典思想逻辑体系中的最后一个层面，也是最重要的一个层面。三个逻辑层面的形成，实则是仁学思想的三次逻辑提升，最终将仁提升至"博施于民而能济众"的层次，实现仁学经典思想——家庭伦理、社会伦理与政治伦理的内在统一。孔子推动仁学伦理思想合乎逻辑的三次发展和提升，奠定了仁学经典思想的基本内涵和架构，完成了中国儒学伦理思想发展史上最重要的一次变革。从仁学经典思想内在逻辑结构的形成和提升来看，孔子不愧为中国历史上一位划时代的伟大的思想革新家。

虽然，今人并不能说明孔子主观上已经具有了某种"阶级自觉"，但其作为无疑是顺应了当时代的历史变革，为即将登上政治舞台的新兴地主阶级提供了最适合的思想统治工具。这是西汉初年儒学伦理思想被推到"独尊"地位的根本原因。

中国学界一直有人依据孔子说的"周监于二代，郁郁乎文哉！吾从周"[①]"克己复礼为仁。一日克己复礼，天下归仁焉"[②]之类的话，认为孔子是一个极力主张恢复奴隶制统治的"复古派"。这种看法其实是对孔子推动仁学伦理思想逻辑发展的过程缺乏中肯认识的表现，也是一种望词生义产生的错觉。所谓"吾从周"，应当被理解为"我希望（遵从）像周朝那样有秩序（礼仪制度）"，而不能被解读为"我希望有周朝那样的秩序（礼仪制度）"。这就如同"我们要像雷锋那样乐于助人"不能被理解为"我们要用雷锋的方式乐于助人"的道理一样。所谓"克己复礼为仁。一日克己复礼，天下归仁"，意思是说：克制自己的欲望，遵循礼仪办事就是最好的道德，一旦大家都这样做了，就会出现一个讲仁爱的社会了。如

---

① 《论语·八佾》。

② 《论语·颜渊》。

果说这样的解释还不能完全说明孔子是一位积极推动仁学伦理思想发展的革新派，那么就让我们再看看孔子这段话所表达的思想："殷因于夏礼，所损益，可知也；周因于殷礼，所损益，可知也。其或继周者，虽百世可知也。"①这显然是在说，他知道礼仪制度自夏至周是一个既有继承（"因"）又有革新（"损益"）的发展过程，由此可以推断礼仪制度在周以后世世代代（"百世"）演变中同样可以以继承（"因"）和革新（"损益"）的方式不断得到发展。这难道还不足以说明，孔子是因为要顺应社会发展的客观要求才积极推动仁学伦理思想发生历史性变革的吗？

仁学思想在孔子那里，多为做事的道德规范和做人的道德规格意义上的，前者是道德标准，后者是人格标准（即所谓"仁人"），虽然表达方式基本上还是直白的，多属于"学而时习之"的"道德学习"和"道德应用"范畴，缺乏学理性的分析，但是内涵已经有了极大丰富和发展，已经具有了经典的结构模式，显露出必将为后世治者据为治国之道的智慧之光和价值倾向，为仁学经典思想后来的逻辑发展奠定了基础。

三、仁学经典思想的逻辑发展

孔子以后，仁学经典思想逻辑发展的第一个环节和标志，是孟子正式提出"仁政"的政治策略及其政治伦理学说。在这方面，孟子的作为和贡献主要体现在两个方面：一是解构和归纳孔子提出的仁学的道德标准体系，将其简略为仁、义、礼、智四大基本类型。有的学者据此认为，在孟子那里，"仁的地位在此有下落的趋向，变为与义、礼、智并列的一种道德条目。"②这种看法是需要商榷的。诚然，从形式上看，孟子的解构和归纳似乎是要冲淡和降低仁学经典思想的概括和统摄性意义，但只要稍加分析就会发现其实不然。孟子在解说仁、义、智、礼的内涵时说："仁之实，事亲是也；义之实，从兄是也；智之实，知斯二者弗去是也；礼之实，节

---

①《论语·为政》。

② 李霞：《圆融之思——儒道佛及其关系研究》，合肥：安徽大学出版社2005年版，第19页。

文斯二者是也。"①此可以看出，孟子对仁的理解并没有超越孔子，他曾直截了当地表明自己的主张："入则孝，出则悌，守先王之道。"②这表明他也没有试图超越孔子的意向。孟子的超越之处在于，他在意志层次上强调了"知""识"（认识）仁与义的重要性，以及将仁与义规范化制度化的必要性。他的"饰文"主张意思很清楚：贯彻仁的道德标准单是说说是不行的，最重要的是要让人们知道，形成内心的信念，并且要制定制度将其规范化。应当看到，这是仁学经典思想逻辑发展的重要一步。二是提出"发生论"意义上的人性善猜想，这就是所谓"四端"说。在孟子看来，人之所以会在后天表现出仁、义、礼、智这些善性，就是因为他相应具有先天性的四种"善端"，即所谓"恻隐之心，仁之端也；羞恶之心，义之端也；辞让之心，礼之端也；是非之心，智之端也"③。何为"端"？学界一般认为是"开头"和"萌芽"。但笔者以为，联系到孟子关于"四端"在道德发生的意义上存在两种可能性，即"扩而充之"则"可以为善""苟不充之"则"不足以事父母"，将"端"理解为"根"较为适合，理解为善之"开头"和"萌芽"是不合适的，因为"根"既"可以为善"，也可能"苟不充之"而为恶。作如是观是很重要的，因为这正表明孟子要对孔子的"行动论"作"发生论"的说明，尽管这种说明是不科学的，但在仁学经典思想的逻辑构想中毕竟赋予人"何能为仁"以学理性的特色。

换言之，孟子对仁学经典思想逻辑发展所作的贡献，一是设问"怎样为仁"，强调"为仁"须有社会意义上的规范和制度。二是追问"何能为仁"，试图在本体论上作答，用形而上的"人性本善"思想证明"为仁"的因果性和必然性。他的贡献使孔子创建的"何为为仁"的仁学经典思想，既具有实践可行性，又具有理论上的根据。

探讨仁学经典思想的逻辑发展过程自然不可绕开董仲舒。他对仁学经典思想逻辑发展的贡献，当首推他提出的"推明孔氏，抑黜百家"的政治

---

①《孟子·离娄章句上》。
②《孟子·滕文公下》。
③《孟子·公孙丑上》。

主张。这一主张本身虽然并不表明其对孔孟仁学经典思想进行了逻辑提升，但在被汉武帝采纳为"罢黜百家，独尊儒术"的政治方略后，却借助专制政治的权威为孔孟仁学经典思想逻辑提升扫清了障碍，赢得了空前的生态条件，产生了久远的影响。如果说，孔孟仁学经典思想在此以前尚属不入主流意识形态的学说或学术流派的话，那么，在此以后就上升到国家主流意识形态的地位了。这一历史性的飞跃表明，董仲舒为仁学经典思想逻辑发展做出了里程碑式的贡献，他是推动仁学经典思想后来走进"奇异的循环"的发起者。

史传董仲舒著述很多，但流传下来的不多，他的思想多见于仅存的《举贤良对策》和《春秋繁露》。从中可见他对仁学逻辑发展的具体作为主要表现在三个方面。其一，在实践理性的意义上，系统地提出了封建社会的政治伦理原则和道德规范体系，这就是"三纲五常"。其二，在认识理性的意义上提出"性三品"说以补充和修正孔孟的性善说和荀子的性恶说。董仲舒认为，人与生俱来的"性"可分为"圣人之性""中民之性""斗筲之性"三等。"圣人之性"有善（仁）无恶，是上品之性；"斗筲之性"反之，有恶无善（仁），是下品之性；唯"中民之性"是有善（仁）有恶，才真正可谓之为"性"。董仲舒所作的这种补充和修正是把现实的人实际存在的三种"品性"先验化、政治化了，其实是在为封建等级社会的存在和专制统治寻找根据。其三，赋予"天"以至上的本体论地位，并由此出发以"天人相同""天人合一"的逻辑形式提出人"贵于"他物的根据。他说："天地之精，所以生物者，莫贵于人。人受命乎天也，故超然有以倚。物疾疾莫能为仁义，唯人独能为仁义。"①概言之，仁学经典思想发展到董仲舒这一逻辑环节，已经真正成为"统治阶级的意志"，成为规则化的典型的政治伦理了。

以"二程"、朱熹和王阳明为代表的宋明理学对仁学经典思想逻辑发展的作为，集中表现在将仁学哲学化，使仁由先前的规则性"语录"转变为具有道德本体意蕴的思辨理性，获得了形而上的地位。在孔子那里，

---

① 《举贤良对策三》。

"仁"主要是被作为"爱"——"爱心""爱情"来看待的,"樊迟问仁。
子曰:'爱人'。"①程颐不赞成将"仁"与"爱"相提并论,他认为"仁"
是一切伦理道德之根本,"爱"是情,而"仁"是"性",情是由"仁"生
发的。他说:"孟子曰:'恻隐之心仁也。'后人遂以爱为"仁",恻隐固是
爱也。爱自是情,仁自是性,岂可专以爱为仁?"②程颢则进一步将"仁"
推至"生生之性"的位置,认为天地之性就是生物之性,而生物之性就是
"生生之性","生生之性"就是"仁"。这就将"仁"由道德本体推向宇宙
本体的位置了。后来的朱熹对仁学经典思想的理解和阐释,虽然有许多通
俗具体的话语,并扩充了传统仁学中的"心性"成分,如他反反复复说的
"仁包四德"、仁之所在必有一个"大头脑处"等,但是其基本的思想实际
上并没有偏离"二程"的思维路向,用恪守天地之性就是生生之性来解释
仁学思想。王阳明尽情发挥了其前人仁学经典思想体系中的心学成分,建
立了良知心学体系,从主观上预设了仁学经典思想的形上本体。

纵观之,从孔子到王阳明,仁学经典思想的逻辑发展是一个由实用走
向思辨的发展过程,由伦理思维转向哲学思维的发展过程。在这个过程
中,仁学经典思想及其解读范式渐渐演变得十分精细和完美,同时也渐渐
地失去其原有的价值魅力,以悖论的方式走上"穷途末路"。

四、仁学经典伦理演绎的道德悖论及其必然性分析

明代以后,仁学经典思想继续以"为政以德"的治政理念发挥着对国
家政治和社会生活的传统影响,继续以"修身养性"的修身之道对人格培
养发挥着传统的作用,继续以形而上学的本体预设支配着人们关涉伦理秩
序的思维路向。但是,这些影响和作用更多是自相矛盾的:一方面赢得国
家安全和社会稳定,使得黎民百姓获得"安居乐业"的基本的生存空间,
维护着现实社会道德的绝对权威;另一方面又压抑了社会变革思想,压抑

---

① 《论语·颜渊》。
② 《河南程氏遗书》卷十八。

了自治者至黎民的创造性；一方面造就了一代代以国家民族大业为重的仁人君子和文化精英，另一方面又培育了一批批善于假仁义道德话语讨好卖乖、投机钻营的伪善君子和势利小人；如此等等。这种善恶同生同在的道德现象，就是仁学经典思想演绎的道德悖论。

道德悖论具有一般逻辑悖论的特性，但道德悖论不是道德思维活动中出现的逻辑悖论，而是道德选择和道德行为过程中出现的逻辑悖论。就是说，它不是思维理性的结晶，而是实践理性的产物。就其形态来看，有选择动机在价值取向上同时存在善恶两个不同发展方向的道德悖论，有选择标准在社会评价上出现"两难"的道德悖论，有选择行为同时出现善恶两种不同结果的道德悖论。仁学经典思想演绎的道德悖论，是在社会和人的选择过程中同时出现的善恶同生同在的自相矛盾的道德现象。它在历史上建构的悖论情境就是：不讲"仁爱"不行，讲"仁爱"也不行。运用逻辑悖论的方法来解读，它的"矛盾等价式"就是：承认仁学之善，就必须承认仁学之恶，反之亦是。仁学经典思想在其逻辑发展的过程中特别是明清之际以后，对中华民族的伦理思维和道德生活的实际影响就是这样的。它的这种自相矛盾的悖论特性，使得中华民族的传统品格在许多方面表现出"两面性"的特征，如讲关爱怜悯与"农夫之爱"并存，讲团结友善与不讲原则是非并存等。

毛泽东对我们民族品格中存在的这种"悖论禀性"很熟悉。他在《反对自由主义》这篇生气勃勃的短文中批评共产党和革命军人队伍中存在的"自由主义"时列举了自由主义的十一种表现，如：第一种，"因为是熟人、同乡、同学、知心朋友、亲爱者、老同事、老部下，明知不对，也不同他们作原则上的争论，任其下去，求得和平和亲热。或者轻描淡写地说一顿，不作彻底解决"；第三种，"事不关己，高高挂起；明知不对，少说为佳；明哲保身，但求无过"；第六种，"听了不正确的议论也不争辩，甚至听了反革命分子的话也不报告，泰然处之，行若无事"；第八种，"见损害群众利益的行为不愤恨，不劝告，不制止，不解释，听之任之。"①不

---

① 《毛泽东选集》第2卷，北京：人民出版社1991年版，第359—360页。

言而喻，这些自由主义都与仁爱传统精神有关。因为是"反对"，毛泽东在这里自觉没有运用"悖论方法"，他所列举的只是仁爱精神恶的影响的一面，而没有涉及仁爱精神善的影响的一面。

概言之，中华民族伦理思维方式和道德传统精神，都来源于仁学经典思想长期的教化和影响。产生这种自相矛盾的双重影响是合乎逻辑的，必然的。我们可以从三个方面来分析仁学经典思想合乎逻辑地演绎为道德悖论的必然性原因。

第一，反对"自私本性"的价值内核和倾向，是仁学经典思想必然演绎道德悖论的内在原因。

"仁，爱人"，仁学经典思想主张"推己及人""己欲立而立人，己欲达而达人""己所不欲，勿施于人""君子成人之美，不成人之恶"，这种价值内核和倾向是反对以"各人自扫门前雪，休管他人瓦上霜"为特征的小农意识的。小生产者伦理意识和行为方式的轴心是自爱和爱家，信奉"人不为己，天诛地灭"，为了自身和自家的一己私利可以置他人和国家整体的利益于不顾。很显然，这样的伦理意识和价值取向，即使不会给他人和国家造成危害，也会无益于他人的生存和发展，归根到底不能适应地主阶级整饬和建设封建国家的实际需要。但是，自力更生、自给自足的耕作方式和消费方式决定了小生产者的"自私本性"，注定他们在自发的意义上必然要以"各人自扫门前雪，休管他人瓦上霜"的伦理思维和行为方式，处置与他人和国家之间的利益关系。儒学伦理文化的仁学思想作为封建国家的主流意识形态正是在这样的情况下诞生的，其历史使命就是要把小生产者引导到关心别人和国家利益的轨道上来，这是儒学伦理教化的宗旨和主题。在这种教化中，有的人放弃了"自私本性"，真诚地接受了"仁者爱人"的封建理性；有的人则在固守"自私本性"的情况下以伪善的方式"接受"了"仁者爱人"的封建理性，养成伪善（仁）作风，甚至成为伪君子。传统儒学伦理思想中存在漠视人的"自私本性"的不良倾向，殊不知这种倾向在培育"先天下之忧而忧"的仁人志士的同时，可能也培育了伪君子。

第二，预设道德本体的形而上学企求，是仁学经典思想必然演绎道德悖论的存在论原因。

用形而上学的本体论或存在论论证和说明道德的必然性和必要性，是孔子开创的儒学伦理研究的传统范式。如上所说，这种范式的演变，从董仲舒到朱熹再到王阳明，达到了极致。道德的必然性和必要性问题是否需要给出本体性的存在，是否在本体论或存在论的意义上给予形而上学的论证和说明，是中国伦理学人自古以来争论不休、孜孜以求的问题，有的人甚至认为这是伦理学的根本性问题。在我看来，这一所谓的根本性问题其实是一个伪问题，具有明显的虚拟和预设的性质，它是阶级社会尤其是封建专制社会的特有产物。道德作为一种"实践理性"，一种特殊的社会意识形态和价值形态，其必然性和必要性与社会和人之外的神秘"本原"或"本体"（"天道""天命"等）或人的"本性"毫无关系，在形而上学预设的意义上寻求道德的本原、本体或本性实际上是缘木求鱼，毫无意义。任何一种伦理思想或学说，其体系不论如何经典和精细，本质上都应是"实践理性"的，都需要立足于经验，从经验出发，最终以规则的方式说明和调整社会的现实秩序，引导和鞭策人们的世俗行为。道德本体的伦理学说的意义其实仅在于提升道德规则和标准的权威性，在封建社会这样的提升本质上都是适应封建理性的要求，人类进入近现代社会发展阶段以后，这种依靠形而上学权威来解读和维护道德的必然性和必要性，还具有必然性和必要性吗？

第三，封建专制的政治统治是仁学经典思想必然演绎道德悖论的社会制度方面的原因。

高度集权的封建专制统治是适应普遍分散的小农经济的产物，这种制度的结构模式在伦理文化的意识形态和价值形态上的反映就是以"推己及人"的仁爱精神和"大一统"的国家意识应对"各人自扫门前雪，休管他人瓦上霜"的小农意识，由此而在两个不同的端点上以"对立统一"的方式形成了封建社会特有的伦理文化结构。这样的制度结构和伦理文化结构，必然要依靠预设的伦理纲常和形而上学本体论或存在论的维度来加以支撑，由此而使得道德带有政治的、神秘的色彩，具有政治化、神圣化的特质，皈依专制政治而远离庶人生活的逻辑发展道路。所谓"仁政"，是统治者挂在嘴边的道德宣称模式，但"仁"并非为了"人"，而是为了"政"，即统治者之"己"，主题词在"政"而不在"仁"，"政"与"仁"的联姻只是形式一样而并非本质的一致，这种一样是本末的统一，体用的统一，注定"仁"充其量只是一种工具理性，必然具有伪善的一面。而道德作为一种"实践理性"，本质上是属人的，属于人所需要和推崇的目的价值和目的理性。道德在有些情况下会表现为工具价值和工具理性，但是当这种情况出现的时候，工具就会因"为了什么"而具有目的意义了。这种统一只能统一在同一或同类主体的身上，不可统一在不同主体的身上，更不能统一在不同阶级的主体身上，否则"讲道德"在某种程度上势必会转化成"不讲道德"的一种工具。

总而言之，封建专制统治在预设仁学伦理和道德以政治和神秘的意义的同时，也赋予了仁学伦理和道德以政治工具的价值意义，从而使得仁学伦理和道德在实施过程中必然具有伪善性——欺骗性的一面。

五、结语：运用"悖论方法"的方法论原则

从以上的分析和论述中我们可以清楚地看出，仁学经典思想具有十分明显的"两面性"，其逻辑发展是一个逐步形成道德悖论的过程，在培育中华民族"仁爱"精神的同时又带来诸多违背"仁爱"精神的道德陋习。任何一个特定历史时代的道德建设和道德进步都需要传承历史上形成的伦理文化和道德精神，这种传承的成功与否从根本上来说不是取决于人们努力的态度，而是取决于人们努力的方法。今人不可能在背离历史传统的基础上建设新的伦理秩序和新的道德体系，必须面对和正视传递给我们的道德遗产，这决定了我们必须运用"悖论方法"看待仁学经典思想的传承，而要作如是观就必须厘清运用"悖论方法"的方法论原则。

首先，要采取历史主义的态度和方法，正确认识历史上的仁学经典思

想。中华民族以仁学经典思想为脊梁的传统伦理文化可谓博大精深，在其教化和培育之下中国成为世界上少有的道德大国。用悖论方法看，这种博大精深的伦理文化及其培育的道德大国对于今人来说，无疑既是巨大的财富也是巨大的包袱。因此，盲目地为之自豪或为之自卑都是违背历史事实的。在这个问题上，我们过去的认识采取的态度和方法是"两分法"，即在充分肯定传统伦理的优良部分的同时指出它的不足，推崇"批判继承"。这种态度和方法给人一种似是而非的"辩证法"的满足，然而实际上是折中主义的方法，因为它不能在总体上告诉今人传统仁学伦理思想的真实的历史面貌，所能给出的只是一些具体的操作方法，只能零散琐碎地指出在某些道德传统存在着优良与落后的差别，不能高屋建瓴地提出方法论意义上的认识和实践原则。

其次，要运用历史唯物主义的基本原理。仁学经典伦理思想是封建政治文明统摄农业文明的社会结构的产物，这就在生活根基上决定了它必然存在"实践理性"上的缺陷。这种缺陷在商业文明冲撞农业文明的历史发展阶段，受到了冲击。明清之际，资本主义经济萌芽纷纷破土，以李贽、王夫之、顾炎武等人为代表的一批仁人志士，为适应当时商品经济发展的客观要求，纷纷挑战传统儒学尤其是仁学经典伦理思想，极力鼓吹人的"私欲"和"自私"的本然和自然的合理性，但最终都未成气候。这当中的社会原因固然是多方面的，但是从伦理文化和道德意识形态的维度来分析，与仁学经典思想当时不仅没有适时实现历史转型，反而固化和张扬了自己反对人的"自私本性"的价值主旨是直接相关的。"仁者爱人"所营造的几千年的伦理氛围，遏制了新生伦理观念的生长空间，阻隔了资本主义萌芽生长的阳光和空气。以至于19世纪中叶之后的百年间，在帝国主义列强入侵带有西方伦理文化和人文精神侵略特质的情势下，喊出"打倒孔家店"的不是纷至沓来的侵略者，而是我们自己。此处顺便指出，对于"孔家店"，既不能（也不可能）"打倒"，也不能（也不可能）"扩张"，唯一科学可行的态度和方法就是运用"悖论思维"进行"改造和装修"。

最后，需要发扬改革创新的时代精神。中华民族早已告别了封建专制制度，以旧有模式推行和教化仁学经典思想已经行不通。在实行新的社会制度和市场经济运作的历史条件下，仁学经典思想存在论的形而上学已经失去存在的逻辑前提，其反对"自私本性"的性善论学说已经失去普适的逻辑证明。今天，承接仁学经典思想的基本路径就是要运用"悖论方法"揭示其"自相矛盾"的悖论模态，分析其形成的历史必然性，在实践上一方面通过道德教育帮助人们认清其历史真面貌，一方面运用法律制度和伦理制度张扬其善的一面，遏制其恶的一面。唯有如此，才能避免重蹈仁学经典思想在历史上曾经建构的道德悖论——"奇异的循环"。

历史唯物主义视野：传统美德及其承接的基本问题*

传统美德是现实社会道德发展与进步的逻辑基础，也是现实社会道德教育和道德建设的基本内容，因此，现实社会要推动道德发展与进步就不可不重视科学认识和把握传统美德及其承接的问题。改革开放以来，我国社会取得了辉煌成就和巨大进步，与此同时也出现较为严重的"道德失范"及由此引发的"道德困惑"，这需要我们自觉地在历史唯物主义的视野里审视和把握传统美德及其承接的基本问题。

一、传统美德的评价标准

历史唯物主义认为，道德根源于一定社会的经济关系并对经济关系及"竖立其上"的整个上层建筑具有"反作用"，人们只有立足于一定社会的经济关系才能认识和把握道德的本质特性，发挥其应有的"反作用"价值。所谓美德，就是与一定社会的"生产和交换的经济关系"及"竖立其上"的物质形态的上层建筑包括其他观念形态的上层建筑相适应的优良道德，传统美德则是可以与现实社会的"生产和交换的经济关系"及"竖立其上"的上层建筑的客观要求相适应的优良的传统道德。换言之，传统美德之"美"就在于它曾是历史上的优良道德，既能与历史上的社会经济和

---

* 原载《光明日报》(理论周刊)2009 年 7 月 21 日。

政治等上层建筑的建设与发展相适应，又能与现实社会的经济和政治等上层建筑的建设与发展进步相适应。虽然两种"相适应"存在时序上的差别，但却内含着质的同一性，可以在现实社会发展的进程中实现历史与逻辑的统一。"相适应"本质上内含着"决定"与"反作用"、历史与现实相统一的逻辑关系，因此是评判一种传统道德是否为"美德"的唯一科学的真理性标准。

由此观之，传统美德之"美"的价值有着两个显著的特点：一是永恒性，即内含永恒性的价值因子，这是其可为现实社会承接、成为现实社会道德进步的逻辑基础的内在根据。二是有限性，不仅适应度有限，而且适应对象和情境（范围）也有限，这是其（在现实社会的人们不能观其有限性的情况下）可能干扰现实社会新"伦理观念"生长和新道德意识形态建构》因而可能沦为妨碍现实社会道德进步的内在根由。以"推己及人""己所不欲，勿施于人"①"己欲立而立人，己欲达而达人"②"君子成人之美，不成人之恶"③为例，其"美"之价值的永恒性特质不言自明，而其有限性也十分明显：忽缺了"己所不欲"也可（或也应）"施加于人"的道义标准，所涉之"人"没有区分不同"人"及不同伦理情境等特殊情况。概言之，传统美德之"美"的真谛在于其内含有限的道德真理。正因如此，对于特定的现实社会来说，任何传统美德都不能体现其普遍提倡和推行的道德价值标准和行为规范体系所体现的时代精神，更不可充当现实社会普遍实行的道德基本原则（如原始社会的平均主义、专制社会的整体主义、资本主义社会的个人主义），在社会处于变革时期尤其应当作如是观。这就要求现实社会的人们在理解和把握传统美德的评价标准的时候，一定要将其"美"的价值看成是永恒与有限的统一体。

---

① 《论语·颜渊》。
② 《论语·雍也》。
③ 《论语·颜渊》。

二、传统美德的鉴赏价值与实用价值

从美学观念来看，美的事物通常含有可供鉴赏价值和可供实用价值两个部分，优良道德作为一种"社会美"的形式自然也是这样。纵观人类道德文明发展史的轨迹，相适应于现实社会的传统美德之"美"的价值（功能）大体上也可以划分为两种：可鉴赏性价值和可实用性价值。

可鉴赏的传统美德，一般为历史上特定时代的道德意识形态及由此推行和教化而形成的理想人格，体现的多是道德上的"统治阶级的意志"，具有超越当时代"生产和交换的经济关系"其"伦理观念"的特性，多带有"政治道德"的特性。如中国封建社会的"天下"意识和"民本"主张——《礼记·礼运》描绘的"大道之行也，天下为公……是谓大同"，范仲淹抒发的"先天下之忧而忧，后天下之乐而乐"，孟子宣示的"民为贵，社稷次之，君为轻"①等，史上新兴阶级在为推翻旧政权建立新制度而发起的革命斗争（战争）中形成的"英雄诗篇"——古希腊《荷马史诗》中有关道德的叙述等，对于后时代来说都属于可鉴赏性的传统美德。可实用的传统美德，一般是历史上庶民阶级在生产和交换的过程中积淀和传承下来的"伦理观念"和道德经验，同时也包含经由道德意识形态教化而世俗化的道德心理和风俗习惯。在中国，前者如自力更生、勤俭自强、自给自足等，后者如友善邻里、同情弱者、助人为乐等。历史地看，传统美德中的可鉴赏价值多具有义务论的倾向，强调道德义务，漠视道德权利和自由；可实用价值则多具有明晰的道德权利和自由的价值倾向，主张道德责任。这两种传统美德的价值，对于任何一个现实社会来说都是不可或缺的。

每一个现实社会都需要可鉴赏性的传统美德引领和示范，更需要可实用的传统美德的普遍支撑和奠基，两者的有机统一构成一个国家和民族传统道德文明的特殊样式和道德国情的特殊结构与风格，为现实社会的道德

---

① 《孟子·尽心下》。

发展与进步提供逻辑基础。其间，可鉴赏部分因其崇高和先进而对全社会具有榜样和示范的价值；可实用部分因其散落和积淀在"庶民社会"，拥有最广泛的认同者和实践者，又与生产方式和生活方式密切相关而具有普遍适用的价值。任何现实社会的道德发展和进步，都既需要运用可鉴赏的传统美德肯定自己文明的过去，以维护和保持一种不可或缺的民族自豪和自尊的道德心态；也需要可实用的传统美德的普遍规约和推行，维护社会基本的道德秩序，以接种和催生产生于新的"生产和交换的经济关系"的新"伦理观念"，并在此基础上创新和建构当时代的道德意识形态。

三、承接传统美德的基本理路

承接传统美德是一项复杂的系统工程，需要从认识和实践上厘清一些基本理路。

首先，正确理解和把握"传统美德"这一概念的本质内涵，明白这一概念本身所包含的承接之意——"承"之历史，"美"在现实。因此，当我们谈论传统美德时，伦理文化立场应是为现实社会的发展与进步服务，出发点应是适应现实社会发展与进步的客观要求。若是背离这种伦理文化立场和出发点，传统美德这一概念就不能成立，就成为一个虚假的命题。

其次，在两种意义上恪守传统美德与现实社会相适应的评价标准。在"归根到底"的意义上要促使传统美德与现实社会的"生产和交换的经济关系"及"竖立其上"的整个上层建筑的客观要求相适应，在直接的意义上要促使传统美德与产生于现实社会的"生产和交换的经济关系"的新"伦理观念"及由此建构的新的道德意识形态相适应。因此，承接传统美德的核心任务就是要揭示和阐明传统美德中具有永恒性质的价值因子，使其融汇到现实社会提倡的道德价值标准和行为规范体系之中。这一方面要求现实社会高度重视传统美德的承接问题，另一方面要求现实社会不能把解决自己面临的"道德失范"和"道德困惑"的问题寄托在承接传统美德上面，更不可以承接传统美德替代现实社会的道德建设和道德进步。

最后，注重研究和弘扬中华民族传统美德包含"公平"的价值因子。当代中国社会正在大力推进社会主义市场经济，在这种"生产和交换的经济关系"及其"物质活动"中产生的"伦理观念"，以及在此基础上以超越的方式建构的新道德意识形态，应是社会主义的公平和正义的价值观念和标准，这是承接中华民族传统美德基本的文化立场和立足点。由此出发，我们应该注重承接具有公平和正义价值特性的传统美德。这需要做两个方面的工作：一是实行价值预设，以纠正传统美德的历史局限性。二是重新阐释传统美德。如对传统孝道，今天的提倡和推行应当按照这样的理路做出新的解释：孝在封建社会被不平等的专制统治政治化、宗法化了，而其价值本义实则是公平——父母抚养我们长大成人，我们从小就应当养成孝敬父母的品性，否则是不公平的，违背了家庭伦理的基本道义。如此等等。只要我们恪守"相适应"的原则，就能够成功地进行承接。

个人主义历史演变的内在动因及逻辑结构探究*

当代德国学者P·科斯洛夫斯基在考察"资本主义的道德性"时曾发出这样的感慨："在对资本主义的哲学和政治经济学的基础所进行的研究的框架内，对资本主义的伦理学和道德所进行的研究肯定是最棘手和最缺乏清晰度的。"①对此，中国伦理学人多有同感。

自20世纪80年代中期开始，中国学界就有要不要"为个人主义正名"的争论，以至于还曾出现过要"以个人主义代替集体主义"的公开主张。②毋庸讳言，中国学界不少人至今仍然陷落在"个人主义困惑"中。因此，我们有必要对作为资本主义社会伦理道德的核心范畴和主导价值的个人主义作深入的探讨。这种探讨，如果运用道德悖论的分析方法，就可以大体上说明个人主义历史演变的内在动因及逻辑结构，揭示个人主义的

　＊原载《江淮论坛》2009年第5期。

　①〔德〕P·科斯洛夫斯基：《资本主义的伦理学》，王彤译，北京：中国社会科学出版社1996年版，第1页。

　② 1996年，笔者曾发表拙文《论反对个人主义》，原载《江淮论坛》1996年第6期。此文认为：个人主义是一种以个人为本位，把个人利益凌驾于社会公众利益和他人利益之上的人生观与道德观；我国现实生活中的大量事实表明，个人主义正在起着涣散人心、污染环境、阻碍改革开放和社会主义现代化建设健康发展的消极破坏作用，因此反对个人主义是当前我国社会主义道德建设的一项迫切任务。主张要坚持反对个人主义，就要清除"左"的思潮和本位主义、特权观念的影响，科学地倡导集体主义；要把反对个人主义与维护个人正当的利益、尊严与价值统一起来；要把反对个人主义作为党和政府部门反对腐败、加强廉政建设的重要内容。后来有杂志发表《"个人主义"论辩——兼与钱广荣先生商榷》一文，在为个人主义"正名"的同时提出了这种公开主张。

"庐山真面目"。

一、个人主义及其早期形态的"悖论基因"

个人主义作为一个独立的概念，是18世纪法国学者托克维尔在其著作《美国的民主》中第一次提出来的。《不列颠简明大百科全书》对个人主义作了这样的解说：一种极为重视个人自由的政治和社会哲学。现代个人主义与A.斯密和J.边沁的观点一起出现在英国，而托克维尔则认为这个概念是美国人的秉性中所固有的。个人主义是通过一种价值体系、一种人性理论、一种对某些政治、经济、社会和宗教希望的信念来体现的。个人主义者的一切价值都是以人为中心的；个人本身具有至高无上的价值，所有个人在道德上都是平等的。个人主义反对没有经过认可的权威，认为政府的权力应该受到极大限制，只是维持法律和秩序，社会仅仅被看作是许多个人的集合。个人应该有权利在没有政府擅自干涉下，按照他们自己的方式选择他们的生活和处理他们的财产。在19世纪末和20世纪初，由于出现了一些直接对立的思想，例如共产主义和法西斯主义，个人主义思想的影响有所减弱，但在20世纪后期，个人主义思想又重新获得主导地位。应当说，上述关于个人主义的界说是最具有权威性的，然而它只是叙述了个人主义的基本内涵和理论特征，并没有说明个人主义在其历史演变的过程中何以会出现不同的形态，没有揭示个人主义历史发展和演变的内在动力与逻辑结构，而这两个问题恰恰是科学认识个人主义的关键之处，也是研究个人主义"最棘手和最缺乏清晰度"的症结所在。

个人主义在其历史演变的过程中出现过不同的形态。早期形态是粗陋的目的论意义上的个人主义，表现为经济利己主义或极端利己主义，是"直译"资本主义商品生产和交换的经济关系和经济活动的产物，它是由霍布斯在《利维坦》中创建的。

霍布斯的利己主义学说有三个核心概念，即"自然状态""自然权利""自然法"。它的建构逻辑是这样的：人在"自然状态"下具有一种自爱、自私的"天性",这是"每个人所享有的按照自己意思使用自己的力量保全自己天性的自由,这种天性也就是他自己的生命",是天赋的"自然权利"。"于是,如果两个人希望得到同一事物,可是却不能共同享有,则他们会变成仇敌,在达到这一目的的过程中(这一目的主要是为了自我保全,有时仅为了他们的自我愉悦),他们彼此都努力想毁灭或征服对方。"这样,就需要"一个使所有人都敬畏的权力",否则"在一个没有共同权力使众人敬畏的时代,人们往往处于战争状态,而这种战争是个人对个人的战争","在这种战争状态中,暴力和欺诈是两个主要的美德",这对个人与社会来说自然都是灾难。于是,"理性"告诉人们必须建立"达成一致的方便易行的条件",即所谓"自然法"。

在"原理创造历史"的问题上①,霍布斯利己主义学说的价值在于第一次从经验论出发并以经验的话语形式揭示和解读了利己主义的逻辑基础,合乎逻辑地提出用"自然法"的方法论遏制"自然权利"的目的论,初步构建了具有内在统一性的"个人主义原理"。这一"原理"的要义和"机理"可以概要地表述为:人在"自然状态"下的"自然权利"是一种自相矛盾的"悖论权利",内含一种"悖论基因"②。它在价值取向上必然会产生善恶不同的两种实践张力,结果必然会在实践过程中显现善恶不同的两种价值事实,于是人们必须运用"达成一致的方便易行的条件"即"自然法"加以控制,以扬善抑恶。

霍布斯利己主义学说的贡献在于,第一次在个人与社会、认识与实践相统一的意义上为"原理创造历史"找到了方法论的依托,开创了西方个人主义研究和发展的学术范式。从这一点来看,霍布斯是"个人主义原理"的奠基者,虽然他没有提出"个人主义"的概念。他的创造,使得古

---

① 马克思在《哲学的贫困》中批评蒲鲁东的"政治经济学的形而上学"时强调指出,"原理"与"历史"是一个辩证统一的过程:"每个原理都有其出现的世纪。例如,权威原理出现在11世纪,个人主义原理出现在18世纪。因而不是原理属于世纪,而是世纪属于原理。换句话说,不是历史创造原理,而是原理创造历史。"(《马克思恩格斯选集》第1卷,北京:人民出版社1995年版,第146页。)

② 这种"悖论基因"的"矛盾等价式"是:因为每个人享有"按照自己意思使用自己的力量保全自己天性的自由",这样,就会侵犯另一"每个人"享有"按照自己意思使用自己的力量保全自己天性的自由",所以每个人又不能享有"按照自己意思使用自己的力量保全自己天性的自由"。

希腊智者派的"自然"说和"约定"说相统一的可能性假设,在当时代的历史条件下以"个人主义原理"的方式转变为统一的理论形态。

霍布斯利己主义学说的根本缺陷在于,他的利己主义目的论主要是经济活动和利益占有意义上的,又只将遏制个人主义"悖论基因"之恶的"解悖"方法论交给国家和政府而没有同时交给个人,只交给了政治学和法学而没有同时交给伦理学。他的个人主义目的论学说本质上还是一种依靠政治和法制维系的经济自由主义,并不具有后来出现的漠视政府权威的"政治哲学"的理解价值。

二、为个人主义"解悖"的逻辑方向

不论是作为目的论还是作为方法论,个人主义作为伦理道德范畴从其把握的对象和实践主体来看归根到底都属于"个人问题",这决定了个人主义伦理学的"解悖"的根本出路在于个人而不是社会,在于个人主义伦理学说能够为自己找到"自圆其说"的原理支撑。霍布斯的个人主义伦理学说并没有找到这样的支撑,这使得其"原理"的价值十分有限。后来,杜威在批评"早期的经济个人主义"问题时指出:"最专制的国家也不是通过物质的力量,而是通过观念与情感的力量来确保其臣民的忠诚。"[①]

正因存在这种根本性的缺陷,所以霍布斯的学说问世后即受到学者的批评,批评的旨趣是要改造和发展个人主义,以维护和发展个人主义"原理"的力量,而批评的内容则是沿着目的论和方法论两个方向拓展。

沿着个人主义目的论方向展开的批评,在继承和维护霍布斯利己主义学说传统的基础上扩充了其自由主义的内涵,使得自由主义超越了经济活动的范围,发展成为个人主义目的论的最高形式,也成为个人主义目的论最为复杂的概念。广义的自由主义包含"经济"和"利益"意义上的利己主义,漠视或无视政治和政府权威却又重视个人政治参与的无政府主义,

---

① [美]杜威:《新旧个人主义——杜威文选》,孙有中、蓝克林、裴雯译,上海:上海社会科学院出版社1997年版,第76页。

强调个性自由和自我表现的个性主义等。狭义的自由主义是相对于经济利己主义而言的，特指一种强调"个人应该拥有完全的行动自由""不信任政府"的"政治哲学"。这使得在英语的话语体系中，利己主义与个人主义是两个不同的概念。

超越经济活动的广义的自由主义大体上有两种形态。一是政治自由主义，强调每个人都有关心国家和政治的言论自由和行动自由的权利，本质上是一种"个人政见第一主义"或"个人政见中心主义"，其推崇者所要宣示的政见一般都是个人关于国家和民族的治政主张，与资本主义民主政治相互依存、相互呼应。政治自由主义在充分肯定和展示个人的积极性和智慧、可能发表有助于国家政治建设和民族进步的"意见"的过程中，同时又会表现出漠视整体权威和统一规则、扰乱国家必要安宁和社会必要稳定的危害性。胡适曾鼓吹的"健全的个人主义"或"真的个人主义"（他称其为"个性主义"），本质上就是这种政治上的自由主义，是针对当时国民党的专制统治而言的。二是个性自由主义。这种自由主义崇尚个人价值实现和生存与表现方式的与众不同，认为每个人都是独立的主体，都是自己"独立世界"的主人，都享有"自我支配、自我控制、不受外来约束"的生活方式的绝对权利。个性自由主义一般不会给他人和社会的文明与进步带来危害，但却散发着蔑视传统价值的气息，存在着动摇和危害现实社会必须以传统文明为基础的信念的倾向，在潜移默化的影响中散布对普遍性和同一性的怀疑，以及对社会的不信任情绪。

沿着个人主义方法论方向展开的批评，大体经历了功利主义——合理利己主义——新个人主义——社群主义的演变过程，相应出现了四种有代表的方法论意义上的个人主义学说主张。

功利主义创建者是边沁，批评继承和刻意创新者是密尔。边沁把人在"自然状态"下的自爱、自私的本性由具体转变为抽象，提出关于人的本性的"趋乐避苦"的命题。他说："功利原则指的就是：当我们对任何一种行为予以赞成或不赞成的时候，我们是看该行为增多还是减少当事者的幸福；换句话说，就是看该行为增进或者违反当事者的幸福为准。这里，我说的是指对任何一种行为予以赞成或不赞成，因此这些行为不仅要包括个人的每一个行为，而且也要包括政府的每一种设施。"①较之前人，边沁功利主义的推进在于从发展（"趋"）和约束（"避"）两个方面明确规定了个人快乐最大化的原则，并将获得和实现快乐的路向划定在个人与社会两个方面。密尔肯定了边沁的功利主义的快乐论，同时又对快乐论进行了尖刻的批评，指出它只追求快乐而无视实际可能存在的痛苦和不幸，是"堕落的学说，只配给猪做主义"②。密尔认为，不论是快乐还是痛苦与不幸，都可以给人带来幸福，因此他将功利主义的快乐论修正（"修补"）为功利主义的幸福论，使功利主义带有"精神快乐"的特色。利己主义有助于最大限度地调动和发挥个人的潜能和创造性，最大限度地实现个人的价值，从而有助于社会的发展和繁荣，但同时也不可避免地直接损害和牺牲他人、社团和集体的利益，给他人和社会带来痛苦和不幸。功利主义虽然改变了早期的经济个人主义的粗俗特征，但是并没有真正改变早期经济个人主义的原生性的"悖论基因"。

合理利己主义，也可称其为"合理个人主义"，研究的不是个人主义先验意义上的"自然""天赋"的"合理性"，而是个人主义"自为""社会"的合理性即行动、实践的合理性问题，突出的代表人物是费尔巴哈。合理利己主义论者强调，他们"所说的利己主义是和那种纯粹的利己主义不同的，是一种宽厚的、自己克制的、只在对他人的爱中寻求满足的、健康的、与本性相协调的利己主义"③，主张把个人权利与他人权利结合起来，在谋求个人需求和发展时要考虑到大多数人的最大利益和最大幸福。不难理解，作为一种个人主义的方法论学说，合理利己主义或合理个人主义使"个人主义原理"成为新个人主义或现代个人主义的雏形。

新个人主义的杰出代表人物杜威公开宣称他此前的个人主义都属于"旧个人主义"。他认为，"欧洲形式"的"旧个人主义"存在两个方面的

---

① 周辅成编：《西方伦理学名著选辑》（下卷），北京：商务印书馆1987年版，第211—212页。

② ［英］密尔：《功用主义》，唐钺译，北京：商务印书馆1957年版，第7页。

③ 罗国杰主编：《伦理学名词解释》，北京：人民出版社1984年版，第50页。

局限性，目的论只是强调"满足于宣称其与不变的人性——据说此种人性只被个人获利的希望激发——的一致性"，即只是强调个人获取和占有而忽视个人的价值实现，而方法论则主要表现在其价值的"暂时的合理性"。①同时他认为，在当时的美国，经济利己主义与其"欧洲形式"没有什么本质的不同，以轻视政府权威为主要特征的自由主义虽然具有不同于"欧洲形式"的"罗曼蒂克形式"，但其价值的合理性也是有限的。据此，他得出一个结论："旧个人主义的全部意义已经萎缩为一种金钱尺度与手段"，"哑然失声"了，创建他的新个人主义已是势在必行的事情。②他又指出，新个人主义的建构也不能依赖于"慷慨、好意与利他主义"的共产主义的道德主张。③基于以上这些认识，杜威提出建构"一种与当代现实和谐一致的新个人主义"④的设想。杜威强调，新个人主义与"自我奋斗""唯利是图"的旧个人主义的根本差别就在于主张"互助"与"合作"，它要"创造一种新型个人——其思想与欲望的模式与他人具有持久的一致性，其社交性表现在所有常规的人类联系中的合作性"⑤。不难看出，作为实用主义的哲学大师，杜威的基本主张是用价值论即"关系论"的方法替代唯物论或唯心论的"极端方法"，他的个人主义方法论本质上是关于"人与人"之间的合理行动和实践方式的描述系统，在伦理学的视阈里主要属于"人伦理论"和"德性伦理"的范畴，并未广泛涉及个人与社群之间的伦理道德问题，这是新个人主义包括以往一切个人主义的方法论学说后来受到社群主义批评的学理性原因之所在。

在社群主义尚未形成强势之前，个人主义历史演变出现了一种貌似否

---

① [美]杜威：《新旧个人主义——杜威文选》，孙有中、蓝克林、裴雯译，上海：上海社会科学院出版社1997年版，第84页。

② 参见[美]杜威：《新旧个人主义——杜威文选》，孙有中、蓝克林、裴雯译，上海：上海社会科学院出版社1997年版，第91页。

③ 参见[美]《新旧个人主义——杜威文选》，孙有中、蓝克林、裴雯译，上海：上海社会科学院出版社1997年版，第90页。

④ [美]杜威：《新旧个人主义——杜威文选》，孙有中、蓝克林、裴雯译，上海：上海社会科学院出版社1997年版，第96页。

⑤ [美]杜威：《新旧个人主义——杜威文选》，孙有中、蓝克林、裴雯译，上海：上海社会科学院出版社1997年版，第91页。

认方法论的"价值回流"的现象,这就是费里德里希·哈耶克(F.A. Hayek)的个人主义学说的问世。1945年,哈耶克发表了他的著名的学术演讲《个人主义:真与伪》,这篇专论后来被他收进《个人主义与经济秩序》的论文集,出版后一度产生了广泛的国际影响。该书2003年被翻译介绍到我国,对中国人尤其是"文化人"的个人价值观产生的影响是空前的。哈耶克强调个人主义的存在是一个毋庸争辩的前提,但个人主义有"真与伪"之别,"真正的"个人主义也就是经过托克维尔完美发挥的个人主义,"虚假的"个人主义是经过笛卡儿、卢梭等人的理性主义梳理的个人主义,其虚假之处在于倾向于社会主义或集体主义。不难看出,哈耶克的"真正的"个人主义其实就是目的论意义上的个人主义,"虚假的"个人主义其实就是方法论意义上的个人主义。然而,有趣的是他称前者为"方法论个人主义",而将后者即真正的方法论个人主义赶出个人主义历史演绎的舞台。这种"价值回流"现象在几乎与其同时代兴起的社群主义渐渐形成强势的过程中,渐渐退缩到台后。

社群主义是个人主义方法论最具代表性的当代形式。邓正来在《哈耶克方法论个人主义的研究——〈个人主义与经济秩序〉代译序》中有一处专门考察了"社群主义对方法论个人主义的批评",其中列举了诺齐克在其《无政府、国家与乌托邦》中对《正义论》的意义曾作过推崇备至的评价:"《正义论》是自约翰·穆勒的著作以来仅见的一部有力的、深刻的、精巧的、论述广泛和系统的政治和道德哲学著作。……政治哲学家们现在必须要么在罗尔斯的理论框架内工作,要么必须解释不这样做的理由。"[1]在考察"社群主义对方法论个人主义的批判"时将《正义论》列在其中是否合适,我们姑且不论,但是有一点是需要明确的:社群主义对以往个人主义的批评本质上仍然是方法论的批评,并未伤及更未摧毁个人主义目的论的本质,其学说本质上仍然是一种个人主义的方法论,不过是试图完善"个人主义原理"的一项当代工程而已。社群主义认为,真正理性的个人

---

① [英]F.A.冯·哈耶克:《个人主义与经济秩序》,邓正来译,北京:生活·读书·新知三联书店2003年版,第15页。

必须懂得，选择自己行为的唯一正确方式是把个人放到其社会的、文化的和历史的背景中去考察，这样才能真正获得个人自由。由此可见，强调社群是实现个人自由和目的的必要前提是社群主义的实质性主张，也是其优于此前的个人主义方法论的耀眼之处。不过应当看到，这种耀眼之光仍然是方法的演变和革新，并非本质的变更和转移。社群主义是西方社会20世纪80年代后产生的最有影响的政治思潮和伦理思潮之一，它使在20世纪后期，个人主义思想又重新获得主导地位。

综上所述，个人主义历史演变的逻辑走向大体是：由霍布斯的利己主义的"个人与社会（法制）相结合"走向费尔巴哈的合理利己主义的"个人与他人（包括多数个人）相结合"，再走向杜威的新个人主义的"个人之间的互助与合作"，最后走向社群主义的"个人发展要以社群为依托"。从中可以看出，个人主义历史演变的内在动因是其立论基础——人的"自然权利"或"利己的自然本性"内含的亦善亦恶之"悖论基因"，这种"悖论基因"的实践张力势必会造成亦善亦恶的悖论结果，在给资本主义社会带来繁荣和进步的同时又给资本主义社会制造不尽的麻烦和堕落，这就促使个人主义需要不断地完善自身，以说明、鞭答和扼制个人主义实践张力之恶，由此而形成以方法论来弥补目的论的缺陷的演变模式，使得个人主义在逻辑结构上演绎为目的论与方法论的统一体。个人主义有史以来出现过许多的形态，社群主义之后还可能会出现新的形态，但其演变只是方法论之"变"，不可能"变"及"个人本身具有至高无上的价值"这个目的论的核心。

概言之，个人主义历史演变的过程就是不断论辩和刷新"个人主义原理"的过程，也是不断培育崇尚个性与尊重规则相统一的资本主义精神的过程，正是这种带有悖论性征的过程使得个人主义成为人类文明发展史上"最棘手和最缺乏清晰度"的伦理道德话题。

浅析人的虚伪品质*

——兼析道德教育中的悖论现象

在道德教育和道德评价活动中，人们习惯于视真诚和诚实为一切优良道德品质的根本，一切不良品质都与虚伪品质有关联，即所谓"诚者万善之本，伪者万恶之基"①。这种由来已久的认识自然是无可厚非的。但是，我们的道德教育和评价长期以来关注的只是真诚而不是虚伪，致使人们对虚伪这种似乎是"万恶之基"的品质缺乏中肯的分析和认识，却是不正常的。

世界上的不同事物总是相比较而存在，没有比较就难能有中肯的认识。忽视对虚伪品质的分析和研究，既不利于纠正人不应有的某些虚伪品质，也影响到人的诚实守信品德的形成。因此，分析和说明虚伪品质的相关问题是有意义的。

一、虚伪品质的类型

真诚，作为优良的道德品质比较单纯，一般是指表里如一和言而有

＊原载《滁州学院学报》2009年第4期。

① [清]蒋元辑：《人范》，格致书院编撰，清光绪二十六年（1900）刻本。1984年笔者有幸在北京大学图书馆得见此藏书。

信，而虚伪则比较复杂。虚，空，不实也；伪，伪装、伪造之意。相对于真诚而言，虚伪指的是经过伪装而表里不一的品质状态。

虚伪品质的类型，大体上可以划分为三种：伪善、虚假、欺骗。

伪善，意为假装好人、假冒为善。就动机而言其善是伪善者装出来的，而就语言或行动而言其善则是可视的，甚至是实在的，并可能会在他方出现善果。

在道德价值选择和实现的行为过程中，伪善者的道德选择有两种不同的情况，一是为了自己，二是为了自己所代表的共同体。前者，行为动机是出于利己，而行为效果却往往有益于他人或集体；后者的行为动机是为其所代表的共同体，而行为效果却给别的共同体带来益处。伪善者道德价值判断的逻辑可解读为"因为要实现个人（集体）的目的，所以要给他人以一些好处（施善）"，或者解读为"只有给他人（集体）一些好处（施善），才能达到个人（集体）目的"。这表明，伪善者一般不会给他人或别个共同体带来损害，但却能够实现个人或个人所代表的共同体的目的，这叫"两全其美"或"各得其所"。从学理上来分析，伪善品质属于工具理性范畴——讲道德的目的是为了自己或自己所代表的共同体，与合理利己主义、集团利己主义存有某种相似之处，其理性虽然不是那么"纯粹"，但是其道德价值却是明显的。就是说，利己之心及由此出发选择的"伪善"行为，因不妨碍他人和社会而应视其为一种善。中国传统伦理思维方式和道德价值标准的基本倾向是义务论，崇尚利他主义，视利己为恶，至少为不善，因此历来视伪善为"恶德"。今天看来，这种传统是需要反思和加以批评的。在改革开放和发展社会主义市场经济的社会历史条件下，我们提倡的道德不能只是单一的义务论、良心论意义上的"纯粹理性"，更多的应当是有助于道德价值实现的"实践理性"。伪，本来就有"人为"的意思。荀子说："可学而能、可事而成之在人者谓之伪。"[①]道德，作为一种价值本来就是属人（个体和类群）的范畴，做"事"可以"人为"，"做人"为何就不可以"人为"呢？一种道德品质只要不给他人和社会，

———————————
①《荀子·性恶》。

包括自己带来危害——恶，而会带来益处——善，就应当给予肯定，甚至应当加以提倡和推行。在人际交往和相处的社会公共生活领域，伪善是一种司空见惯的道德品质和行为方式，在公共生活空前扩大的市场经济环境里更应当看到其合理性的一面。

换言之，伪善是以道德手段实现道德目的一种虚伪品质，多表现为一种道德智慧。由此看来，在一般情况下把伪善品质看作为一种道德智慧可能更符合它的本来面貌。

虚假，作假之意。其关键词是行为之善是一种假象，不会给他人或集体带来任何益处，这是其与伪善的主要区别之处。虚假，既有出于真情实意的假善，也有出于假情假意（甚至恶意）的假善，后者是一种既无善心也无善举的不良品质，在道德评价上无疑应当加以彻底否定。与伪善者相似的是，作假者的行为选择在很多情况下会产生的"善果"是假象，这样的假象甚至会产生连锁式的社会效应，如虚假广告、虚假政绩、虚假合格或优秀等。经验证明，高度集权的专制政治和高度自由的市场经济是滋生和传播虚假之风的最适宜土壤，如果社会缺乏健全的道德识别和评价机制，就会引发虚假之风泛滥，在给作假者带来某些好处的同时，误导社会心理，败坏社会风气，诱发政治腐败。虚假，不论作假的人是出于真情实意还是假情假意，对社会和人的进步所产生的影响多是消极的。

欺骗，意在骗，行在欺，"伪"的特点最为明显，是一种彻头彻尾的恶德。与伪善不同的是，欺骗一般没有"善"的伪装，其结果从来都是恶，不会给被骗的人带来什么好处，在有些情况下还会给自己带来"聪明反被聪明误"或"搬起石头砸了自己的脚"的伤害。与虚假不同的是，作假者的主观愿望和出发点在很多情况下是出于某种善意，而欺骗者的主观愿望和出发点一般都是源于某种"恶念"。另有一点不同的是，虚假之风可能会成为一种"风尚"，而欺骗则无论如何也不可能成为一种"时尚"。

伪善、虚假和欺骗的共同之处在于"虚"和"伪"，正因如此，传统社会的人们习惯于将三者混为一谈、相提并论，视一切虚伪为与诚实守信相对立的不良品质。然而，从以上简要分析可以看出，这种一概加以否定

的态度和方法并不科学，在发展社会主义市场经济和工具理性盛行的时代，实际上是无益于社会和人的文明进步的。

二、虚伪品质形成的相关因素

若是全面展开分析，形成人的虚伪品质的相关因素是一个极为复杂的问题，我们可以从道德教育及社会道德识别与评价机制两个方面来分析和认识其主要的相关因素。

人的虚伪品质的形成，在未成年期间与接受家庭和学校的道德教育是否相关？这是一个长期被人们忽视的问题。人们习惯于将未成年人不良品质的形成归因于受到不良品行的人和不良环境的影响，没有接受道德教育尤其是没有受到家庭和学校良好的道德教育。表面看来，这样的分析和认识路径是毋庸置疑的，但实际上却经不起推敲。若问：那种致使人形成不良品质的"不良品行的人和不良的环境"又是怎么形成的，当如何作答？如果仍然按照"受到不良品行的人和不良环境的影响"的逻辑作答，那么如此推导下去岂不陷入"鸡与鸡蛋孰先孰后"的"奇异的循环"之中了吗？如果从没有接受道德教育的路径来分析，那么又会无法回答这样的问题：是不是受到道德教育特别是受到良好的道德教育就一定会形成优良的道德品质，反之则不会形成优良的道德品质？同样接受道德教育的人为什么会存在道德品质上的差异？实际上，良好和不良的道德品质的形成都不是与生俱来的，在追根求源的意义上都是后天接受教育和受到其他相关因素的影响的结果。虚伪品质的形成也是这样。

前文曾提及的妈妈分苹果，结果使"我从此学会了说谎"的道德教育故事，说的就是"说谎"这种虚伪的品质就是在家庭道德教育中养成的。①此说虽然显得有些绝对化，但其提出的"自相矛盾"的道德悖论问题是值得人们深思的。其实，学校的道德教育和评价也存在这样的自相矛盾现象。一种道德教育的内容和方法，在道德教育的目标实现上既可以培

---

① 参见赵德明：《分苹果的故事》，《基础教育》2004年第10期。

养人的优良的道德品质，也可以培养人的不良的道德品质。如表扬，可以催人奋进，走向新的成就，也可能使人得意忘形，走向下坡；批评，可以让人知错改进，焕然一新，也可能会使人阳奉阴违，成为伪君子；如此等等。值得注意的是，像"说谎"这类虚伪品质的形成，往往与关于诚信的道德教育和评价直接相关。孩子考试得了100分，因此受到老师和家长的表扬，为了得到表扬他在此后没有得到100分的情况下就可能会涂改分数，结果被老师或家长发现，对他进行了"做人要诚实"的批评教育，往后，他的品德发展可能有两个方向：或者走向诚实，或者以更隐蔽的手段作假，人的虚假、欺骗等不良品质就是这样形成的。这样来分析虚伪品质的形成，既合乎逻辑，也为经验所证明。这种不能完全体现教育者的主观愿望，而是"得"与"失"即"善果"与"恶果"并存的自相矛盾的结果，就是道德教育中的悖论现象。它是一种道德教育和评价中普遍存在的客观事实，是不依教育者的主观愿望为转移的，只要进行道德教育就必然会出现"善果"与"恶果"同在的悖论现象。

道德教育和评价中的悖论现象，可以通俗地表述为"育苗——既得苗，也得草"的现象。就教育效果而论，道德教育乃至整个德育与智育、体育、美德等不同的是，它一般不会出现"没有效果"的情况，其出现的要么是效果，要么是"反效果"，而完全是效果或"反效果"的情况也并不多见，常见的是效果与"反效果"并存，这就是悖论现象。一位教师对学生进行诚信教育，如果他用来进行教育的内容和方法得当，受教育者具备了基本的接受能力，他的教育活动就会收到效果或收到比较好的效果，反之就会收到"反效果"或收到较多的"反效果"。有些人对诚实守信不以为然，甚至动辄给予嘲讽，转而开始学会作假和欺骗，恰恰是接受这样的诚信教育的结果。值得注意的是，诚信教育绝对的有效果和绝对的"反效果"其实都是不多见的，一般情况下总是两者并存，以"善果"与"恶果"自相矛盾的悖论方式而表现出来。

其所以会如此，从道德教育自身的原因来分析，主要是道德教育的目标和内容（甚至方法）都是"理想"的，存在超越性的价值倾向。学校教育历来以塑造未来社会所需人才为自己的使命，学校的道德教育尤其是这样。学校道德教育的目标和内容都是超验的，超越历史和现实，以引导受教育者追问和追求理想社会和理想人格为己任。然而，学生并非生活在真空世界里，他们中的许多人尤其是大学生在读书期间仍然会接触社会生活的实际，所见所闻的道德世界总是经验的、现实的，这就使得他们对道德教育灌输的超验的道德价值标准，既可能接受，也可能不接受，乃至"反其道而受之"，从而使得道德教育在预设的意义上就内含一种"道德悖论基因"，在其实施过程中会同显同现善与恶两种截然不同的结果。诚然，学校的道德教育尤其是基础教育阶段的道德教育面对的是未成年人，他们尚未涉世或涉世不深，道德教育可以使他们在脱离经验世界的情境下接受超验的道德教育目标和内容，但是他们一旦走出校门接触社会生活实际，就会把过去在学校接受的道德教育部分乃至全部"还给了他们的老师"，在校门之外演绎出学校道德教育的悖论结果来，这是一种规律。它反映在诚信的教育上就是诚信与虚伪两种不同的品质同时出现。

社会道德识别和评价机制不健全是虚伪品质形成的社会环境条件。众所周知，道德文明包括人的优良品质的形成和发展离不开适宜的舆论环境，两者的关系犹如鱼与水的关系，当这种环境不具备或不适宜道德文明的形成和发展，就会反而有助于不良品质的形成和发展，而适宜的社会舆论环境的构建依赖道德识别和评价机制。在社会处于变革时期，由于新旧伦理道德观念正处于相互冲突和整合的过程中，所以社会道德识别和评价机制往往处于不太健全的状态之中，这为伪善、虚假和欺骗之类的道德问题的形成和表现提供了丰腴的土壤。一般说来，社会道德识别和评价机制不健全对成年人形成虚伪品质的影响最大，因为他们都处在社会变革和发展的中心，经历着各种伦理道德观念的冲刷和洗礼，生存和发展的实际需要使得他们不得不采取实用主义的道德态度，注重的不是道德的目的性价值，而是道德的工具性价值，包括被道德包装起来的具有虚伪特质的"潜规则"。

相比较而言，道德教育自身的因素对形成虚伪品质的影响带有根本的性质，人们只能在一定的意义上（科学设置道德教育的目标、改善道德教育的内容和方法）淡化和缓解这种影响，而不可能从根本上消除它。而社会道德识别和评价机制不健全对形成虚伪品质的影响则不带有根本的性质，一定社会的人们可以通过加强和改善伦理道德的理论建设和实践活动，健全社会道德识别和评价机制，将这种影响化解在最小的范围之内。

三、虚伪品质的道德评价

在道德评价的视野里，有目的论和工具论两种性质不同的虚伪品质，前者即本文以上所分析的伪善、虚假和欺骗，人们习惯于将其归于不道德的范畴，后者即人们通常所说的"善意的谎言"，人们将其归于另一种方式的"讲道德"。两者的共同点都是"伪"，即表里不一；不同点主要在于前者的行为动机之善是"虚"，实则是不善或恶，其"伪"是为了实现不善或恶，后者的行为动机之善是"实"，是真实真诚的善，其"伪"是为了实现善。"善意的谎言"之类的"虚伪"品质，反映的多是人的道德智慧和道德能力，在道德评价的视野里历来得到人们的肯定，此处无需多加评说。值得探讨的是，应当如何评价目的论意义上的虚伪品质。

在道德评价中，对虚伪品质中的虚假和欺骗应当给予鞭笞和矫正，而对伪善则应当进行具体分析和评价，给予有限的肯定。传统的道德评价，对象主要是人的行为选择的动机和效果，由此而形成动机论、效果论和动机效果统一论三种不同的道德评价标准和学说。不难看出，伪善品质作为道德评价的对象是符合效果论的要求的，因为其"善"会在某些方面或一定程度上满足社会和人道德发展与进步的客观要求和实际需要，效果毋庸置疑。当然，伪善之"善"不如真诚之善那么纯粹和纯洁，表里如一的真诚之善比表里不一的伪善更有价值，但有善总比无善好，总比恶好，总比无善可言的虚假和欺骗好。我们希望善心和善举的一致性，表里如一的真诚和诚实在任何社会都被人们奉为美德，但在许多情况下这只是一种不切实际的幻想。实际上，在动机论指示下刻意追问行善的动机是否为善是不必要的，在动机和效果统一论的指示下刻意追问善心与善举的一致性同样是不必要的，也是很难追问清楚的。更何况，在发展市场经济、社会公共生活空间不断扩充的社会环境里，伪善之"善"其实是一种受到普遍推崇和遵从的道德价值形式。一个企业主，其动机就是为了自己发家致富，但只要他生产经营的产品货真价实，能够给消费者带来福音，其"伪善"行为在道德评价上就会得到社会的肯定，他也就会因此而产生道德感，感到问心无愧。这样说，不是说表里不一的伪善比表里如一的真诚之善好，而是强调要肯定伪善之"善"的实际道德价值。就道德矫正来说，我们要矫正的是伪善之"伪"的动机，而不是要否定其行为之"善"的形式和结果。

更需要注意的是，不要把现代社会的一些道德文明形式尤其是公共生活领域内的一些文明形式误读为虚伪而大加鞭笞，与此同时把直率、粗鲁、粗犷之风奉为真诚和诚实，使之与现代文明对立起来。人类道德文明发展到今天，其文明样式的工具理性价值越来越凸显，适用的范围也越来越普遍，人们也越来越重视和渐渐养成在这种文明样式中进行生产和交换、表达生活方式和精神交往的习惯，在通常情况下人们并不看重行善者的动机如何，看重的是行善者的实际效果。这是社会不断走向文明进步的表现。直率、粗鲁、粗犷属于道德个性范畴，与诚实和真诚的德性并不存在必然的联系，将两者混为一谈是不正确的。作为道德个性，直率、粗鲁、粗犷既可能与诚实、真诚的表达相联系，也可能与伪善、虚假和欺骗的表达相联系。因此，如果把现代文明的诸多形式误读为虚伪，用直率、粗鲁、粗俗的个性方式来对抗现代文明，其实是在干扰现代社会道德的文明秩序和逻辑走向。

"次道德"与"亚道德"的悖性问题*

所谓"次道德"和"亚道德",顾名思义都是"次"于、"亚"于当时代人们普遍认可和提倡的"主道德"或"正道德"①的道德。

"次道德"与"亚道德"这两个词,是当代中国伦理学人为描述"生活世界"中屡见不鲜的某些"道德怪相"而创造的。最初涉及"次道德"和"亚道德"选择这类"道德怪相"的,是一位全国政协委员提交的提案,提案建议对使用安全套的卖淫嫖娼者要减轻处罚,此建议被媒体曝光后迅疾引起公众及相关学界的关注并产生连锁反响。人们热议的焦点是:对于这类传统道德观念所谴责或批判的、"不纯粹"的道德现象,是否应该给予某种道义上的肯定?这类现象由于其在实际行为中被道德主体有意识地降低或减少了不道德行为所带给他人或社会的不利影响,所以也局部地、有限地带有道德的因子,为了与传统的道德选择相区别,故称之为

---

　* 原文题目为"刍议'次道德'和'亚道德'及其合理性问题",原载《黄山学院学报》2006年第6期。当时,尚未获得国家社会科学基金项目"道德悖论现象研究",收录此处对结构作了补充和调整。之所以做这样的处理,是因为"次道德"和"亚道德"的行为选择在道德评价上具有"自相矛盾"的性状,所反映的主体道德品质特性符合本编的主题。

　① 一定社会认可和提倡的"主道德"或"正道德",包括由史而来的传统美德和产生于当时代社会的"生产和交换的经济关系"基础之上的新"伦理观念"及由此提升的新道德意识形态。这里用到的"认可"和"提倡"两个词,在伦理学学理和道德评价上是有着重要区别的。"认可"所指,一般是合乎包含某种个人功利计算、"无可厚非的""正当"的道德范畴;"提倡"所指,多为合乎"纯粹"的道德义务范畴。

"次道德"或"亚道德"。

热议中，一些试图走出"纯粹道德"思维方式窠臼的人，对"次道德"与"亚道德"的道义性给予肯定，主张褒扬和提倡，而一些人固守"纯粹道德"（加上"左"的影响）思维方式的人，则不以为然。这致使对"次道德"与"亚道德"的道义认识，一直处于"见仁见智"的状态。

一、"次道德"和"亚道德"的本质

实际上，"次道德"和"亚道德"选择的现象古来有之，很多情况下人们就是在"次道德"和"亚道德"而不是在"纯粹道德"的意义上"讲道德"的，而且他者和社会一般也多给予肯定性和褒扬性的评价，如"知错能改是君子""浪子回头金不换"等。中国社会实行改革开放以来，由于受新旧道德的冲突等方面复杂因素的影响，在"纯粹道德"的意义上"讲道德"的现象越来越不像以前那样司空见惯了。与此同时，在"次道德"和"亚道德"的意义上"讲道德"的现象却时有所闻，以至屡见不鲜。这本是正常的，但当其被冠之以"次道德"和"亚道德"的名称引发热议之后，就不能被人们普遍认可了，更谈不上普遍赞誉，失却其应有的社会公认度。这种"反传统"现象的深层原因，还是"纯粹道德"思维方式的深刻影响。因为，相对于"主道德"和"正道德"来说，"次道德"和"亚道德"确实不是那么"纯粹"，"讲次道德"和"讲亚道德"的人确实不是那么"纯洁"，缺少"正道德"和"讲正道德"的那种崇高性和浪漫性的美感。

这就难免会使得那些惯于崇尚"纯粹道德"的"道德人"（尽管他们也许不是真心要做到或不能做到"纯粹道德人"），以及推崇"纯粹道德"学说主张的伦理学人和宣传家，对"次道德"和"亚道德"持否定性的评价观念和不以为然的态度。至今的伦理学工具书找不到"次道德"与"亚道德"的表述，日常生活中人们"讲道德"的话语系统也很少有"次道德"和"亚道德"的用语，任何流行的伦理学的知识体系和学说主张都没有"次道德"和"亚道德"的概念，学校的道德教育尤其是基础教育阶段的道德教育，更没有关于"次道德"和"亚道德"的内容。这表明，在道德学说上给予"次道德"和"亚道德"以理论的澄清和说明，是必要的。

"次道德"和"亚道德"并不属于同一类别、同一种含义的"道德怪相"，两者不能相互取代或互换。"次道德"有不同层次的"次"的意思，例如：行为选择和实施过程意义上的"次序"，指的是不良行为的中止；行为选择及其实施的价值意义上的"次等"，即"次"于"主道德"或"正道德"的价值。而"亚道德"，只有一种意思，专指行为选择的道德价值之"亚"，即"亚"于"主道德"或"正道德"的价值。

简言之，"次道德"和"亚道德"作为同一类的道德选择，是"同"在其道德选择的价值认同上，都认同"主道德"或"正道德"的价值属性，不过是与后者相比较价值量"次"一些罢了。由此可见，"次道德"和"亚道德"与"主道德"或"正道德"是形异而神同的道德，本质上是一致的。对"次道德"和"亚道德"选择作如是本质观，是讨论"次道德"与"亚道德"选择的道义性问题的关键所在。"次道德"和"亚道德"的本质特性表明，两者所具有的道义性是毋庸置疑的。

因此，理解和把握"次道德"和"亚道德"的道义性问题，不可望词生义，而要看其本质。"次道德"和"亚道德"选择属于道德选择范畴，是"道德"的，而非"不道德"的，也不是"非道德"的。

正因如此，在法制建设和道德教育的实践过程中，人们一般都能以理智的科学态度对待"次道德"和"亚道德"的行为选择。例如：审判和公安机关一般都能依据发生"次道德"和"亚道德"的情节为当事人减轻罪责，从轻处罚，以鞭策"次道德人"和"亚道德人"知错改进，重新做人。学校的老师们一般也都能抓住践履"次道德"和"亚道德"的学生以改错改过的机会，鼓励这样的"后进生"奋发向上，做优秀学生。然而，人们仍然习惯于用"纯粹道德"的思维方法和价值标准观察、思考和评判道德现象世界中的价值问题。

历代治者坚信"榜样的力量是无穷的"，热衷于在纯洁和崇高的意义上树立道德榜样，以此来净化世风和民风；而"凡夫俗子"们也多习惯于把自己看成是道德上的"凡夫俗子"，但由于受到宣传和教化的长期影响，也多习惯于对"次道德"和"亚道德"现象不以为然，生怕不这样看道德便玷污了道德的崇高性和神圣性，被别人指责为"思想意识"有问题。不能不说这真是由来已久的"道德误会"。

二、"次道德"种种及其道义性

关于"次道德"选择的案例，时常可见诸媒体。

案例一：2003年10月9日凌晨，外地来西安打工的刘森、魏文成、鲁佳伟和白成军四人闲逛时，发现了在护城河河沿上行走的户县青年情侣刘某和高某（女），四人迎上去将两人堵住，欲对高某图谋不轨。高某见状异常惊恐，拼命挣脱，跳进了护城河。见女友跳河，刘某赶紧跳下去救女友。歹徒见状也慌忙跳进河帮忙救人。上岸后，四劫匪还大声"教训"两人说："我们只是抢钱，要色，不是要命的！"

案例二：2003年春季突发"非典"期间，北京一个姓阎的男青年夜间窜至佑安医院、光明医院、大栅栏医院等大肆进行盗窃活动，共窃得笔记本电脑、现金、烟酒等总价值一万余元，后来又主动到公安机关自首。当警察问及其为何要自首时，他说在行窃中由于目睹了医护人员与"非典"进行斗争的忙碌身影，因此每次行窃后都寝食难安，每晚都要靠服用大量安定才能入睡，医护人员的身影总在他眼前闪现，良心的谴责让他感到精神压力极大。5月29日上午，阎姓男青年终于鼓起勇气拨打110投案自首。

案例三：广东省广州芳村区某集团公司工作的黄先生乘坐公交车下班时手机被盗，十分心痛，因为手机储存的近百个电话号码大部分都与自己的业务有关。当晚，黄先生抱着碰碰运气的心情拨打了自己的电话，没想到小偷得手后并没有立刻关机，手机竟然接通了。然而，黄先生在第二次拨打时手机就关机了。黄先生尝试通过发短信和小偷联系，并告知小偷电话号码对其本人的重要性，希望小偷能把电话号码寄回。没想到小偷回复短信息表示答应黄先生的请求，还要求黄先生提供邮寄地址。几天后，黄先生收到一封字迹工整、秀丽的来信，竟然真的是自己被盗手机中的电话号码。记者从这封"小偷来信"中发现，小偷还别出心裁地专门用正规信纸，整齐地把近百个电话号码抄写下来，就连部分带有地址的电话号码也被认真地抄下来。黄先生十分感动，说：这是小偷发"善心"了！

案例四：2010年4月30日，长久找不到工作的王亮应网友张磊之邀，与其在郑州一起绑架了开宝马车的女子李娟，并开出1000万元的赎金。在李娟的劝说下，王亮良心发现帮助李娟逃走，带其和父母见面之后，与李娟一家一起到公安机关自首，并帮助公安机关将其他犯罪嫌疑人抓获，有立功表现。检察机关认为王亮对社会没有危害性，没有逮捕必要，因此没有诉诸法律。

这些案例有一个共同的特点，即中止此前的不法或不道德选择而选择了道德。所谓"次道德"大约有三种含义：一为"其次"，属于道德行为的时序概念，是相对于"首先"发生的不道德的行为选择而言的；二为"次要"，即非"主要"也，属于道德提倡的概念，是相对于社会提倡的主流道德而言的；三为"次等"，属于道德价值的事实及其评价的概念，是相对于社会普遍存在的实际的道德风尚和道德事实及与此相关的评价活动而言的。

从伦理属性看，"次道德"本质上体现的正是社会主流道德的真实内涵和价值趋向。在主体的行为过程中，"次道德"也是"后道德"，是在主体不法行为发生之后主动进行的第二次行为选择，并因此而终止不法行为，结束侵害。在这里，不道德行为发生在前，合道德行为选择在后。如果把"次道德"从主体的行为过程中抽出来单独审视就不难发现，所谓"次道德"其实就是"主道德"。先是侵害他人的人身权利后又救人，救人是见义勇为；先是盗窃医院财物后又主动送还并投案自首，可视其为公私分明；寄回被盗的电话号码，显然是与人为善的表现；如此等等。在这里，见义勇为、公私分明、与人为善，都是社会的"主道德"形式。这是"次道德"合理性的基本方面。

所以，"次道德"选择的行为过程，一般是由不法、不道德选择和道德选择两个阶段构成的。其道义性正是体现在行为过程的后一个阶段，即放弃作恶的道德选择。这种选择所具有的道德价值，比"直线"和"正面"变现出来的道德价值可能更具有震撼力。因为，其价值不仅表现在"改邪归正"、回归社会道德要求的行为本身，也不仅表现在挽救了行为者的人格和人生前途，更重要的是展现了人的良知和对于道德的敬畏感和尊重意识的感染力，也展现了行为者曾受到过的道德教育的潜在力量。我们肯定"次道德"的道义性，就是要肯定这些在"纯粹道德"思维方式约束下容易被忽视的道德价值。

从道德的社会功能看，"次道德"选择矫正了主体行为的价值取向，淡化和纠正了恶行的后果，减低了前期不道德行为给他人或社会集体以及自己所造成的危害。当然，我们希望每个社会成员从来不做违背法律和道德的事情，但事实表明这是不可能的。一个人一生不可能不出现一次邪念，不可能不做一件违背社会道德的事情。既然如此，就应当承认"次道德"现象存在的普遍性，就应当看到讲"次道德"总比不讲道德好。相对于社会文明进步的历史过程和客观规律而言，某一阶段普遍存在的社会现象总是具有某种必然性，因而也就具有某种合理性。如果不讲"次道德"，或不能给予"次道德"应有的价值肯定，一个人只要犯了罪错，就一无是处，在犯罪的道路上除了顽固到底、死有余辜就别无选择了，这会促使犯罪分子丧心病狂，给社会和他人带来更多的危害。这样的社会悲剧，我们可以从印度电影《流浪者》的故事情节和主题思想中看得很清楚。

20世纪末，印度电影《流浪者》在中国风行一时，看过这部电影的中国人多深为其道德主题所感动。主人翁拉兹的生父是一位大法官，由于恪守"强盗生的孩子必定也是强盗"的宿命论的影响，受到强盗头子的恶性报复，使其子拉兹沦落为流浪汉，以乞讨和偷窃为生。拉兹长大后与童年好友丽达邂逅一见钟情，决心痛改前非，用劳动来养活自己和母亲，但工厂却因为他曾经是贼——不是一个纯粹的"道德人"而开除了他。于是他又走上犯罪的道路，最终触犯了法律，被押上了审判台。丽达在充当律师为拉兹辩护时，用极具道义逻辑力量的辩护词，批评用宿命论和"纯粹道德"思维方式的观念看人所造成的恶果，从而伸张了"次道德"选择的道义性和正义力量。

在传统和现实的意义上，人们之所以对"次道德"采取排斥的态度，从认识方法看，是割裂了行为的整体过程，将行为过程中主体的不道德行为与其道德行为混为一谈，否认了"次道德"合乎社会主流道德的合理性。这种方法和态度等于是在说："你想改错吗？那你'早知今日，何必当初'呢？你是坏人吗？那就坏到底吧！"

如果说"一个人有了罪错，只要改了就好"的话，那么，在犯罪错的过程中能够自我纠正，加以改正，就应当说更好。

道德选择贵在真实、真诚和自觉。违背真实、真诚和自觉"讲道德"，是道德选择出现形式主义和虚伪作风的主观因素。大凡进行"次道德"选择的人，其"讲道德"的动机多是真实、真诚的，依赖的是良知和自觉，表现了道德观念对人的深层调控，一般不大可能是"做做样子"的。从这个角度看，肯定和鼓励"次道德"选择，有助于纠正"讲道德"中存在的形式主义和虚假作风，弘扬社会道德的道义性。在这种意义上我们完全可以说，"次道德"选择更能体现"讲道德"、做"道德人"并非一件易事，更富有道德价值，社会的道德评价应当给予更多的关注。

三、"亚道德"种种及其道义性

"亚道德"之"亚"者，"第二"也，顾名思义也是相对于社会提倡的主流道德或"第一道德"即"主道德"或"正道德"而言的。与"次道德"一样，"亚道德"也是一种道德。不过，"亚道德"的类型比"次道德"复杂得多，究竟有多少种，很难说得清楚。但我们可以从智慧和德性两个不同角度进行分析，归纳出"智慧亚道德"与"德性亚道德"两种基本类型。

一日晚，一个蒙面人冲进赵张夫妇的住所，进门便给了赵某胸部一刀，张某操起床边放着的塑料桶往蒙面人身上砸去，并撕下了歹徒用来蒙面的衬衫，认出这个歹徒是曾经在公司打过工的韩建章。赵某厉声告诫对方："快把刀放下！我们有同伴，外面还有保安，他们马上都会过来！"歹徒狰狞地笑了："住在外面的人已经被我杀了。你们再不拿钱，就别想活命！"无奈，张某给歹徒跪下了，边哭边求饶："我马上就去拿钱，你饶了我们吧！"赵某也跪在地上："你饶了我们吧！我们把所有的钱都交给你！"张某爬到柜子边，拿出了里面的1500元现金。歹徒恶狠狠地说："太少了，再拿！"张某又从枕头底下摸出手机交给歹徒："我们真的一无所有了，我给你磕头了！"歹徒终于离去，赵某艰难地向电话机爬去，拨通110。民警赶到后把赵张夫妇送到医院抢救。因为报案及时，公安人员仅仅用了6个小时，就将歹徒抓获。事后，公安机关认为赵张夫妇的行为是见义勇为，便将该事迹报到见义勇为基金会，夫妇俩被评为见义勇为先进分子。消息传开后，很多人拍手叫好，也有人持有不同看法，认为向歹徒下跪是失去了道德原则的行为。

在这个案例中，赵张夫妇所表现出来的道德精神就属于"智慧亚道德"。它本身不是道德，而是人们习惯上说的计策或手段，从形式上看甚至还"丧失"了道德，但其实际的道德价值却是存在的，不仅维护了主体正当的利益，而且捍卫了社会正义，因而具有明显的道德意义。赵张夫妇如果不愿下跪求饶，歹徒就可能伤其性命，结果弄得人财两空，歹徒还可能逍遥法外，继续作恶。作为"亚道德"的智慧，指的就是主体为保障自身正当的权益，捍卫社会道义原则而采取的具有道德价值和意义的手段和方式。

《家报》2004年8月5日至11日以《八成抗暴者重伤或惨死，仓促肉搏不如保全自己——警方首次提醒：跟歹徒别"硬来"》为题，以一个个残酷的事实告诫公民在同犯罪分子作斗争中既要勇敢，更要有智谋，首先要保全自己的性命，然后再协助警方打击犯罪分子，不要莽撞行事，以卵击石，并提出一些具体"保全自己"的措施。看了这篇报道叫人有一种从未有过的真实感和亲切感，它所主张的就是一种"智慧亚道德"。

"智慧亚道德"发生的时候，主体往往会丧失自己的尊严，给人以一种"不光彩"的印象，这在客观上削弱了"亚道德"的价值意义。相比较那些在不丧失尊严的情况下展示的"双全"之"智"，"亚道德"是大为逊色的。因此，对"智慧亚道德"的价值，社会不宜过多渲染。但是，不论怎么说，"智慧亚道德"是一种道德，对此不应当有任何怀疑。假如我们不给"智慧亚道德"以应有的道义肯定，那么实际上就等于在说：在与"缺德"和不法行为作斗争的过程中，任何情况下都要不惜一切代价，都不允许考虑行为主体的个人牺牲问题，这显然是不合理的。道德行为的选择和价值实现，本身存在着"成本"的问题，最佳方案是既能伸张社会正义和人格价值，又能维护社会或个人的正当权益；只有在两者难以两全的情况下，"舍生取义"才是可取的。由此看来，"智慧亚道德"所体现的道德智慧和价值是不应当被低估的，它具有某种普遍意义。

"德性亚道德"也是一种计策或手段意义上的道德，与"智慧亚道德"不同的是，它本身就是一种道德，是主体德性水平的真实反映。

讲道德，既有人格标准，也应有人道标准。在一般情况下，亦即在没有必要为捍卫道德原则而牺牲身家性命的情况下，鼓励人们奋不顾身，是有悖于人道标准的。"亚道德"的道义性，体现了人格标准和人道标准的统一性要求。

不论是哪一种"亚道德"，都不属于"盗之道"。智慧意义上的"亚道德"，行为主体不是违法犯罪者，而恰恰是违法犯罪或违规操作的受害者，不仅如此，主体选择"亚道德"行为一般恰恰是为了制止发生在他人身上的违法犯罪或违规操作的侵害行为。赵张夫妇的行为就属于这样的"亚道德"选择。

最后需要指出的是，德性意义上的"亚道德"，虽然形式上与"次道德"有相似之处，但实质是不一样的。前者是一种"避重就轻""亡羊补牢"式的道德选择，多出于利他的考虑，行在己身，利在他方；而后者则是一种自我纠正的道德选择，是一种自救行为，主要出于解救自己于不法行为之中、以免造成更大的自我伤害考虑。

四 "次道德"与"亚道德"选择的原因分析

从行为选择主体角度来分析,"次道德"现象的发生,与主体的双重人格特性有关。一般说来,一个人的人格不大可能是纯粹合乎道德的,总会或多或少存在某些"私心杂念"或"不健康的东西",完全超凡脱俗的"圣人"、真正"坏到顶"的坏人,都只存在于人们的思维和想象之中,存在于宣传的文本之中,在现实社会中实际上是不存在的。

人与人在道德人格水准上的差别,只在于有些人思想道德纯正一些,有些人"私心杂念"或"不健康"的东西多一些。在社会法制和道德规则的制约下,在社会扬善惩恶的舆论引导下,加上主体的自律因素起作用,人的"私心杂念"和"不健康的东西"一般是不大可能成气候、酿成不道德以至违法犯罪的不良后果的,因而不会发生"次道德"的问题。但是,在一些特定的情形下,如外在的强烈诱惑、无人监督或为生存需要所迫,人的"私心杂念"和"不健康的东西"就有可能因"一念之差"发生恶性膨胀,失去自我约束力,干出"缺德"甚至违法犯罪的事情来。当这种情况出现的时候,这类人群中的多数人实际上是"做贼心虚"的,内心中充满着矛盾。这种矛盾正是其人格中原有的道德因素与不道德因素展开斗争,前者战胜了后者就会终止"缺德"或违法犯罪行为,出现"次道德"现象。可见,"次道德"反映的正是主体人格原有的道德品质。

"亚道德"选择现象的发生,主体方面的原因一般比较简单,比较直接,多是出自主体对包括生存需要在内的人生诉求。当主体选择"亚道德"行为的时候,他其实是作了一种"道德成本"的简单计算,反映了主体人生经历的丰富和道德上的一种成熟。在面临生死抉择的关键时刻或道德人格可能丧失殆尽的情况下,为了保全自己的生命、道德人格不受根本损害,选择"得大于失"的方法"挽回面子",无论如何是值得称道的。"亚道德"一般发生在成年人的身上,在青少年身上很少见到。如果说,"亚道德"是合理的,那么在青少年的道德教育上就更应当注意培养这方面的意识和能力。

　　社会宽容度的提高和人性的进步，是"次道德"和"亚道德"选择现象发生的社会原因。社会宽容度的提高和人性水平的提升是相辅相成的两个方面，整体上表明我们的社会以人为本精神的回归和重建，对道德价值选择和实现的认识和把握正在走向成熟。道德从来不是纯粹的，道德价值的实现也从来不是运用纯粹的道德方式。而在传统意义上，中国人看待道德和运用道德价值所采用的基本上是纯粹的方式。一个人，一种行为，善就是绝对的善，恶就是绝对的恶，若说既包含善，又包含恶，许多人难以理解和接受，这叫"两极判断法"。具体到道德价值实现的过程，那也必须是从内容到形式都必须是彻头彻尾"善举"，否则就会招致非议。事实证明，如此讲道德太难，最终反而可能会引起道德的缺失。

五、"次道德""亚道德"与道德文明的发展和进步

　　社会道德文明的发展和进步的标志是一个指标体系，包含先进性、广泛性、兼容性三个基本层次的指标。先进性指标多表现在少数人格高尚的社会先进分子身上，反映一定社会道德文明发展与进步的最高水准和发展方向。广泛性或一般性指标，体现在绝大多数的普通劳动者身上，反映一定社会道德文明的实际水准和发展与进步方向的逻辑基础。兼容性指标，即可以为先进性和广泛性道德所包容的道德文明，"次道德"和"亚道德"就属于这个层次的指标。这也就是说，"次道德"和"亚道德"作为合乎社会道德要求的行为选择，其道义性本身就是社会道德文明与进步的一种标志。

　　对"次道德"和"亚道德"作如是观，需要纠正一种误解。这种误解把"次道德"和"亚道德"归于"盗亦有道"①，将两者相提并论，混淆了两者之间的原则界限。这种混淆否认和割断了"次道德"和"亚道德"

---

①《庄子》曰："跖之徒问于跖曰：盗亦有道乎？跖曰：何适而无有道邪？夫妄意室中之藏，圣也；入先，勇也；出后，义也；知可否，知也；分均，仁也。五者不备而能成大盗者，天下未之有也。"

与社会道德文明的逻辑关联。

衡量一个社会道德文明发展与进步标志，不能仅仅局限在先进性和广泛性的层次，不仅要看学习"道德榜样"和争做"道德人"的社会风气，也要看对"次道德"和"亚道德"的包容态度，看是否形成肯定以至于褒扬"次道德"和"亚道德"选择之道义价值的社会风尚，在社会处于变革和转型时期，尤其应当作如是观。

文明社会包容"次道德"和"亚道德"选择，肯定乃至褒扬其道义性，并不是肯定和纵容违背法律或道德的不良行为，并不表示社会对违法犯罪行为的宽容与赞赏，而是肯定和褒扬犯罪中止，鼓励犯罪分子弃恶向善。它所追求的不是"纯粹道德"的理想价值实现，而是道德关怀的精神价值，是立足于社会和谐和人性进步表达的对人的一种关爱，以形成人与人之间的一种宽容与谅解。

文明社会对"次道德"和"亚道德"的态度，应当理解、包容和褒扬。包容的前提是理解，而要理解就得相信"次道德"和"亚道德"选择者的良知和基本的道德觉悟。有个打工的小伙子打算到银行给家里汇钱，发现自己的卡还没插进ATM机，按键时机器就自动呼呼地"吐钱"，原来是此前取款人没有拿走自己的卡，他在经不住诱惑的情况下取出来了10500元，事后2小时他便向警方自首，并表示愿意赔偿失主损失（他慌乱之中把取出的钱弄丢了）。即便如此，检方仍要以涉嫌信用卡诈骗罪提起公诉。这个案子在网上曝光之后，立即引起数万名网民质疑：自首，"弃恶从善"并表示赔偿损失，为什么还要被追究刑事责任？难怪网民群情激愤，这是一个典型的"次道德"选择案例。检察机关本该给予当事者以基本的信任和理解，肯定其"弃暗投明"的道义性，并给予当面表扬，而不该采取"不准革命"的错误态度。当然，肯定和褒扬"次道德"和"亚道德"的道义性，也须持慎重的态度，须在弄清基本事实的情况下进行，而且也不宜采取公开的方式。不然，就有可能对人们的道德选择产生误导，结果适得其反，有悖于社会道德文明发展与进步的客观要求。

"我们应当做什么"

——T.W.阿多诺《道德哲学的问题》的研究范式

　　自古以来的道德哲学和伦理学著述，思想主题与逻辑主线无一不是围绕"我们应当做什么"展开的，T.W.阿多诺的《道德哲学的问题》可以算作一个现代范例。阿多诺的学生哈贝马斯在《50年代的哲学家阿多诺》一文中涉论《道德哲学的问题》的价值与意义时指出：哲学的本质在于反思道德最重要的形而上学问题，这种本质在纳粹时期被颠覆了，阿多诺的贡献在于"以其特有的知识的迫切性和深刻的分析，通过坚持不懈的努力才挽救了这个伟大传统的本质"①。"这个伟大传统的本质"就是贯穿全书的"我们应当做什么"。

　　然而，"我们应当做什么"究竟包含哪些逻辑要素？诸如为什么"我们应当做什么""我们应当做什么"的"什么"是什么，怎样践行"我们应当做什么"等极为重要的道德哲学的基本问题，过去人们却少有深入的思考，致使"我们应当做什么"在后现代反资本主义伦理思潮的冲击之下，批评和挽救"我们应当做什么"这种"伟大传统的本质"成为道德哲学关注的重大时代话题。

　　阿多诺所进行的批评与挽救，是在"'我们应当做什么'是道德哲学

---

　　① 转引自[英]T.W.阿多诺：《道德哲学的问题》，谢地坤、王彤译，北京：人民出版社2007年版，译者前言第2页。

的真正本质的问题"这个核心观点统摄和主导下，"通过对康德的道德哲学的分析和评判，反思康德之后的各种道德哲学和伦理学的主张"①的研究范式中展开的。

一、揭示"道德哲学的真正本质的问题"

阿多诺认为，"'我们应当做什么'是道德哲学的真正本质的问题"②。这是因为，"我们应当做什么"属于主观范畴，相对于道德实践的选择和价值实现具有不确定性，"如果实践越不确定，那么，我们在事实上就越不知道我们应当做什么，我们获得正确生活的保证也就越少……最后我们在正确生活方面采取的行动只会是鲁莽草率的。"③

就是说，"我们应当做什么"作为"道德哲学的真正本质问题"，属于道德实践的哲学范畴，讨论"我们应当做什么"不能凭主观愿望、以主观愿望为标准。这是阿多诺批判和拯救"我们应当做什么"的学术旨趣和进路的起点。

实践的不确定性决定道德实践只能是"可能的实践"，决定"我们应当做什么"的命题不会是纯粹的价值论或目的论的问题，所谓"我们应当做什么"的价值祈求必定包含"我们本当做什么"的逻辑考量。因此，回答"我们应当做什么"需要揭示道德实践的自在规律，这就是"道德哲学的真正本质的问题"之所在。

实践之所以具有不确定性，是因为影响实践的因素很多，也很复杂，并非仅是社会关于道德规范的给定即"实践理性的公设"④。这样，康德关于"实践理性优先于理论理性"的著名见解就颇有些捉襟见肘了。在这里，阿多诺提出的问题是：在理解和把握"我们应当做什么"这个根本问

① [英]T.W.阿多诺：《道德哲学的问题》，谢地坤、王彤译，北京：人民出版社2007年版，译者前言第2页。

② [英]T.W.阿多诺：《道德哲学的问题》，谢地坤、王彤译，北京：人民出版社2007年版，第3页。

③ [英]T.W.阿多诺：《道德哲学的问题》，谢地坤、王彤译，北京：人民出版社2007年版，第3—4页。

④ [英]T.W.阿多诺：《道德哲学的问题》，谢地坤、王彤译，北京：人民出版社2007年版，第74页。

题上，需要对康德的"实践理性"及"实践理性优先于理论理性"命题加以发展和创新。

康德在指出"纯粹理性"如果超越"经验"势必会产生"二律背反"之后，又强调"实践理性"在"伦理的法则"的意义上超越"经验"之阈限的必要性。然而，他并没有在学理上深入探讨"两种理性"之间的逻辑关联和客观真理性问题，相反使这两者的关系"完全颠倒了"，成为"一个大的悖论"，以至于在强调实践理性即所谓"意志自由""灵魂不朽""上帝创造"时又转而否认理论理性的意义，最终并没有真正解决"我们应当做什么"这一道德哲学的本质问题。所以，阿多诺在《道德哲学的问题》第七讲中直截了当地批评道：康德道德哲学的基本定理就是"意志自由、灵魂不朽和上帝存在"，"在康德哲学看来，这三个定理肯定和必然与'我们应当做什么'这个问题联系在一起。"然而，"按照康德的看法，这三个定理的至关重要的意义不在理论哲学之中，换言之，它们的意义不在于对存在的认识，而是存在于实践哲学之中。"但是，"在我看来，这个问题脱离了理论洞察就是非常专横的。"①

阿多诺的这个批评极为深刻。因为康德没有分清"思想自由"与"行动自由"的界限，他关于道德选择的自由或自由意志本质上是"思想自由"而非"行动自由"。按照康德的理解，"实践就等于自由的举动"，因而自由是排斥"一切真正的经验"的。这样，"康德从一开始（adove）就彻底排除了那种要求在实现一种正确生活的同时，却把我们引入了不可解决的矛盾之中的可能性。"②

其实，避免出现"把我们引入了不可解决的矛盾之中的可能性"，获得"我们应当做什么"之"正确生活"的道德选择自由或自由意志，是受两种先在因素（不是康德的"绝对先验的道德法则"）制约的，这就是：道德

---

① ［英］T.W.阿多诺：《道德哲学的问题》，谢地坤、王彤译，北京：人民出版社2007年版，第75页。
② ［英］T.W.阿多诺：《道德哲学的问题》，谢地坤、王彤译，北京：人民出版社2007年版，第85页。

经验及认识和把握实际行动过程之自由与不自由之矛盾因素的道德智慧。①

进一步说，超越经验的实践理性，是否赋予"我们应当做什么"以道德哲学的本质内涵，真正具有指导道德实践的价值和意义，关键不是在于"实践理性"的"理性"是否为"公设"的"道德法则"、是否需要转而回归或兼顾"纯粹理性"，而是在于是否在理论与实践、逻辑与历史相统一的意义上真实反映"经验"所包容的理性。"实践理性"之所以可称其为实践理性，并不在于其是否出自"公设"（所谓"公设"，其实也是经验）或"幼稚的乐观主义"的"自由"和"故事"，而在于它是否客观地反映了道德实践之"正确生活"的内在规律和本质要求，具有必需的某种意义上的"纯粹理性"的特质。基于绝对主义的动机论，不问及主体道德选择和实践的实际过程和结果，这样的"实践理性"其实本质上还是粗糙的经验，是难以充当指导人们"正确生活"的"绝对命令"。

道德哲学的本质和使命，在于用"我们应当做什么"之规律的话语形式，描述并进而指导人们把握世界、社会和人生的行为方式，其"应当"并非就是道德指令的"应当"。前一种"应当"是合规律性意义上的客观（规律）范畴，后一种"应当"则是合目的性意义上的主观（规则）范畴，它可能是合规律的，也可能不是。如果说"'我们应当做什么'是道德哲学的真正本质"的话，那么"道德哲学"的本质和使命就在于要把"我们应当做什么"分解为"我们想做什么"或"我们要做什么"和"我们本当（必须）做什么"及"我们适当做什么"或"我们可以做什么"两个序列的命题，并探讨和说明两者之间的内在逻辑关联，把合目的性追求与合规律性要求统一起来。这正是道德哲学的意义之所在。

由此看来，阿多诺在其否定辩证思维视域内对"我们应当做什么"的批判与拯救，实际上赋予了"我们应当做什么"以"我们不应当做什么"的内涵。它在形而上学的层面给予世俗社会的智慧是：当我们选择"我们

① 对此，笔者曾在《关于伦理道德与智慧》(《哲学动态》2003年第2期)、《道德价值实现：假设、悖论与智慧》(《安徽师范大学学报》人文社会科学版2005年第5期)、《道德逻辑体系的认知结构》(《安徽师范大学学报》人文社会科学版2009年第6期)等拙文中，作过一些探讨，认为道德智慧就是把"要讲道德"、"讲什么道德"和"怎样讲道德"贯通起来的智慧和方法。

应当做什么"的时候，需要同时考虑"我们不应当做什么"或"我们应当不做什么"。

虽然，《道德哲学的问题》对此并没有运用清晰的话语给出如此直白式的表述，但是我们仍然可以从其通篇叙述中大体上察觉到，提出"'我们应当做什么'是道德哲学的真正本质的问题"之真实用意，并不是要强调善良意志和主观目的论的重要，而是要把分析和阐述支撑"应当"之"本当"——"适当"和"正当"这个"本质问题"的使命交给道德哲学。这正是阿多诺提出"我们应当做什么"这个伟大的反诘命题的深刻意义之所在。康德哲学及其以后"道德哲学的问题"，恰恰就在于使"我们应当做什么"的合目的性要求与"我们本当（必须）做什么""我们适当（能够）做什么"的合规律性要求相分离，使"我们应当做什么"成为"我们想做什么"或"我们要做什么"就做什么的同义语，忽视或轻视了"我们本当（必须）做什么"和"我们适当（能够）做什么"或"我们可以做什么"的道德真理观问题，使得道德哲学成为"我们想做什么"的道德学或伦理学，缺乏道德哲学的真理内涵。也正因为如此，阿多诺在《道德哲学的问题》开篇就主张，探究"我们应当做什么"首先要将道德哲学同伦理学区分开来①。

二、把握"理论哲学与实践哲学之间的同一因素"

这是阿多诺在道德哲学的对象和任务层面上分析"我们应当做什么"的逻辑主线和聚焦点。他视这个问题为"关于正确生活的那个更高层面上的实践的问题"②。

阿多诺认为，"在康德的理论哲学与实践哲学之间的同一因素，就存

---

① 一些人至今仍然不愿或不能区分伦理与道德的不同内涵因而也不愿或不能区分伦理学与道德哲学的学理界限，这使得我们的伦理学和道德哲学的著述中关于"我们应当做什么"的理论多缺乏"我们本当做什么"和"我们适当（能够）做什么"的真理性，因而也就不能基于"道德哲学的真正本质的问题"，真正抓住"我们应当做什么"这一道德形而上学的核心问题。

② ［英］T.W.阿多诺:《道德哲学的问题》,谢地坤、王彤译,北京:人民出版社2007年版,第6页。

在于理性这个概念自身之中"，"理性对于理论和实践都是建构性的"。①同时他又指出，由于康德的这种理性"是始终存在于康德哲学各个部分之中的理性"，不具有统摄理论哲学与实践哲学之间"同一因素"的理论特质，因而康德道德哲学总是在"理论态度和实践态度之间的一种独特的摇摆"。这种批评抓住了康德"两种理性批判"势必会陷入"二律背反"的根本原因。康德解决这个令其难堪的"矛盾"的办法是引进"必然性"与"自由意志"的关系，然而由于其"必然性"也是主观范畴，所以又在所难免地陷入另一种"二律背反"。

实际上，理论与实践的关系是一种相互否定批判又相互肯定和拯救的关系，理解和把握理论与实践关系需要运用否定辩证法的观点和方法，如此才能规避和消解令康德当年感到"难堪"的"二律背反"难题。

这主要是因为，道德实践总是"可能的实践"②，道德理论历来是有缺陷的理论理性，在理论与实践的关系问题上片面地强调哪一端都势必会陷入绝对性的相互否定，陷入康德自称的"先验的悖论"或阿多诺批评的"悖论的学说"③，使得"我们应当做什么"与"我们不应当做什么"处于绝对对立和"奇异循环"的状态之中，在实践中必然会导致"我们应当做什么"的逻辑崩溃。

因此，构建"理论哲学和实践哲学之间的同一因素"以纠正在"理论态度和实践态度之间的一种独特的摇摆"的"二律背反"之"道德哲学的问题"，是道德哲学尚待拓展和深入的重要对象和任务。在阿多诺看来，这个对象和任务就是构建关于"理论哲学与实践哲学之间的同一因素"的理论，即关于哲学的哲学或"一般哲学"。阿多诺关注"关于正确生活的那个更高层面上的实践的问题"，正是基于这种认识的，其旨趣归根到底是为了批判和拯救"我们应当做什么"。所以，他在《道德哲学的问题》开篇便指出，贯通理论哲学和实践哲学的问题，是"一般哲学的最重要的

① [英]T.W.阿多诺：《道德哲学的问题》，谢地坤、王彤译，北京：人民出版社2007年版，第29页。
② [英]T.W.阿多诺：《道德哲学的问题》，谢地坤、王彤译，北京：人民出版社2007年版，第7页。
③ [英]T.W.阿多诺：《道德哲学的问题》，谢地坤、王彤译，北京：人民出版社2007年版，第33页。

· 266 ·

问题"①。

与"一般哲学"相关的"我们应当做什么"的问题，便是选择自由的问题。阿多诺批评道，在关于道德选择自由的问题上，康德认为讨论纯粹理性问题无需涉及上帝，但对我们的实践行为来说，我们需要上帝，可以这样说，这样的上帝就是"行动假设"。所谓"行动假设"，也就是"'我们应当做什么'这个问题"②（在这里，康德的"我们应当做什么"和"上帝就是行动假设"是相通的，所指其实就是道德信念和道德信仰意义上的善良意志）。阿多诺同时又指出，康德在"我们应当做什么"这个问题或"上帝就是行动假设"这个问题上，"向我们展现的思考结构中省略了一个过程的因素"。

这种批评真是一针见血！

从"道德行为"或"道德行动"的实际情况看，人的道德选择是否自由所受制约的恰恰是行为或行动的"过程"的实际情况，而不是"道德行动"开端意义上的属于道德信念和信仰范畴的所谓"自由意志"。由此看来，康德关于"我们应当做什么"的自由意志，实则是"我们想（要）做什么"的善良意志和选择认定，其"实践理性"缺乏真理理性的"质料"，明显存在主观论和绝对主义倾向。

阿多诺同时代的索尔·斯密兰斯基（Saul Smilansky）在其《10个道德悖论》中也指出：如果上帝是至善、至强和至智的，那么为什么世上还有如此多的痛苦和罪恶？如果任何一件事包括我们所做的任何选择都有原因（不然他们怎么会发生？）那么既然这些选择的原因存在，我们应该关注的是我们是如何做出选择的而不是我们选择了什么？这里的"如何做出选择"就是阿多诺批评的被康德"省略了"的"过程的因素"。

毋庸讳言，流行的道德哲学和伦理学说至今还没有认真关注自康德以来这个被长期"省略了"的"过程"，构建起分析和描述"过程的因素"的哲学理性。在理论与实践的关系问题上，我们至今还恪守"实践—理

---

① ［英］T.W.阿多诺：《道德哲学的问题》，谢地坤、王彤译，北京：人民出版社2007年版，第29页。
② ［英］T.W.阿多诺：《道德哲学的问题》，谢地坤、王彤译，北京：人民出版社2007年版，第71页。

论—实践"的窠臼，习惯和痴迷于在这种无限的"奇异的循环"之中蹒跚。搞理论研究的人自娱自乐，痴迷于在纯粹的逻辑建构中，在理论与实践之间堆砌自己庞大复杂的理论堤坝，而从不在乎离开实践有多远因而可能被别人批评乃至嘲弄。总之，要么习惯于沿着"没有革命的理论便没有革命的行动"的思路，强调理论对于实践的指导意义，主张要"为实践去魅"，要么片面理解和恪守"实践是检验真理的唯一标准"的命题，强调实践对于理论的绝对的奠基和实证意义。理论与实践这种"二律背反"的矛盾表明，需要在两种哲学指导意见之间高屋建瓴地建构展现其"同一因素"的"哲学之哲学"。

在这种学术进路上解决"道德哲学的问题"还任重道远，这是阿多诺批判和拯救"我们应当做什么"之学术进路的又一重要启示。

三、剥离对"我们应当做什么"的世俗误解

为在形而上学层面上凸显"我们应当做什么"作为"道德哲学的真正本质"这一主题，阿多诺在《道德哲学的问题》中始终注意剥离世俗社会对"我们应当做什么"的误读和误用。

其一，在学理上把道德与伦理这两个概念区分开来。阿多诺认为："伦理的概念是道德中的单纯的良知"①，"伦理学这个词就是良心中的简单良知"②，是关于个人的良知范畴和私人之间"和谐一致"的事情，而道德则是关于社会的普遍要求。因此，不可先验地超越人的自然质朴性和责任规定性来理解伦理问题。他批评道：如果"把道德的问题与伦理学的问题混为一谈，从一开始就像耍把戏那样，是要把诸各个人的关系变为普遍的关系，因此，这种做法删去了道德哲学中的最关键的问题"③，也就是"我们应当做什么"作为"道德哲学的真正本质的问题"，即道德哲学

① [英]T.W.阿多诺：《道德哲学的问题》，谢地坤、王彤译，北京：人民出版社2007年版，第11页。

② [英]T.W.阿多诺：《道德哲学的问题》，谢地坤、王彤译，北京：人民出版社2007年版，第16页。

③ [英]T.W.阿多诺：《道德哲学的问题》，谢地坤、王彤译，北京：人民出版社2007年版，第12页。

关于人与人的关系的普遍性和本质问题的科学抽象。

不难看出，阿多诺作这种学理区分的旨趣，是要把与道德有关的人的精神世界划分为两种不同的科学领域。一是道德哲学的领域，它关注的是道德的"我们应当做什么"的社会本质和实践理性。二是伦理学领域，它关注的是世俗社会中人际相处的基本经验和道德良知。作如此区分，阿多诺就凸显了"我们应当做什么"作为"道德哲学的真正本质的问题"这一核心命题的理论意义和实践价值。

与此同时，阿多诺又注意到道德与伦理之间的逻辑关联。当其涉论经验层面的道德问题时指出："在讨论伦理的和道德的行为时排除人们相互之间的关系是绝对没有意义的做法，因为纯粹为自己而存在的个人是一种完全空洞的抽象。"由于"整体利益和特殊利益在人的行为中表现为紧密相连的问题，它就是伦理学的基本问题"，因而人们"对整体利益、局部利益和诸个人利益进行区分的社会问题，同时也是伦理问题，人们根本不可能把它们完全分开，而且这方面的发生过程的问题也并非如同人们想象得那么重要"①。这表明，阿多诺在把握道德与伦理乃至道德哲学与伦理学的差别及其相互关系的学理问题上，学术进路的逻辑是很清晰的。

在批判与拯救"我们应当做什么"这个"道德哲学的真正本质的问题"的思辨中，注意道德与伦理的学理界限及其逻辑关系是明智的，也是十分必要的。在唯物史观视域内，伦理是一种特殊的"思想的社会关系"，因由一定社会的"生产和交换的经济关系"及其历史演变而"自发"（自然）形成和趋向固化，在人际相处和交往的意义上，人因此而成为一种习俗式的社会身份和社会秩序的担当者。而道德，是因由维护和优化伦理（关系）之需而被特定历史时代的人们创设为社会意识形态和价值形态，

---

① ［英］T.W.阿多诺：《道德哲学的问题》，谢地坤、王彤译，北京：人民出版社2007年版，第21—22页。

以及由此推演的"道德法则"①。阿多诺在这种进路上的作为虽然不够，但其发现和提出这一学理逻辑问题的意义，已经远非他此前的道德哲学家所能同日而语的了。

其二，不要把"我们应当做什么"理解为"灵活地去做事""灵活地对待生活"②。因为后者多属于个人功利思想和实用行动，而作为"道德哲学的真正本质"的"我们应当做什么"，反映的是社会"公设"的普遍理性。这样的普遍理性，自然也应当包括在"我们应当做什么"的普遍理性的指导下人们所形成的普遍经验。因此，如同康德那样把"我们应当做什么"与普遍经验对立起来，是不应当的。

如上所述，阿多诺批判和拯救"我们应当做什么"的真谛，是要在"道德哲学的真正本质的问题"的意义上，理解和把握"应当""本当""适当"之间的统一性关系。因此，他特别不赞成康德对实践理性在实施过程中出现的"脱离理论认识的关联"问题"不感兴趣"，认为不应该"总是拒绝在这个方向上对事物说出和判断出某些东西，而人们期待着，哲学可以对此说出一些东西"③。基于此，阿多诺进一步指出："实践理性在他（康德，引者注）那里的含义就等于实践的纯粹理性，也就是等于对正确与错误、善与恶作出判断的先验能力，而不是如同我们在谈论实践理性时通常所认为的那样，这是关于一个注重实际的人的理性，或者是一个不注重实际的人的理性。"④这里的所谓"实际"所指，就是实践理性的实践过程的经验，而不是先验。经验，经历与体验，是任何道德哲学家实际上都不可能绕得过去的，所以阿多诺用辛辣的话语嘲弄道："这个康德，

---

① 关于伦理与道德的内涵和学理边界，韩升的《伦理与道德辨正》（《伦理学研究》2006年第1期）、王仕杰的《"伦理"与"道德"辨析》（《伦理学研究》2007年第6期）、朱翠萍的《中国文化语境中的伦理与道德》（《汉字文化》2008年第4期），以及笔者的拙文《"伦理就是道德"置疑：关涉伦理学对象的一个学理性问题》（《学术界》2009年第6期）都曾有过分析和论述，大体的意思是：伦理在归根到底的意义上是一种因由社会的经济关系而生成的"思想的社会关系"，道德是因维护和优化伦理关系而被特定历史时代创建的特殊的社会意识形态和价值形态及由此推演的行为准则和规范体系。

② ［英］T.W.阿多诺：《道德哲学的问题》，谢地坤、王彤译，北京：人民出版社2007年版，第3页。

③ ［英］T.W.阿多诺：《道德哲学的问题》，谢地坤、王彤译，北京：人民出版社2007年版，第76页。

④ ［英］T.W.阿多诺：《道德哲学的问题》，谢地坤、王彤译，北京：人民出版社2007年版，第78页。

他用一种可怕的烦琐把全部经验抛了出去"，然后又"用这招方式把经验从后门中带了进来"①。

特别值得一提的是，在看待经验的问题上，阿多诺恢复了康德以前道德哲学尊重人的自然本性的传统，反对以"我们应当做什么"的原则在经验与"善"之间制造"紧张关系"，反对把德性等同于禁欲主义的理想的观念，主张人首先要按照自己的本性去生活，次之才崇尚道德理性，也唯有如此才可能会相遇"我们应当做什么"的人生问题。他认为，康德道德哲学恰恰存在这种非理性的问题，他以戏剧《沃伊采克》中的"规规矩矩的老实人"沃伊采克"却有一个私生子"为例，指出如果不尊重人的本性和情欲，就会出现"沃伊采克是个好人"与"沃伊采克是不道德的"这样的"好人"与"德性"不能相容的道德悖论，"道德的概念会因此大丢面子，因为它有意或无意地在自身中具有'禁欲主义的理想'"②。

这种批判和拯救的形而上学意见对于我们是具有某种启发意义的。中国三十多年来的改革开放取得举世公认的辉煌成就，充分调动了人的积极性和创造精神，给人和社会注入前所未有的生机和活力，同时也带来诸多问题。从"我们应当做什么"的道德理性来看，这两种不同作用方向的"力"，都源于社会对人关注自身利益包括情欲的肯定和尊重。道德的实践理性之真谛，不在于它否认或贬低人的本性和情欲，而在于它在因本性和情欲的张扬而出现伦理问题的情境中，能否持有引导人们"正确生活"的话语权。

一个人关心自己的需求，包括关心自己的情欲本是正常的，是个体生存和发展的内在动力，也是社会稳定和走向繁荣的逻辑张力。这种力量只有在不能"正确生活"即违背"我们应当做什么"的普遍道德理性的情况下，才可能会演变为破坏力，给人和社会的发展与进步造成危害。因此，不应当把"我们应当做什么"与尊重人的自然本性对立起来。

在阿多诺看来，康德之后道德哲学的一大进步就是注意到，"即使是

---

① [英]T.W.阿多诺：《道德哲学的问题》，谢地坤、王彤译，北京：人民出版社2007年版，第86页。
② [英]T.W.阿多诺：《道德哲学的问题》，谢地坤、王彤译，北京：人民出版社2007年版，第14页。

实践哲学,当它关系到我们实际行动的时候,就总是与经验质料有关,因而就不能绝对地与经验相分离"①。

其三,不可对"我们应当做什么"作庸俗主义的理解,将我们应当做什么"降低为一种忙忙碌碌的行动"②,否认道德哲学对于道德实践的方法论意义,致使道德实践成为一种形式主义的做法。

就是说,研究"我们应当做什么"作为反映"道德哲学的真正本质"的形而上学"问题",是要在世界观和方法论的根本意义上,提出道德研究的应有范式和道德生活的指导意见或智慧,而不是提供什么可供人据以选择和行动的技术和工具。因此,不可把一些人随意、随便做的事情都列入"我们应当做什么"的范畴。换言之,要用"哲学头脑"思考和选择"我们应当做什么"。

阿多诺的这种剥离,实际上是在道德哲学的视阈里把社会道德与基础文明(所谓"底线道德")区分了开来,从而维护了道德的社会文化本质。以此推论,真正理解和把握了"我们应当做什么"的"道德人",其德性所在必定是在处理个人与国家社会的利益关系能够遵循社会道德的本质要求,而不只是拘泥于日常生活琐碎的"忙忙碌碌的行动"。

四、引发对"我们应当做什么"的深层思考

从以上所述大体可以看出,阿多诺批评和拯救"我们应当做什么"之所为,运用的是他的否定辩证法的研究范式。其看似单纯批评和非连贯性的学术进路,所遵循的正是黑格尔和马克思开启的批判哲学的"科学共同体的成员所共同拥有的研究传统、理论框架、研究方式、话语体系"的研究范式,但他是以自己的方式进行的。这使得他的《道德哲学的问题》所

---

① [英]T.W.阿多诺:《道德哲学的问题》,谢地坤、王彤译,北京:人民出版社2007年版,第77页。

② [英]T.W.阿多诺:《道德哲学的问题》,谢地坤、王彤译,北京:人民出版社2007年版,第7页。

批评和拯救的"我们应当做什么"又具有某种"科学革命"的性质①，"自然而然"能够引发当今人类对"我们应当做什么"的深层思考。

王南湜在为《形而上学的批判与拯救——阿多诺否定辩证法的逻辑和影响》一书所作的"序"中指出：作为一个"西方马克思主义"的哲学家，"由于阿多诺对古典辩证法的革命性颠覆，他的思想的穿透力和影响力早已不局限在某一思想传统或学术圈子"，"在当代思想的视阈中，阿多诺和他的'否定辩证法'始终是批判性力量的一个重要源泉"，任何深刻的哲学家都不该回避"阿多诺之后的理性批判""阿多诺之后的伦理学"这样的当代话题。

齐格蒙特·鲍曼给当今人类的伦理境遇作了这样的概括描述："我们的时代是一个强烈地感受到了道德模糊性的时代，这个时代给我们提供了以前从未享受过的选择自由，同时也把我们抛入了一种以前从未如此令人烦恼的不确定状态。"他没有回道德"模糊"世界存在的"令道德思想家们感到苦恼"的种种悖论现象；他看到的是"我们和他人的行为确实有'副作用'和'不可预料的后果'，这些'副作用'和'不可预料的后果'可能窒息有良好企图的目的，并且带来任何人都不希望或者不能预料的灾难和痛苦"。他甚至明确指出："从逻辑上讲，这是一个逻辑悖论，它使哲学的创造力伸到了极限。"②然而，他的"哲学的创造力"却又制造了新的"道德哲学的问题"，因为他把重建人类伦理秩序和道德生活的实践路径诉诸"多元主义的解放作用"，这种其实并未抓住道德哲学的真正本质问题的学术进路，必然会鼓动当今人类加剧陷入"从相处到相依"而又为此感到"无法忍受的不确定性"③的困扰之中。故而，安托瓦纳·贡巴尼翁在其《现代性的五个悖论》中批评后现代主义时指出："现代性最隐秘的悖

---

① 提出和描述"范式"的托马斯·库恩发现，"常规科学"或"成熟科学"的研究范式的"转换"，通常具有"科学革命"的性质。(参见[美]托马斯·库恩：《科学革命的结构》，金吾伦、胡新和译，北京：北京大学出版社 2003 年版。)

② [英]齐格蒙特·鲍曼：《后现代伦理学》，张成岗译，南京：江苏人民出版社 2003 年版，第 44、33、20、33 页。

③ 谢永康：《形而上学的批判与拯救——阿多诺否定辩证法的逻辑和影响》，南京：江苏人民出版社 2008 年版，第 2 页。

论在于现代性所认同的对现时的激情应该被理解成为某种苦难。"①用阿多诺的话说，鼓吹所谓"多元主义的解放作用"，不过是在重复和编撰"一个十分乏味无聊的（道德）故事"②。

当今道德哲学和伦理学说关于"我们应当做什么"的意见和主张，既不可因为身陷"某种苦难"而要回避和颠覆"我们应当做什么"的传统，也不应当规避道德实践经验世界的问题而痴迷于用纯粹的抽象概念"编故事"。如同"他激烈地批判了启蒙，但也正因如此而是启蒙的信徒；他激烈地批判形而上学，但也正因此而是形而上学的拯救者"一样，阿多诺在当今人类陷入难解"我们应当做什么"的伦理困境的情况下，运用其睿智的否定辩证法，在精细而又繁琐的批判中"为一种'崩溃的逻辑'寻找逻辑"，成功地拯救了人类精神生活的主题——"我们应当做什么"。

五、结语

中国自古以来的道德哲学和伦理学主张之核心命题，自然也是"我们应当做什么"。中国人自幼接受道德教育形成的观念就是"我们应当做什么"及其反题"我们不应当做什么"。然而，我们却缺乏在"道德哲学的真正本质"的层面上对此加以论证和宣示，故而对"我们应当做什么"缺少道德哲学智慧的真知灼见。所以，当社会处于变革和转型时期，原有的"我们应当做什么"模式受到挑战，现有的"我们应当做什么"尚未建立起来，人们就不知道和难以把握"我们应当做什么"。不能不说，这是当今中国社会出现大量的道德失范和诚信缺失现象的一个道德认知方面的原因。

在传统意义上，中国是一个"礼仪之邦"和"道德大国"，十分重视"我们应当做什么"，以至于使之成为一种源远流长的传统。所谓"己所不

---

①［法］安托瓦纳·贡巴尼翁：《现代性的五个悖论》，许钧译，北京：商务印书馆2005年版，第27页。

②［英］T.W.阿多诺：《道德哲学的问题》，谢地坤、王彤译，北京：人民出版社2007年版，第122页。

欲，勿施于人"①"己欲立而立人，己欲达而达人"②"君子成人之美，不成人之恶"③等，作为儒学伦理主张和道德体系的规范形式都含有"应当"的命令内核，这样的"应当"所包含的正义是毋庸置疑的，但却并没有同位包含对"本当""适当""正当"的考量，因而也就没有对"应当"的哲学质疑和批评。④

中国传统儒学伦理学说和道德体系的生成基础，是高度集权的封建专制政治适应（扼制）普遍分散的小农经济的社会结构，文明样式的基本特性是以"大一统"观念和"他者意识"扼制和引导"各人自扫门前雪，休管他人瓦上霜"的小农自私自利意识，缺乏在"道德哲学的真正本质"的形而上学层面上把握"我们应当做什么"的自觉理性。自汉代初年起被推崇到"独尊"地位以后，道德政治化的实质被政治道德化的假象所遮蔽，实际生活中的"我们应当做什么"多被做政治性的解读、推行和恪守。程朱理学高扬的"天理"实则是"地理"，并非什么道德哲学的本体论范畴，不过是要把儒学纲常伦理和道德教条抬到天上、强化其在世俗社会的政治性权威而已，而不是要赋予"我们应当做什么"以道德哲学的本质理性。

明末清初，伴随新型生产方式纷纷破土而争相现世的新伦理观，如李贽的"人必有私"观、黄宗羲的"以天下为事"观、王夫之的"人欲之大公，即天理之至正"观等，向传统儒学的纲常伦理发起挑战，但由于受当时代多方面复杂的社会因素的限制，多没有获得发展为道德哲学形态的历史机缘，因而也就不能在"道德哲学的真正本质"的形而上学层面上，批判"我们应当做什么"自古而至的传统缺陷，担当其"拯救"传统的历史使命。鸦片战争以后，中国社会长期处于抵抗外敌入侵包括外来道德文化

---

①《论语·颜渊》。

②《论语·雍也》。

③《论语·颜渊》。

④ 如至今我们并没有在"真正本质"意义上作过这样的道德哲学反思：在公共生活场所看到有人摔倒，人们的第一反应就是"应当"上前把他(她)拉起来，而不考虑如此施救是否合适，结果就可能会弄巧成拙，甚至还可能会出现诸如彭宇那种殃及自身而令社会尴尬的恶果。经历或闻知这样的"不当"，人们一般会吃一堑长一智，或者在此后选择"应当"的同时学会"适当"，或者从此放弃"应当"，规避"我们应当做什么"。

渗透和国内变革战争的动乱之中，传统儒学建构的推己及人的"我们应当做什么"实际上处于"逻辑崩溃"的状态。这种乱象在新中国成立后并没有得到与时俱进的批判和重构，以至在"左"的思潮盛行和"文革"动乱期间发展到极致，推行到极端。

改革开放以来，我们在取得辉煌成就包括思想道德观念方面的直观性进步的同时也出现了普遍的道德失范和诚信缺失及由此引发的道德困惑的问题。这表明，我们需要立足当代中国社会改革和转型的国情和世情，遵循历史唯物主义的认识论路线，认真反思和批判自古以来的"我们应当做什么"，在"道德哲学的真正本质"意义上与时俱进地重建"我们应当做什么"的道德逻辑。

齐格蒙特·鲍曼伦理学方法的得与失[*]
——以其《后现代伦理学》和《论后现代道德》为例

近几年，国内一些重要刊物相继发表了一些介绍和评述"当代社会科学领域里声名显赫的人物"齐格蒙特·鲍曼（Zygmunt Bauman）的学说的文章。[①]也许是因为"鲍曼是现代性与后现代性研究最为著名的社会理论家之一"，而"他的思想飘忽不定，既具有说服力和启发性，又令人费解"[②]，其伦理学说见解更为晦涩难解，所以介绍和评述的多是鲍曼的社会学思想，很少涉论他的伦理思想，对其在《后现代伦理学》（1993年）尤其是在《生活在碎片之中——论后现代道德》（1995年）中所阐发的后现代伦理观，几乎没有涉及。这两本书已分别在2003年和2002年被翻译成中文出版，影响较为广泛。在这种情况下，探讨齐格蒙特·鲍曼伦理思维方法的得与失显然是有意义的。

---

[*] 原载《伦理学研究》2010年第4期，中国人民大学书报资料中心《伦理学》2010年第11期全文转载。鲍曼的伦理学代表作《后现代伦理学》和《论后现代道德》，就其学术旨趣而言，是要"解悖"现代社会的道德危机。虽然他的研究范式是反道德传统、反道德形而上学的，锋芒所向意在解构传统的伦理秩序和道德普遍性原则，也极少用"道德悖论"或悖论的话语，更未触及"解悖"的语型。

① 参见刘晓虹的《齐格蒙特·鲍曼：现代性的辩证法》（《国外理论动态》2003年第9期）、[澳]彼得·贝尔哈兹的《解读鲍曼的社会理论》（《马克思主义与现实》2004年第2期）、王凤云的《鲍曼的后现代伦理学批判视角》（《道德与文明》2005年第1期）、张成岗的《鲍曼论"后现代伦理危机"及"后现代伦理学"》（《哲学动态》2005年第2期）等。

② [澳]彼得·贝尔哈兹：《解读鲍曼的社会理论》，《马克思主义与现实》2004年第2期。

一、客观描述社会的道德危机

齐格蒙特·鲍曼给后现代人类的伦理境遇作了这样概括的描述："我们的时代是一个强烈地感受到了道德模糊性的时代，这个时代给我们提供了以前从未享受过的选择自由，同时也把我们抛入了一种以前从未如此令人烦恼的不确定状态。"①而与之相呼应的便是后现代文化："时下的文化反复地讲那些我们每一个人愉快或痛苦地从我们自己的经验中学到的东西。它将这个世界描述为一连串的碎片和情节。"生活在这种"碎片和情节"之中，人们的普遍的感觉心态是："事物毫无前兆地突然引起我们的注意接着又消失或渐为人遗忘而不留痕迹。"②

应当说，这种描述大体上是客观的，具有强烈的时代感。在这里，齐格蒙特·鲍曼在主客观即道德现象与道德感知相统一的意义上提出了他的伦理学说的两个基本命题。"道德模糊性的时代"是客观事实，"令人烦恼的不确定状态"是关于客观事实的主观感受，两者都是道德现象世界的真实情况。这表明，齐格蒙特·鲍曼具有强烈的后现代道德问题意识，在其伦理思维的逻辑起点上没有规避后现代的道德现实问题，没有拘泥于传统形而上学关于"道德是什么"的本体论追问，这就为当今人类实行伦理思维创新和道德价值重构提示了一个方法论的新视野，其积极的意义是不言而喻的。现代西方伦理思潮的一大特点就是关注资本主义社会发展进程中出现的突出的道德问题，从杜威极力鼓吹"新个人主义"、哈耶克区分"个人主义的真与伪"，到罗尔斯试图重建功利主义的"正义论"原则，都体现了这种伦理思维的价值取向。但是，它们或者蹒跚在叙述资本主义社会个别严重问题的泥潭，或者升腾到形似超越资本主义社会现实的形而上学彼岸，缺乏齐格蒙特·鲍曼在《后现代伦理学》和《生活在碎片之

---

① [英]齐格蒙特·鲍曼：《后现代伦理学》，张成岗译，南京：江苏人民出版社2003年版，第24页。
② [英]齐格蒙特·鲍曼：《生活在碎片之中——论后现代道德》，郁建兴、周俊、周莹译，上海：学林出版社2002年版，第310、309页。

中——论后现代道德》所表现出的那种直面现实的、彻底的客观主义方法论的问题意识和批评精神。

麦金太尔认为，现代西方社会的道德危机集中表现在不同意见之间没完没了的争论，而争论中所发表的道德意见又多是主观主义和情感主义的，缺乏客观态度。他说："当代道德言词最突出的特征是如此多地用来表述分歧，而表达分歧的争论的最显著特征是其无终止性。我在这里不仅是说这些争论没完没了——虽然它们确实如此，而且是说它们显然无法找到终点。"①应当看到，在这种情势之下，齐格蒙特·鲍曼试图运用客观主义方法从整体上描述现代西方社会的道德危机，显然是具有一定的科学意义的。事实胜于雄辩，惟有立足于客观现实、从道德现象世界的实际出发才有可能"终止"一切伦理学说之争，尽管这种"终止"也许是完全不必要的。

然而，在客观描述"令人烦恼"的"道德模糊性的时代"的问题上，齐格蒙特·鲍曼又失之于主观片面的形而上学。他所指称的"我们的时代"，其实并不是整个现代西方社会的"时代"，更不是当今整个人类的"时代"，而是一些高度发达的资本主义国家的现时代，"令人烦恼"的"道德模糊性的时代"是由后现代极度的工具理性的诸因素造成的。全球范围内的资本主义国家绝大多数并不怎么发达，并没有出现发达资本主义国家那些严重的"令人烦恼"的社会伦理问题。有一些发达的资本主义国家，尤其是一些受到中国传统儒学伦理文化深刻影响的发达资本主义国家，在接受现代工具理性的过程中仍然恪守着其传统理性，传统理性给它们带来的多是福音而少为"烦恼"。就是说，"令人烦恼"的"道德模糊性的时代"，其实是资本垄断及极度发达的工具理性冲撞其传统理性造成的，并不是全人类的普遍问题，虽然带来的"灾难"殃及全人类。就是说，齐格蒙特·鲍曼客观描述"我们的时代"的话语权立场，其实并不真正属于"我们的时代"，其考量当今人类社会道德现象世界的方法并未走出传统形而上学的方法窠臼，真正揭示出"令人烦恼"的"道德模糊性的时代"的本质。

①［美］麦金太尔：《德性之后》，龚群、戴扬毅等译，北京：中国社会科学出版社1995年版，第9页。

二、用相对主义解构道德普遍原则

在齐格蒙特·鲍曼看来，"令人烦恼"的"道德模糊性时代"令我们"生活在碎片之中"，让我们陷入种种困境，感到无所适从，而造成这种后现代道德危机的根本原因就是人类在此以前一直相信和遵从传统道德理性的普遍性原则。他所说的普遍的道德原则指的是意识形态意义上的"非习俗道德"，认为这样的道德所主张的"责任"是构成与"他者"相遇时"无法忍受的不确定性"的形上根源。基于这种认识，他把颠覆"道德普遍性"、恢复"道德的本相"作为解构"令人烦恼"的"道德模糊性时代"的根本方法论路径。他在《后现代伦理学》中专门安排了两章批评传统道德理性"难以捉摸的普遍性"及其"难以捕捉的根基"，认为"道德的本相"所要求的并不是"个体行为的一致性"，诉求这种并不存在的"一致性"本来就是一种"幻觉"。在此后出版的《生活在碎片中——论后现代道德》中，他又开门见山地指出："我认为，现代企望及雄心的破碎，和社会化调整及个体行为一致化幻觉的消褪，使我们能比以往更加清楚地洞悉道德的本相。"①

沿着这个方法路径，齐格蒙特·鲍曼提出了两个至关重要的解构命题。一是从理论上说明关于"普遍性所持有的信念"不过是一种"假设"和"假定"②，二是在实践上促使和实现个体行为一致化幻觉的消褪，否认普遍的理论对于实践的意义。③前一个命题的核心概念是"时间代表层次"。他指出，从时间因素来看，"他物"在历史上的"进步"是"暂时化"的，"'较后的'等同于'较好的'；'恶'的等同于'过时的'或者'已经不再证明正确的'。"因此，以往"所有人类创设的他物，包括伦理

---

① ［英］齐格蒙特·鲍曼：《生活在碎片之中——论后现代道德》，郁建兴、周俊、周莹译，上海：学林出版社2002年版，第1页。

② ［英］齐格蒙特·鲍曼：《后现代伦理学》，张成岗译，南京：江苏人民出版社2003年版，第44页。

③ ［英］齐格蒙特·鲍曼：《后现代伦理学》，张成岗译，南京：江苏人民出版社2003年版，第45页。

学上创设的他物"都是后现代的"相异之物"。①因此，道德的普遍性价值原则在今天已经失去时效了，成了一种"假设"和"假定"，真正的善"存在于未来"。②后一个命题的提出是前一个命题合乎逻辑的延伸，既然"时间代表层次""善存在于未来"，那么就不应当以"信念"的态度"顺从"普遍的道德原则。尼采从宣称"上帝死了"开始"重估一切价值"，试图打碎以信仰为特征的普遍性原则，却又在另一个端点上重构道德的普遍性原则，没有真正摆脱"对道德规则之顺从与对其普遍性所持有的信念之间的密切联系"的困扰。他认为，这正是传统形而上学的"忧虑"之所在。在他看来，"什么是正在被做的和什么是追求的目标，这些并不重要；重要的是现在正在被做的应该赶快完成，追求的目标应该永远不能实现，应该移动、不停地移动。"③

不难看出，这种抽象地用时间形式来割断历史联系的方法本身就是相对主义的形而上学。一方面，"时间代表层次"只是时间特性的一个方面，一种形式。另一方面，就事物存在——运动、变化和发展的性状而言，任何时间都只是事物的形式，不是事物的内容，时间的联系本质上是事物在不同阶段的性状。因此，试图以"时间代表层次"和排解传统形而上学"忧虑"的方法来颠覆"道德普遍性"原则，割裂现代性与传统理性之间的内在联系，是不可能做到的，不仅不能恢复"道德的本相"，相反只会离"道德的本相"远去。

在历史唯物主义视野里，道德的普遍性原则是由道德的本质特性决定的。道德作为一种特殊的社会意识形态和由此推定的社会价值形态（价值标准和行为准则），既不是人类社会以外的神秘力量赋予的，也不是生命个体与生俱来的，在归根到底的意义上是由一定社会的经济关系决定的。根源于一定社会的"生产和交换的经济关系"的"伦理观念"经过理论的

---

①［英］齐格蒙特·鲍曼：《后现代伦理学》，张成岗译，南京：江苏人民出版社2003年版，第45页。

②［英］齐格蒙特·鲍曼：《生活在碎片之中——论后现代道德》，郁建兴、周俊、周莹译，上海：学林出版社2002年版，第69页。

③［英］齐格蒙特·鲍曼：《生活在碎片之中——论后现代道德》，郁建兴、周俊、周莹译，上海：学林出版社2002年版，第80页。

加工、提升和细化便形成一定社会的道德意识形态和价值形态——道德的普遍原则，从而对一定社会的"生产和交换的经济关系"及其"物质活动"（马克思恩格斯语）发挥"反作用"。只要人们生活在同一种经济关系及"竖立其上"的上层建筑的制度环境中，就势必要尊重乃至遵循同一种具有主导地位的普遍的道德价值原则。这种客观辩证法及其演绎的历史轨迹，是不依任何学术家个人或学术派别的"意见"为转移的。社会道德的普遍原则（社会之"道"）经由道德建设和道德教育转化个体道德的个性形式（个人之"德"），从而在"个体行为的一致性"的意义上实现道德现象世界的整体建构，这是人类有史以来道德文明生成和发展进步的普遍现象和普遍法则。在这种意义上我们完全可以说，解构道德的"普遍性"和"一致性"，也就解构了社会之"道"与个体之"德"的内在逻辑，虚化了个体之"德"，最终解构了道德自身，必将使道德现象世界变得更加"模糊"和"不确定"。

三、用"多元主义的解放"重构新道德

面对"道德模糊性的时代"的现象世界和"令人烦恼的不确定状态"的伦理心境，齐格蒙特·鲍曼在解构"道德普遍性"之后，又合乎其逻辑地碰到了要如何进行道德价值重新建构的问题。如何重建？他的基本主张是充分肯定和发挥"多元主义的解放作用"。[①]

在齐格蒙特·鲍曼看来，人类的"行为和行为的后果之间有一个时间上和空间上的巨大鸿沟，我们不能用我们固有的、普遍的知觉能力对此进行测量——因而，几乎不能通过完全列出行为结果的清单去衡量我们行为的性质。"[②]这使得"我们永远不可能确切地知道'人本身'是善还是恶（虽然也许我们将不断就此进行争论，好像可以得到真理一样）"[③]。解决

① [英]齐格蒙特·鲍曼：《后现代伦理学》，张成岗译，南京：江苏人民出版社2003年版，第25页。

② [英]齐格蒙特·鲍曼：《后现代伦理学》，张成岗译，南京：江苏人民出版社2003年版，第20页。

③ [英]齐格蒙特·鲍曼：《生活在碎片之中——论后现代道德》，郁建兴、周俊、周莹译，上海：学林出版社2002年版，第299页。

这个问题的根本出路，就是要充分肯定生命个体的自由，使"人像空气一样自由，可以做他想做的所有事"[1]，使"我们可以成为我们希望成的样子"。[2]基于这个基本认识，他提出"多元主义的解放作用"的道德价值重建方法。

从字面上看"多元主义"是一个模糊概念，究竟是"三元"、"四元"还是"五元"以至更多的"元"？齐格蒙特·鲍曼没有明说，但很显然，"多元"不是一个数字概念，而是一个关于伦理道德观念多样化的价值概念。

齐格蒙特·鲍曼的"多元主义"的重建方法有两个基本特性。其一，立论逻辑和学术方向是反对"普遍主义"，以把解构和颠覆传统道德理性的普遍性和统一性的任务推向价值重建领域为主旨。其二，"多元"的形态是散乱和不确定的，没有某种既在或"假定"的"主元"（主导价值）与之相对应。这就使得他的"多元主义的解放"主张具有非常明显的个人自由主义的倾向。他的逻辑是："自我向他者伸展，就好像生活向未来伸展；两者都无法理解其伸展所要触及的事物，但正是这种充满了希望和不顾一切的、从未有过的结论和从未被放弃的伸展中，自我被再造，生命再现。"[3]他认为，传统道德理性的普遍性原则的弊端在于，确认"在一个道德的世界，只应听到理性的声音。一个只能听到理性的声音的世界是一个道德的世界。"[4]针对这种他认为的弊端，他宣称："我主张道德是地方性的，并且不可避免地是非理性的——在不可计算的意义上，因此，不能表达为遵从非个人的规则，不能描述为遵从在原则上可以普遍化的规则。"[5]否则，"成为道德的意味着放弃我自己的自由"。[6]在他看来，"地方性"和

---

① ［英］齐格蒙特·鲍曼：《后现代伦理学》，张成岗译，南京：江苏人民出版社2003年版，第25页。

② ［英］齐格蒙特·鲍曼：《后现代伦理学》，张成岗译，南京：江苏人民出版社2003年版，第26页。

③ ［英］齐格蒙特·鲍曼：《生活在碎片之中——论后现代道德》，郁建兴、周俊、周莹译，上海：学林出版社2002年版，第70页。

④ ［英］齐格蒙特·鲍曼：《生活在碎片之中——论后现代道德》，郁建兴、周俊、周莹译，上海：学林出版社2002年版，第300页。

⑤ ［英］齐格蒙特·鲍曼：《后现代伦理学》，张成岗译，南京：江苏人民出版社2003年版，第69页。

⑥ ［英］齐格蒙特·鲍曼：《后现代伦理学》，张成岗译，南京：江苏人民出版社2003年版，第70页。

"非理性"与"遵从非个人的规则"或"普遍化的规则"是相悖的。这就表明，所谓"地方性"和"非理性"的"多元主义"实际上就是个人选择至上的个人主义。

诚然，齐格蒙特·鲍曼在其《后现代伦理学》和《生活在碎片之中——论后现代道德》中，没有公开宣示个人主义，他在《生活在碎片之中——论后现代道德》的结尾部分甚至公开反对霍布斯系统创建的利己主义学说传统，认为霍布斯的利己主义学说"直截了当"地发布了一个"简单信息"：人们"不应受感情的支配"，"依赖人们的冲动、倾向和天性"表达的感情"必须被根除或压抑"①。但是，这不能表明齐格蒙特·鲍曼的关于道德价值重建的方法不是个人主义的。从其学说主张的本质特性来看，仍然是个人主义的，或者说是西方个人主义传统的一种现代形式。这表明，齐格蒙特·鲍曼是试图用"碎片"式思维方法解决"生活在碎片中"的后现代道德危机，把重构道德秩序的可能诉诸、寄托在每个人的自觉性上。不难理解，这样的方法只会使"碎片"更"碎"，造成更多的混乱，不可能引领人们走出"道德模糊性的时代"和"令人烦恼的不确定状态"的伦理心境。这种方法的缺陷不仅如此，它还会使"我们所拥有的也只是一个概念体系的残片，只是一些现在已丧失了那些赋予其意义的背景条件的片段。"②

四、"错失真正的问题"之原因

马丁·科恩在其《101个人生悖论》中开宗明义地指出："伦理学关心的，是些重要的选择。而重要的选择，其实是两难问题。"他甚至认为，伦理学应当以解决"两难问题"为己任："伦理学之所为，在于困难的选择——也就是两难。"但是，伦理学却往往忽视自己应当承担的历史责任：

---

① [英]齐格蒙特·鲍曼：《生活在碎片之中——论后现代道德》，郁建兴、周俊、周莹译，上海：学林出版社2002年版，第300页。

② [美]麦金太尔：《德性之后》，龚群、戴扬毅等译，北京：中国社会科学出版社1995年版，第4页。

"伦理学太容易错失真正的问题了"。①这个看法是颇有见地的。齐格蒙特·鲍曼客观描述的"令人烦恼"的"道德模糊性时代"只是问题的表象，不是"真正的问题"，他的解构方法和建构方法的失误使他"错失真正的问题"。

　　如果进一步来分析，"令人烦恼"的"道德模糊性时代"所包含的"真正的问题"有两个层面。第一个层面是"真正的问题"的本身，这就是道德悖论现象问题。它的悖论现象以善恶同在的自相矛盾性状使人产生"奇异的循环"的认知困扰。如果我们不能用道德悖论的方法来认识和把握，就难以"寻求一种从困境中逃离的出口"②，就会因走不出困扰转而走向道德相对主义和虚无主义，最终将社会和人的道德需求诉诸生命个体的自救。第二个层面是"真正的问题"的本质。我们的时代之所以成了一个"令人烦恼"的"道德模糊性的时代"，"真正的问题"的本质不是道德自身出了问题，而是极度膨胀的私有资本与快速发展的工具理性结盟全面冲撞传统理性所产生的矛盾。这种矛盾，一方面给资本主义增添了文明和进步，另一方面又给资本主义带来野蛮和堕落，由此造成的强权政治和民族利己主义殃及整个人类。

　　实际上，齐格蒙特·鲍曼并没有回避道德"模糊"世界存在的"令道德思想家们感到苦恼"的悖论现象，他看到了"我们和他人的行为确实有'副作用'和'不可预料的后果'，这些'副作用'和'不可预料的后果'可能窒息有良好企图的目的，并且带来任何人都不希望或者不能预料的灾难和痛苦。"③他甚至明确指出："从逻辑上讲，这是一个逻辑悖论，它使哲学的创造力伸展到了极限。"④但是，齐格蒙特·鲍曼并没有自觉地把道德悖论作为一种认识"道德模糊性的时代"的方法来看待，没有在此前提下探寻、分析和提出解悖、解构和建构的方法路径，积极地"寻求一种从困境中逃离的出口"，相反，他采取的是相对主义的解构方法和自由主

---

① ［英］马丁·科恩：《101个人生悖论》，陆丁译，北京：新华出版社2008年版，第1页。
② ［英］齐格蒙特·鲍曼：《后现代伦理学》，张成岗译，南京：江苏人民出版社2003年版，第25页。
③ ［英］齐格蒙特·鲍曼：《后现代伦理学》，张成岗译，南京：江苏人民出版社2003年版，第20页。
④ ［英］齐格蒙特·鲍曼：《后现代伦理学》，张成岗译，南京：江苏人民出版社2003年版，第33页。

义——个人主义的建构方法，并在一种极其消极和悲观的情绪中运用这些方法。他说："对我们行为后果的测评可能已经阻碍了我们本应拥有的道德能力的生长，它也使我们从以往继承下来的、被教导去遵守的、尽管很少但是经过检验的、值得信赖的伦理规则变得软弱无力。"①不能自觉运用道德悖论的分析方法，自然就更不可能尊重和运用历史唯物主义的方法论原理。

安托瓦纳·贡巴尼翁在其《现代性的五个悖论》中曾批评道："现代性最隐秘的悖论在于现代性所认同的对现时的激情应该被理解成为某种苦难。"②这种颇具思辨性的概括，是非常适合齐格蒙特·鲍曼的研究方法和情绪取向的。

五、结语

中国经过30多年的改革开放取得了举世公认和瞩目的辉煌成就，同时也出现了不少问题，其中包含"道德失范"及由此而产生的"道德困惑"。我们不能说这些问题就是后现代伦理思潮描绘的"道德模糊"与"不确定性"，但是，说其与后者存在某种相似性应当是确定无疑的。在这种情势之下，我们应当怎样进行我们的道德"价值重估"和"价值重建"，事关中国社会道德建设前途和道德进步的方向，厘清应有理路是至关重要的。

不言而喻，我们不能用齐格蒙特·鲍曼的解构和建构方法来把握当代中国社会发展进程中的道德现实及其逻辑走向。我们道德现实的"真正的问题"是"道德失范"和"道德困惑"，"道德失范"和"道德困惑"的"真正的问题"是在市场经济的"生产和交换的经济关系"及其"物质活动"中新生的"伦理观念"与中华民族传统的伦理精神发生了悖论性状的矛盾，其间的新旧对立与冲突并非仅是善与恶的对立和冲突，对此产生"说不清，道不明"的"困惑"是正常的，其孕育着的新的道德进步需要

①［英］齐格蒙特·鲍曼：《后现代伦理学》，张成岗译，南京：江苏人民出版社2003年版，第21页。
②［法］安托瓦纳·贡巴尼翁：《现代性的五个悖论》，许钧译，北京：商务印书馆2005年版，第27页。

我们实行伦理思维的创新。因此，当代中国的伦理思维和道德建设的基本理路应是在历史唯物主义一般方法论原理的指导之下，从维护和适应改革开放与发展社会主义市场经济的客观要求出发，审慎地分析和说明"道德失范"中的新与旧、善与恶的知识边界，为人们逐步走出"道德困惑"提供理论支持。在这个过程中，我们无疑需要借用包括"正义论"、"德性伦理"之类的他山之石，但也同时应当看到，这种借用不应该走出唯物史观的视野。

后 记

　　总结和提炼是人们成就事业的重要方法和手段，是推动事物发生质变的重要环节，任何人都概莫能外。通观钱老师的这套文集，也正是在总结和提炼的基础上形成的重大成果。从微观看，老师在伦理学、思想政治教育、辅导员工作等领域的研究，多是以总结的方式用专业的话语表达出来的。从宏观看，老师的总结和提炼站位高远、视野宽阔、格局恢弘。这又成就了老师在理论上的纵横捭阖、挥洒自如，呈现出老师深厚的学术底蕴和坚实的理论功底。

　　比如在谈到思想政治教育整体有效性问题的时候，老师说：马克思主义认为，世界是不同事物普遍联系的整体，某一特定的事物也是其内部各要素之间普遍联系的整体，事物内部各要素之间的关系是怎样的，事物的整体就是怎样的。恩格斯说："当我们通过思维来考察自然界或人类历史或我们自己的精神活动的时候，首先呈现在我们眼前的，是一幅由种种联系和相互作用无穷无尽地交织起来的画面。"①为了"足以说明构成这幅总画面的各个细节"，"我们不得不把它们从自然的或类似的联系中抽出来"②。就是说，人们只是为了细致分析和把握事物某部分的个性，也是为了进而把握事物的整体，才"不得不"在许多情况下把事物某部分从整体关联中"抽出来"。然而，这样的认识规律却往往给人们一种错觉和误

---

①《马克思恩格斯文集》第9卷，北京：人民出版社2009年版，第385页。
②《马克思恩格斯文集》第3卷，北京：人民出版社2009年版，第539页。

导：轻视以至忽视从整体上把握事物内在的本质联系，惯于就事论事，自说自话。这种缺陷，在思想政治教育有效性的研究中也曾同样存在。

20世纪80年代初，中国改革开放和社会转型的序幕拉开后，由于受到国内外各种因素的影响和激发，人们特别是青年学生的思想道德和政治观念发生着急剧的变化，传统的思想政治教育面临严峻挑战，受到挑战的核心问题就是思想政治教育的"缺效性"以至"反效性"问题。思想政治教育作为一门科学、进而作为一种特殊专业和学科的当代话题由此而被提了出来。因此，在这种意义上完全可以说，推进新时期思想政治教育走向科学化的原动力，正是思想政治教育有效性问题的研究。然而，起初的思想政治教育有效性问题的研究只是围绕思想政治工作展开的，关注的问题只是思想政治教育实际工作的原则和方法，缺乏从思想政治教育专业和学科整体上来把握有效性问题的意识。而当思想政治教育作为一门学科的"原理"基本建构起来之后，关于思想政治工作有效性问题的学术话语却又多被搁置在"原理"之外，渐渐地被人们淡忘，以至于渐渐退出学科的研究视野。不能不说，这是一种缺憾。

推进思想政治教育科学化是解决这一问题的根本途径。思想政治教育科学化本质上反映的是全面贯彻党和国家的教育方针，培养和造就一代代社会主义事业的合格建设者和可靠接班人提出的理论与实践要求，具体表现为大学生思想政治素质的全面发展、协调发展和可持续发展，即凸显整体有效性。这种整体有效性，不只是大学生思想政治教育单个要素的有效性，也不是各个要素有效性的简单相加，而是思想政治教育要素、过程和结果的整体有效性；大学生思想政治教育要素、过程和结果的整体有效性不是静态有效，也不是各个阶段有效性的简单叠加，而是各个要素在各个阶段有效性的有机统一，是整体有效性的全面协调可持续提升。

……………

当我们合上老师的文集，类似的宏论一定会在我们的脑海里不断涌现，或似深蓝大海上的朵朵浪花，或似微风吹皱的湖面上的粼粼波光，令人醍醐灌顶、振聋发聩。

　　在老师的文集付梓之际，我们深深感谢为此付出过辛勤劳动的同学们。在整理文稿期间，一群活泼阳光的思想政治教育专业的同学通过逐字逐句的阅读、录入和校对，为文集的出版做了大量的最基础的工作。

　　感谢安徽师范大学副校长彭凤莲教授为文集的出版所做的大量努力。

　　感谢安徽师范大学马克思主义学院领导给予的高度关注和大力支持。

　　感谢安徽师范大学出版社，在文集出版的过程中，从策划、编校到设计、印制，同志们付出了许多的心血。

　　感谢我们的师母，在老师病重期间对老师的温暖陪伴和精心呵护。一个老人是一个家庭的精神支柱，一个老师是一个师门的定盘星。我们衷心祝福老师健康长寿，带着愉悦的心情看到自己的理论成果在民族复兴的伟大征程中发光发热，能够在中华民族伟大复兴即将来临之际，安享晚年。

执笔人　路丙辉

二〇二二年八月